經營顧問叢書 ⑱⑧

推銷之神傳世技巧

李明海　編著

憲業企管顧問有限公司　　發行

《推銷之神的傳世技巧》

序　言

本書是最偉大推銷員的成功箴言，字字真言，可陪伴你掌握推銷內在規律：

- 在你成功地把自己推銷給別人時，你必須首先100%地把自己推銷給自己。你必須相信自己，對自己充滿信心。也就是說，你必須完全認清自己的真正價值。
- 一個人只要有意願、有決心，就一定能把自己變成心目中的理想之人。人的言行都是自我塑造而成的，但通常只有真正成功的人才肯承認這一點。成功之鑰永遠不會藏在書籍、課程或講演會中，而就在你的表現之中。
- 推銷是一種令人自我驕傲的職業，你必須喜歡自己所從事的這項工作，才能爲工作神魂顛倒，你腦海中只有一個念頭：自己的產品或服務一定會得到顧客的青睞。
- 激勵是獲得成功的重要因素，激勵可以通過人的意志培養出來，只要你點燃激勵之火，就可以戰勝一切困難，勇往直前。

本書所分析的世界級推銷成功人員包括：

喬·吉拉德　全球頂尖汽車推銷員，因售出13000多輛汽車創造了商品銷售最高紀錄而被載入吉尼斯大全，曾經連續15

年成爲世界上售出汽車最多的人，其中6年平均售出汽車1300輛。

原一平　連續16年榮登推銷業績全日本第一的寶座，他創下的世界推銷最高紀錄20年未被打破，是日本歷史上最爲出色的保險推銷員，被譽爲「推銷之神」。

克萊門特·斯通　美國聯合保險公司董事長、拿破崙·希爾基金會主席，拿破崙·希爾晚年的摯友，也是希爾成功法則的受益者和推崇者。

布萊恩·崔西　美國首屈一指的個人成長權威大師，當今世界職業發展方面最成功的演說家和諮詢家之一，在成功學、潛能開發、銷售策略及個人能力發揮等各方面擁有獨樹一幟的心得。

奧裏森·馬登　美國著名《成功》雜誌主編，其著作卷帙浩繁，充滿哲理，鼓舞人心，影響了幾代美國人的成長。他還專門爲從事推銷的年輕人寫下了這本《無所不能的推銷法則》。

湯姆·霍普金斯　當今世界第一流推銷訓練大師，全球推銷員的典範，被譽爲「世界上最偉大的推銷大師」，接受過其訓練的學生在全球超過500萬人。

齊格·齊格勒　美國著名演講家與人際關係訓練大師，曾獲得美國國內和國際上的演說大獎。他還是一位暢銷書作家，完成了20多本關於個人成長、領導力、銷售、家庭與成功方面的著作。《相約巔峰》是他寫給推銷員的激勵之作。

《推銷之神的傳世技巧》

目　錄

第一篇

推銷改變你的一生

喬· 吉拉德

喬· 吉拉德　全球第一汽車推銷員，因售出 13000 多輛汽車創造了商品銷售最高紀錄而被載入吉尼斯大全，曾經連續 15 年成為世界上售出汽車最多的人，其中 6 年平均售出汽車 1300 輛。

1 把自己推銷給自己

推銷之神的傳世技巧

◆在你成功地把自己推銷給別人之前，你必須首先 100% 地把自己推銷給自己。

◆我們每人在世界上只有一個你。

◆你要對自己充滿信心，你是全世界最偉大的產品，無可匹敵之人。

我們每個人都是推銷員，也許你會說，我現在是一位教師(醫生、律師……)，我怎麼也不會去從事推銷。不，你的這種觀點有些偏頗。其實，推銷並不完全是向他人兜售商品，我們每個人都是推銷員，推銷在我們的生活中無所不在，試想想類似下面的情形：

・當一個小孩試圖說服母親，要母親讓他多看一小時電視時，他便是在推銷。

・一個女孩暗示男朋友說，她較喜歡看文藝片，而不喜歡看曲棍球賽，這時她也在推銷。而當他試著說服女朋友改變主意去溜冰時，他也是在推銷。

・一個十幾歲的孩子，在週末晚上向他爸爸借車用時，也要進行一種推銷。

・當一位公司職員要求老闆加薪時，他也是在推銷。

・當一位母親要自己的小孩多吃蔬菜，並大力強調其好處時，她也是在推銷。

無論你現在正從事何種職業，無論你現在身居何處，無論你正在做什麼事情，你都在忙著進行一種推銷。或許你未曾察覺到這點，但事實的確如此。

如何顯現出你是 NO. 1

在我的領子上，隨時都佩戴著一個上面標有「NO. 1」字樣的飾針，我習慣戴著它，因爲我是「世界第一」的推銷員。即使隨身不從事推銷工作時，也隨身戴著它。當我在大學校園內或企業裏進行演講時，也佩戴著；在我寫下自己的親身所得以惠及他人時，我仍然戴著它。我一直戴著這枚飾針，因爲它再度肯定了自己的信念。它同時也響亮地向他人表明：「我已經推銷給自己啦！」

很多人對我的飾針很有興趣，在飛機上的陌生人、電視節目主持人，甚至乘同一電梯的陌路人，也通常會瞪大眼睛，不說別的，他們都問我同一個問題：「你領子上的飾針意味著什麼呢？」

每當這時，我總是自豪地告訴他們：「它意味著在我的人生中，我是一個 NO. 1 的人物。」

你首先必須注意的是，你的心中一定要具有這些信念。

現在你要做的一件事就是：就近找到一家珠寶店，爲自己買一個具有「NO. 1」象徵的飾物。這個象徵物可以和我的一樣，是個別針，或者是項鏈、手鐲、錶鏈、戒指。然後，你要無時無刻地戴著它，在陽光或燈光的閃爍下，它將會在你眼裏燃起火花，並時時提醒你：你是 NO. 1 的人物。這便是我們通常所說的鼓舞自己，向自己推銷自我的部分工作。下面讓我們一起來看看拳王阿裏的故事吧！

自從喬・路易崛起於底特律的貧民區，而成爲 1937 年美國拳擊的重量級冠軍後，從未有過另一位冠軍有像穆罕默德・阿裏般的勇氣和沖勁。記得他在其拳擊生涯中改名的事嗎？他先是在 1964 年贏

得了冠軍，那時的名字凱薩斯•克萊，後來他再度以穆罕默德•阿裏的名字奪取了 1974 年的冠軍。

在休息室內，在拳擊賽中，在電視電影的攝影機前，在報刊雜誌上，阿裏現身說法，告訴所有的人說，他是第一號的人物。他當時說的一句話「我是最偉大的」變成了注冊商標。

阿裏在賽前也不忘進行自我推銷，他告訴新聞界：「我將在 5 秒之內把對手擊倒，令他招架不住。」他說這句話究竟有何目的呢？其實，他只是在自我推銷而已。當他的對手聽到這句話時，自信心便開始有些動搖，並且不敢肯定自己。比賽前當裁判解說規則，阿裏便瞪著他的對手，像是在告訴他：「我要給你一點顏色瞧瞧！」這些都是阿裏自我推銷的一部分。

當阿裏第一次和利歐•史賓克比賽時，他沒有做好正常的自我振奮步驟，結果全世界的人都看到阿裏被擊敗了。他失敗於沒有向自己推悄自己，他失敗於未能再度肯定自己是第一號的人物。當他第二次與史賓克對抗時，他沒有忘記這一點，於是全世界的人又都看著他再度奪得世界重量級冠軍的頭銜。阿裏果真是最偉大的！

在你的一生中，也會有各種各樣對手，在你前進的道路上，會有許許多多的障礙。在拳擊比賽時，如果一方被對方擊倒，數至十秒仍不能站起來，即宣告被打敗。而你生命中的每一時刻，就好像在進行拳擊比賽，很多事情就決定於這數十秒之間。你可以是勝利者，也可能被擊敗。那麼爲什麼不成爲勝利者呢？這將會是一種更令人興奮、更值得、更有趣的滋味。

其實，你不必告訴你的對手，或你的障礙，你要給他們什麼顏色看看，你只要積極地告訴自己，你是最偉大的。現在馬上去做吧！把視線從書本上移開，大聲地對自己說：「我是最偉大的！」

請你再說一遍吧！假如你現在正是一個人獨處，那麼就大喊幾次，使整個牆都震動起來。這聲音一定聽起來很過癮，不是嗎？

首先要把自己推銷給自己

我最爲感激母親教給我的道理。我和父親之間的衝突一直清晰地印在他的腦海裏。在父親的眼裏，我絕對成不了什麼大器。因此可以說，要不是母親，我可能真的一事無成。

我是一個出生於義大利西西里島的孩子，成天沿街賣報，在酒吧裏替人擦鞋，除了在街上所學的之外，似乎沒有什麼可指望了。當時我真的有點相信父親的斷言了，開始變得有些自暴自棄。在這千鈞一髮之際，幸好母親並沒有相信父親所下的論斷，她幾乎花了大半輩子的時間和心血，將我培養成爲一位世界一流的人物。她總是向我強調自我推銷的重要性，並且要我自尊自重。

在你成功地把自己推銷給別人之前，你必須首先 100%地把自己推銷給自己。你必須相信自己，對自己充滿信心。也就是說，你必須完全認清自身的價值。

我們每個人在世界上都是獨一無二的，世界上只有一個你。這也是我的母親教給我的道理，我還記得母親曾握著我的手，微笑著說：「吉拉德，世界上沒有任何一個人和你一樣。」我對母親有著一種更加深厚的愛，並深信母親所告訴我的一切。

我的鄰居家有一對雙胞胎兄弟，他們長得真是一模一樣，就連他們的母親有時也分不出這對兄弟。但他們果真如此完全一樣嗎？在我搬家數年後，我碰巧和一位聯邦調查局的朋友見面時提到這對雙胞胎兄弟，這位官員告訴他說：即使是雙胞胎，也絕不會完全相同。

確實如此，聯邦調查局就有數百萬，甚至上億的指紋檔案，而且他們都知道，在這些檔案中，沒有兩個人的指紋一模一樣。任何兩個人的指紋不可能相同，將來也不可能有。

世上沒有兩個人有完全相同的個性，這也是一個不爭的事實。從表面上看，所謂一模一樣的雙胞胎可能長得很像，就連他們的父母也很難辨別，但假如你試著把一個人的右半臉配到另一人的左半臉，這是絕對無法符合的。所以，世上只有一個你自己，沒有一個人可以等於你，沒有一個人和你的指紋、你的聲音、你的特徵或你的個性完全相同。從「你」這個字的最終意義來看，你是獨創一格的，你是「第一號」的。現在知道了吧！那麼從現在開始，你的工作就是每天在自己的意識和潛意識裏不斷加強這一事實。

先要喜歡你自己

所有成功的推銷員，都要首先學會了推銷自己。推銷自我雖有許多種形式，但總結起來只有一句話：學會喜歡你自己，你將更受人歡迎。

喬治‧洛尼曾任美國汽車公司董事長、美國密歇根州州長。他的正直、能力和幹勁廣爲人知。他曾在對摩門教徒的演講中提出了下列看法：

1. 切勿在任何場所做出使自己感到羞愧的事。

2. 不必吝嗇於偶爾給自己一點讚美。

3. 如此做的話，你將會高興有自己這樣的朋友。

洛尼的這三條喜歡自己的步驟真是很實際，他一直切實遵循它們，很多人目睹他把自己的技巧和經驗免費地傳授給他的同伴，他不只是真正地向別人推銷了自己，也徹底地向自己推銷了自己。

但你可別認爲他沒有遇到過障礙。當他首次決定出來競選密歇根州州長時，他坦率直言：他曾爲下決心競選而祈禱過。他曾遭受傳媒的揶揄和嘲弄，但是他利用這些絆腳石成爲進身之階。

不遭人妒是庸才

假如你持之以恆地向自己推銷自己，你將會更輕鬆地成為世界第一的人物。但在你前行的路上，會有許多絆腳石等著你，所以你必須有所準備。我的母親曾經就如此警告過我，告訴我往後的日子將會充滿荊棘，但不要在乎它們。當你墜入他人否定你的圈套，要重新建立自己。

在我成為世界第一的汽車推銷員的那一年，我所服務的汽車公司舉行了一次宴會，我贏得了那份殊榮。我第一次得到那麼多令人飄飄然的掌聲，但我一點也沒有想到，往後那些不可思議的絆腳石正等著我。

接下來的一年，我再度回到宴會上，這次掌聲減少了許多。到了第三年，我在宴會上已經得不到掌聲了，而是一片噓聲。我站在講演桌前愣住了，全身癱軟無力。我朝桌子的盡頭往下看，看到了妻子朱麗婭的眼裏正充滿了淚水。我再看看其他推銷員的聽眾，可以感覺到他們的反應(雖然我無法確知是什麼)，仿佛他們是巨大的絆腳石，正擋在我邁向成功的路途中。

當我站在那兒，聽推銷夥伴們(他們在推銷方面都不是第一流，而是二三流)的奚落和揶揄時，我突然獲得了某種勇氣，因為我想到另一個也遭到群眾噓聲的人——泰德・威廉，他是那一時代最偉大的球員之一，平均打擊率 0.046。我記得每一次看臺上向他響起噓聲時，他的平均打擊率便提高。在我這一生中與他相仿的這個時刻，我從泰德那兒學會了如何把奚落擱在一旁，以保證自己的工作進行順利。

所以當晚在宴會上，我把準備好的講稿丟在一邊，要求那些噓過我的人站起來，這樣我可以正式面對他們，看看他們的長相，並

且感謝他們。是的，我要由衷感謝他們！

我站在這些人面前，說道：「謝謝各位，明年我還會來到宴會上。」我把第一流的微笑掛在臉上，「你們是我再次回來的動力，你們在我的油箱中加了油，使我的馬達繼續轉動。」

然後，我走向妻子朱麗婭，她坐在那兒低著眉頭，淚珠沿雙頰滾下。我問她爲什麼哭？她說是爲了那些人噓我而感到羞愧困窘。她流的是一種同情而又對別人表示憤慨的眼淚。

我拉起她的手說：「朱麗婭，不遭人妒是庸才，他們停止噓我的時候，我就不再是第一流的人物了。他們是在恭維我啊！」

一年又一年，我回到宴會上，每一次都會發生相同的事情。而且每一次我都把他人惡劣的態度和奚落轉變爲對自己的一種恭維和讚美。

8 年以後，我依然繼續保持「世界第一的汽車推銷員」的頭銜，NBC 電視臺到晚宴中來錄製實況，在新聞節目中播出。NBC 早已聽過「世界第一的推銷員」被他的同行噓過的情形，他們已經在新聞界和通訊社讀過有關消息。在攝影機前，同樣的事情再度發生。我依然微笑地說：「謝謝各位，我明年將會再回到宴會上來。」

那些年，每當夜深人靜時，我就會試著想起，爲什麼自己會遭人之噓？他們是在羨慕自己？嫉妒自己？還是他們不願意跟我一樣勤奮地工作？或許他們不願付出成爲第一流的代價，不願付出他們所應該付出的東西。

那時我決定，假如我要繼續成功地推銷自己，就要從生命中去除那些——羨慕、嫉妒、願意安於第二、願意舉白旗。我突然領悟到宴會中所發生的，不就是那麼一回事嗎？那些第二三流的人將不會滿足，除非直到把第一流的人拖到與他們相同的水準爲止。這就是我的母親所警告我的圈套。

每天提醒你自己(通過口頭語言或視覺記號)——「我是第一

的。」這就好比植物需要灌溉滋養一樣，你的心靈也是如此。你可以在一張小卡片上寫上「我是第一的」幾個字，然後把它掛在一個你每天都可以看得見的地方，當你每天早晨照鏡子時就告訴自己說:「我是我自己最好的推銷員。」正如文森特•皮爾博士建議，一遍又一遍地反覆說這句話:「你認爲自己是個什麼樣子，就會是個什麼樣。」

我的朋友托瑪斯寫信給我說:「我希望自己能重新開始追隨你。」這位世界一流的探險家，第一流的新聞廣播者的恭維，是我曾經擁有的最高讚美之一。這證明了以我自己的方式，我已成功地銷售給自己。

同樣地，以你自己的方式，你也可以成功地把自己推銷給別人，成爲最受歡迎之人。你要對自己充滿信心，你是全世界最偉大的產品，無可匹敵之人。

你是一位 NO.1 的人物！

2 第二步才是把自己推銷給別人

推銷之神的傳世技巧

◆對於一個人來講，要注意其外在的形象與內在之美，對於一種暢銷產品來講更是如此。

◆所謂包裝，就是指外表。正如一個人的膚色、體重、衣著、樣式、姿態、鞋子等一樣。

◆一個人外在的形象，反映出他特殊的內涵，倘若別人不信任你的外表，你就無法成功地推銷自己了。

任何東西，只要賣出去就有個買主，當你把自己推銷出去時也不例外。所以你要先站在買者的位置，試問自己：有人願意買你嗎？

因爲你總是在某些時候，以某種方式向某人或某些人推銷你自己，所以你必須顯著突出。爲了成功地推銷自己，你必須使自己成爲大家最想要的樣子，要想辦法讓人家照著你的方式做事，讓他人保持與你同樣的看法。在你改變他們的觀點時，使他們喜歡你或尊敬你。

關於推銷自己的例子有很多，例如：想想看，你給別人的印象，在內在、外表上是否都做得很好呢？

對於一個人來講，要注意其外在的形象與內在之美，對於一種暢銷產品來講更是如此。那些產品的製造商、銷售商、廣告代理商、市場調查人員往往在產品包裝上付出許多，他們對產品的大小、形狀、顏色的設計研究往往細緻周密，並花費很多時間，而這些設計則要符合顧客的心理──看來順眼，買來稱心，這樣才能保證產品暢銷。

從理論上講，產品的包裝與內容一樣重要。所謂內容，就是指產品的內在品質。對於一個人來講，他的人格可以從其眼神、笑容、言語、熱忱、態度等顯示出來。

所謂包裝，就是指外表，正如一個人的膚色、體重、衣著、樣式、姿態、鞋子等一樣。你應該多強調自己的內在之美，並懂得如何發揮這些內在優點。現在讓我們來談談一些有關表外的事，畢竟那是別人第一眼就看到的，你的自我推銷就是從外表開始，它將影響你的成敗。

你是否曾經多次收過拙劣處理的包裹？它們或許掉在地上過，結也松了，紙也破了，當你看到這樣的包裹時，可能馬上想到裏面的東西是否壞了？人的情形也是一樣。一個人外在的形象，反映出他特殊的內涵，倘若別人不信任你的外表，你就無法成功地推銷自己了。因此你應當給自己塑造一種良好的外在形象，爲達到這一目的，你就首先必須注重自己身心的保養了。

一個人的衣著也是其身分的象徵，「人要衣裝」包含了不少的真理、衣服的選擇與穿著，與你的職業、時間和地點等決定性因素分不開。你不僅要穿著得體，還要場合適車，穿著晚禮服和皮大衣到飯店或劇院會顯得漂亮，但如果在白天的商業會議上如此打扮就很可笑。有一位執業心理醫生，他很注意工作時間的穿著，以使顧客對他有信心，然而到了晚上他的穿著整個都變了──牛仔褲、皮衣、項鏈、星座垂飾，有時被人認爲有點太過，可是他一點都不在乎。你能想像他在工作時間如此裝扮的結果嗎？他的顧客會全跑光了。

推銷訓練的創始人之一傑姆遜・哈迪在他 95 歲高齡時，仍堅持穿胸前無口袋的西裝，他認爲那些口袋使那些與他談話的人分心，

因為口袋裏的手帕、鋼筆、或是雪茄等等會使人轉移注意力。這真是個怪癖！其實他犯了個錯誤，因為很多人會由於他胸前無口袋而分心，他們往往盯著他西裝領旁邊那塊空處，而沒有注意到他講的話。

再也沒有比流行趨勢更叫人難以捉摸了。今年流行寬領帶，到明年可能又回到窄領帶了，背心跟西裝的顏色也可以是調和色，也可以是對比色的，西裝長短也時而變化不定。

總之，要盡可能使你成為別人最想買的東西。這樣你才能成為一件受人歡迎的「暢銷品」。

歐洛・羅伯茲有一次應邀到奧克拉荷馬州土爾沙的羅伯茲大學，在秋季開學典禮上對 5000 多名學生演講。羅伯茲是位很有信仰、有成就的人，他大部分的時間都在和家人克服困難，他絕不讓困境決定他的命運。他運用自己所主張的推銷原則，通過電視和收音機，將他的信仰帶給上百萬的人。他創辦了一所大學，造就了無數優秀的青年。他還在土爾沙開設一家大醫院，致力於社會醫療服務。

羅伯茲知道如何推銷自己，而且不斷地這麼做。聽過他演講的人都會說：「他大大地改變了我的人生。」成功是羅伯茲要對學生所講的主題，在台下有成千的大學生，而他卻是個中學沒有念完的人。如果再早 3 年，儘管他在推銷方面有所成就，他不一定被邀請，為什麼呢？因為他是個胖子。除了推銷汽車以外，他整天忙著吃。

羅伯茲大學有一條規定，每位學生都必須遵守。這條規定就是：「保持身段，不然就離開！」。這或許厲害了些，然而這一點卻是對的。羅伯茲大學的學生不能有多餘的體重，每個人有一次減肥的機會，假如辦不到的話，就得離開學校。你或許不同意這種做法，但畢竟那是個私立學校。某方面你也許覺得那過分專橫，但另一方面，你可以說那些學生若保持適當身材，身體會更健康。在那種學校，你想他們會邀請一個胖子去演講嗎？

很幸運這次羅伯茲以標準的身材去演講。那天他講了許多關於自己的事，有一件就是體重。他沒有提到他們學校「無胖子」的政策，只告訴他們站在眼前這位 156 磅的人，曾經是 207 磅的圓球，他不好意思提到自己原來的腰圍。他告訴那些學生，如果有人需要減肥，一定辦得到──因爲如果他做得到，他們一定也可以。

那麼他是如何減肥的呢？羅伯茲把它歸功於世界上最好的人，他的朋友──傑克•勞倫。

1975 年夏天，在金盤獎頒獎典禮上，羅伯茲第一次遇到了傑克和一群著名的商人。他是因爲零售推銷優異，傑克則因傳播身體健康的福音而受到頒獎。傑克全身都是肌肉，他則滿身脂肪。宴會結束後，傑克對羅伯茲說：「我欣賞你的哲學，喜歡你頸子以上的部分。但坦白地說，我無法忍受我所看到的你頸以下的部分。」傑克對羅伯茲突出的腹部不以爲然。他說：「你是世界上最優秀的推銷員，但有件事我打賭你辦不到。」

傑克向羅伯茲提出了挑戰，要他把贅肉去掉。接著他告訴羅伯茲如何減肥，他概略地提出良好的飲食習慣，要他減少澱粉食物，增加蛋白質和水果的吸取，還建議他每天早上吃麥片，一星期中有一天不吃。他告訴羅伯茲：在開始任何減肥計畫之前應先去看醫生。接著傑克給羅伯茲一份三項簡易減肥運動的計畫，要他慢慢做，直到每次都能做 42 下。爲什麼要 42 下呢？或許，他是對他的腰圍做視覺測量後所定下的。這三項運動是：

1. 早晚各 42 個仰臥起坐。

2. 早晚各 42 個俯臥撐。

3. 早晚各 42 個躺臥踩腳踏車。

3 個月後的一個秋天的早晨，當羅伯茲洗完澡後，他看到自己的身體像個大圓球。他對自己不堪忍睹，所以決定馬上接受傑克的

挑戰。他做了身體檢查，開始有節制地吃東西，每次受到引誘想暴飲暴食，他就提醒自己注意體重，每星期他絕食一天，當禁不住時便以體重警告自己。漸漸地他可以做到上述三項運動，每當酸痛的肌肉要求停止時，他就想到體重。一年後的效果如何？156 磅——少了 51 磅的肥肉——腹部平坦，腰圍 34。他給傑克寄了一封信，告訴傑克他輸了這場打賭。回信是新的挑戰——你能繼續嗎？一年後他更苗條了。因此，羅伯茲有資格對 5000 多名學生談減肥的事。他能做到的，我們也能！

3 建立自信和勇氣

推銷之神的傳世技巧

- ◆昨天，是張作廢的支票；明天，是尚未兌現的期票；只有今天，才是現金，才有流通的價值。
- ◆一個人真正需要的按鈕。是他的信心之鈕。
- ◆世界上所有成功之人，他們對自己都充滿信心，以信心克服所有障礙。

如果你要受人歡迎，那你必須具有絕對的信心，這一點非常重要。信心使人產生勇氣。假使我們對自己都沒有信心，世界上還有誰會對我們有信心呢？

我遭遇過一次——當我逐漸達到事業成功的時刻——建立了家庭，有了美滿的婚姻、賢慧的妻子，以及兩個可愛的孩子——小喬和格雷絲，接著仿如噩夢般的，我的事業在一夕之間垮了，我過分擴張，信賴虛僞的諾言，導致負債累累——達 6 萬美元之多。法院傳了一份法官的令狀，準備沒收我的家，銀行要拿走我的車子。更糟的是，家裏連一點吃的都沒有，更沒錢供養家人。

到了晚上，一種恐懼之心主宰著我，我把車停在離家幾個街區以外，這樣從銀行來的人就認不出。我從屋後的一個視窗偷偷進出，避免債主在前門出現。鬼鬼祟祟！喬・吉拉德，就是這個樣子！

我還跟孩子玩不誠實的遊戲，我實在怕得要命，害怕法院送達員想出一個進入我家的法子，然後把令狀交給我。我告訴小喬和格雷絲，我們和隔壁、對面的鄰居正在玩比賽——一個不開門的遊戲，我告訴他們誰先打開門誰就輸了。當然，這些戰術並沒有效，我很快失去了家、車子，還有我的自尊。

白天來臨時，妻子告訴我家裏一點食物也沒有了。忽然，我覺得塡飽肚子成了我全部的心願，幾乎一點信心也沒有。我跪下去祈求上帝還我信心，經常發生的事發生了。上帝和我的妻子與我同在。

每當我極度沮喪時，朱麗婭就摟住我說：「吉拉德，我們結婚時空無一物，不久就擁有了一切。現在我們又一無所有，那時我對你有信心，現在還是一樣，我深信你會再成功的。」多麼偉大的女人，在她短暫的生命中(朱麗婭於 1979 年初就去世了)從未抱怨，從未失去對我的信心。在那一刹那，我瞭解了一個重要的真理：「建立自己信心的最佳途徑之一，就是從別人那兒接受過來。」

我重新開始建立信心。我拜訪了底特律一家大的汽車經銷商，要求一份推銷工作。推銷經理哈雷先生起初很不樂意。

「你曾經推銷過汽車嗎？」他問道。

「沒有。」

「爲什麼你覺得自己能夠勝任？」

「我推銷過其他東西——報紙、鞋油、房屋、食品，但人們真正買的是我，我推銷自己，哈雷先生。」

我已經重建足夠的信心，我並不在意自己已經 35 歲，也不在乎人們所認為的推銷是年輕人幹的這個觀念。哈雷笑笑說：「現在正是嚴冬，是銷售淡季，假如我僱用你，我會受到其他推銷員的責難，再說也沒有足夠的暖氣房間給你用。」

由於朱麗婭的信心，我變得更加堅強。我說：「哈雷先生，假如你不僱用我，你將犯下一生最大的錯誤。我不要暖氣房間，我只要一張桌子、一部電話，兩個月內將打敗你最佳推銷員的記錄，就這麼約定。」

哈雷先生終於在樓上的角落給我安排了一張滿是灰塵的桌子和一部電話。就這樣，我開始了自己新的事業。剛開始的第一次推銷是最辛苦的，一旦成功了，其餘的便看你自己了。就在那時我悟出了另一個偉大的真理：「信心產生更大的信心。」

那是我爬回高峰的開始，從一張灰塵厚積的桌子和一本電話簿，銷售再銷售，哈雷先生無法相信，在兩個月內，我真的做到了自己許下的諾言，我打敗了公司中所有推銷員的業績。我償還了 6 萬美元的負債，同時也買回了自尊！

信心產生信心。一年內，我的汽車銷售業績從零輛到 1425 輛，我終於從失敗到成為世界上最偉大的汽車推銷員。

小時候我的父親總是給我灌輸一種消極的思想──「你永遠不會有出息，你只能是個失敗者，你一點也不優秀。」他給我灌輸的這些思想令我害怕。而我的母親卻相反，她給我灌輸的是一種積極的思想：對自己有信心，你絕對會成功的，只要你想成為什麼，你就能做到。她總是教給我一些充滿信心的原則。

從父母那裏，我總是時時受到兩種相反的力量，這兩種力量一方面令我害怕，另一方面也讓我產生信心。事實上，我們每個人的身上都會存在這種兩面的力量──信心和害怕，只是或多或少的程度不同罷了。

昨天，是張作廢的支票；明天，是尙未兌現的期票；只有今天，才是現金，才有流通的價値。當你建立自己的信心時，不能老想著「以後再做」，因爲根本沒有明天這回事。今天決定你明天會成爲一個什麼樣的你。所以切勿錯過今天！將一星期前，一個月前，一年前的害怕、怯懦、毀滅信心的思想從你心中除去，今天是你必須做出決定的時候了，今天是你永遠摒棄害怕的日子。也許你會說，你說的那麼簡單，那我們到底該怎麼做？下面我們就來看看消除害怕的五個原則。這五個原則能幫你消除恐懼，代之以自信和勇氣，它們曾幫助了我，當然也能幫助你。

1. 相信自己。
2. 結交有信心的人。
3. 使你的信心發揮最大的功效。
4. 主宰你自己。
5. 保持忙碌。

下面讓我們分別討論一下以上幾個原則。

相信你自己──記住一句有力量的話：「如果你覺得你能，你就能。」照下面的方式做，在你浴室的鏡子上和汽車的遮陽蓋上放一張卡片，卡片上寫著這句話，每天看著，大聲重覆地說，讓它們浸入你的身體，然後在這幾個字的下面加上「我願意」。

我的童年過得很不愉快，當我還是一個小孩的時候就離開了家，我必須在街頭打開一條生路，爲了生存，我成了一個好鬥者，一個馬路上的鬥士，我必須服從街區裏的那些小流氓。母親的忠告使我有了信心。「吉拉德，你辦得到，如果你覺得你能。」不久，信心真的有了效果，我不再爲了生存而向人屈服，這個信心終於贏得了別人對我的尊敬。

結交有信心的人──遠離那些消極、怯懦的人，他們會給你帶來負面的效應。美國曾經面臨石油禁運，人們買不到汽車燃料，那

誰會去買汽車呢？這對汽車推銷員來講無疑是一大絆腳石。人們不再買車，我公司裏的一些推銷員也失掉信心而辭職了。但這時我的心裏仍保持著自己的原則，結交那些不畏懼將來、不管石油禁運與否，仍然對自己的推銷能力充滿信心的推銷員。我這樣做也加強了自己的信心。切記！信心會讓你產生更大更強的信心。

使你的信心發揮最大的功效——一位經常在推銷實習課和大學演說的演講家，有一次想找一個激勵人們的主題，以讓他們更好地發揮自己的信心。在他開車到俄亥俄大學的途中，看到一塊招牌，上面是一種很著名的省油添加劑、一種汽油箱去污劑的廣告。這種添加物保證可以清潔你的汽化器，使一加侖汽油多跑幾公里。這一廣告使我想到了自己演講的主題——「用信心添加劑潔化你信心的汽化器。」他是對的，假如你的信心機器保持潔淨，它便會一直有效率地工作下去。

主宰你自己——汽車大王亨利，福特曾說過，所有對自己有信心的人，他們的勇氣來自面對自己的恐懼，而非逃避。你也必須學會這樣，坦誠面對你的自我挑戰，主宰你自己。

保持忙碌——在一個忙碌者的身上，我們是很難找到那種恐懼和自我疑惑的。1974 年底，底特律的汽車經銷商改為從星期一至星期五工作。我在 5 天內，必須完成與過去 6 天同樣繁重的工作。我沒時間想到自己是否成功。忙碌的結果呢？頭一年一星期 5 天的工作成績，和過去一星期 6 天居然差不多。

下面還有一則令你產生信心的故事。

喬治・伊斯曼年輕時的照相術是非常麻煩的濕板照相法。伊斯曼於是發明了一種輕便的裝備，一種新的方法——凝膠幹板法。可是這樣一來大家都不再買他種幹板了，商店開始把貨退回伊斯曼的小工廠，四面八方的抱怨如潮湧來——主要是那些感光板的感光性不夠。簡言之，感光板不清潔。

喬治・伊斯曼必須從頭再來，他必須把自己推銷給商店、攝影師和普通百性，他對自己能力的信心崩潰了，內心害怕無法製造攝影家想要的攝影感光板。他從成功墜入了貧窮，從自信而開始懷疑。

他一次又一次的試驗去瞭解究竟那裏出錯。他缺乏資金，推銷自己也變得愈來愈困難，伊士曼終於準備放棄。他的合夥人，亨利・斯特朗卻時他有信心，他鼓勵伊斯曼繼續努力，伊斯曼決心實行去除害怕的方法，一步一步地找回信心。

伊斯曼決心結交有自信心、又肯相信他的人。比爾・華克就是這樣的人，他支援幹板事業，鼓勵喬治以他的發明才能，致力於一種可影映的新東西。喬治孜孜於這工作，和華克一起製造世界第一卷軟片。他越來越有信心。信心產生信心！

由於對軟片及對自己深具信心，伊斯更不再像他早期時做一艘無舵的船，他成爲他那條船的舵手。他正視他從前的恐懼，一個接一個地摒除掉。

事實上他也很少有時間想到恐懼，他整天不停地工作，晚上睡在工廠，夜以繼日地工作。

最後，新產品終於成功了。他們靠著信心創造出了「柯達」——一個沒有特殊意義但很好聽的名字。布朗尼照相機橫掃全國，即使小孩子也能操作這奇妙、輕便、使用簡易軟片的照相機。「你按鈕，別的交給它」這句著名的伊斯曼口號到處流行。

一個人真正需要的按鈕，是他的信心之鈕。沒有人比喬治・伊斯曼更瞭解這個道理，他的成功契機，就是因爲他重建了自己的信心和勇氣。世界上所有成功之人，他們對自己都充滿信心，以信心克服所有障礙。

熱氣球駕駛員馬克斯・安德森和兩位同伴以氣球橫過大西洋，以前無數人嘗試過，可是都失敗了，當這幾位勝利者在法國登陸時，說出了一個共同的信念：「我們從不懷疑自己能成功。」

4 培養出積極的態度

推銷之神的傳世技巧

◆大部分新的推銷員和一些老推銷員，他們共同的問題是，對自己應該比對產品或服務的態度更加積極。

◆正如世界上許多其他事一樣，態度也有正反兩面：積極與消極，建設性與破壞性，寬大與狹隘，高興與絕望。你所必須掌握的是，如何培養對自己和他人的積極態

要想做一個受歡迎之人，那要看你對別人的態度如何，而對別人的態度，又要看你對自己的態度如何。

在一次推銷術演講會上，一位叫賴利的年輕人在演講結束後走向我，拍拍我的肩膀說：「吉拉德先生，你知道我是賣運動器材的人，爲何偏說我不是呢？我賣世界上最好的滑雪用品。」他的語氣充滿了自豪，我對他那年輕人的熱勁不覺失笑。

在演講中，我經常要求一些觀眾站起來，介紹一下自己，同時說說他們個人的推銷經驗。有的會猶豫一下，有的則不會；每個人提到自己所推銷的產品或服務。

- 「我賣傢俱。」
- 「我推銷汽車和貨車。」
- 「我推銷保險。」
- 「我賣電視和音響設備。」

賴利端著咖啡杯站在我旁邊說：「我經銷滑雪用具：滑雪屐、

靴子、皮制外衣、滑雪竿。」

對每位自動發言者，包括賴利在內，我總是率直地說：「你不是。」(他們的確是推銷東西，但我想使他們對自己所從事的職業──推銷──有一個更加廣闊的看法)。賴利不同意我的看法，正不耐煩地等著我的回答。

「賴利，」我問道，「你的銷售情形如何？」

賴利遲疑了一下，說道：「馬馬虎虎。」

「馬馬虎虎！哦，那不是一位成功者的態度，成功者總是積極向前的。」

賴利看起來很困惑。

「賴利，我的意思是滑雪屐、靴子等滑雪裝備並非你所推銷的真正產品，真正的產品應該是你自己。這是你必須保持的一種態度，這種積極態度會使你的事業更有前途。」

「我從來沒這樣想過。」賴利若有所悟地說。

大部分新的推銷員和一些老推銷員，他們共同的問題是，對自己應該比對產品或服務的態度更加積極。賴利對工作、產品、自己，甚至生活，需要一種不同的態度。當然他能夠繼續目前的事業，但他無法瞭解成功地推銷自己這深一層的滿足感。

也許你和推銷一點關係也沒有。但不論你做什麼──醫生、律師、商人、主管、秘書、技工、妻子、母親──在每天的謀生、持家之中，積極的態度也是必需的，你對自己的態度如何？你是個思想積極的人嗎？你快樂、進取、頹喪嗎？

現在談談態度這問題。不同的推銷員有不同的推銷方式。你願意向一位毫無表情的人買東西呢？還是向一位除了賣產品，同時又親切、友善、自信、體諒他人和推銷自己的人買東西呢？

要成功地推銷自己，或許你的態度需要改變。然而正如世界上許多其他事一樣，態度也有正反兩面：積極與消極，建設性與破壞

性，寬大與狹隘，高興與絕望。你所必須掌握的是，如何培養對自己和他人的積極態度。不管對方是何種身分，不管實現目標有多艱難，積極的態度將使你成功。培養積極態度必須把握以下三個原則：

1. 擴大你的視野。

2. 改變你的角度。

3. 運用你的思考能力。

下面讓我們逐一討論一下這三個原則。

擴大你的視野——我經常在演講或著作中提到這個故事，這個故事是關於偉大的伽利略的故事。

伽利略的父親與我一樣，也是義大利人，在伽利略 10 歲生日時，他的父親給他買了一架小望遠鏡——一種水手常用的、可伸縮的小望遠鏡。在他父親看來，這不過是給小孩子玩的簡單的小玩意。但正是由於這小小的望遠鏡，使伽利略從中學到了有價值的一課，並永遠銘記腦海中。

有一天，伽利略正在使用他的小望遠鏡，他突然抱怨說：「爸爸，這東西不好，不用它還可以看得更清楚，每樣東西都變得那麼小。」父親笑笑，原來他把望遠鏡用倒了，他從縮小的那一頭看，難怪無法看到放大的東西。父親輕輕地將望遠鏡筒倒過來。

伽利略的父親擴展了兒子的視野，而伽利略又是多麼幸運啊！他長大後不斷改進那原來的望遠鏡，用它發現了木星的衛星、土星的光環和月球上面的山脈，成了當時全世界最偉大的天文學家。

伽利略從父親那兒學到的，正是我們每一個人必須懂得的一個道理：想以正確的眼光觀察事物，必須擴大自己的視野。當你看待人生、人類、事物、工作和家人時，你看到的是全景還是只有其中的一部分？你是否仔細考慮過問題的兩個方面？你是公正客觀還是妄斷偏見？你的感覺是否固執而帶有色彩？你的胸襟是否保持開闊？你有先見之明嗎？眼界所指的就是這些，往外看而不往裏看，接納別人而不是以自我爲中心。開始把生活看成不只看自己，學習賴利把產品看成真正的你，把自己當成是你真正要推銷的產品。

當你對人們、家庭、同事、朋友、產品、服務抱著正確態度時，便會奇蹟般地產生一個嶄新的自我——一個人人想認識、欣賞、喜愛的人。

每當你發現自己以狹隘固執的眼光看人看事時，就告訴自己：「每個錢幣、問題、想法都有兩面，我是否兩面都看到了？看到了小範圍還是大部分？我試著去瞭解所有觀點和差別嗎？」

然後想像自己，就像伽利略的父親告訴他的，正確地拿著望遠鏡看愈大愈清楚的景物。你會很驚訝，當景物愈大時，你的視野也變大了。那變大的視野對培養積極的態度是絕對必要的。

改變你的角度——你要不只是 1 度而是 180 度的轉變，要忘掉多年的消極觀念需要時間和毅力。

我在改變消極的態度前，無論在經濟上或其他方面都是個徹底的失敗者，那時完全破產，負債累累、害怕未來、羞於面對家人。當我的孩子抬起頭對著我時，我趕緊避開，不願讓孩子們看到老爸眼中的淚水。我憤世嫉俗，厭煩一切。

有一天我的妻子朱麗婭對我說：「吉拉德，別再垂頭喪氣。對你來說，你是世界上最重要的人，我不願你像現在這個樣子。」她強迫我思考，我試著從每個角度檢討自己，把自己看成是第二等的人。就像你的車子陷入泥沙中，或者車輪在冰雪中旋轉不前，你必須先慢慢後退，然後重新往前開。所以有時候爲了前進，我們必須倒轉相反的方向，我就是從失敗走到成功的。

假如你一直處於消極狀態，現在正是「發揮積極、去除消極」的時候。假如你正在沮喪中，轉個身爬出來。假如你發現自己有變成二三流人物的危險時，趕快回轉個方向，做個一流的人。

現在你知道如何讓自己作個 180 度的大轉變嗎？這雖然只是種

心理活動，不過將它和身體的活動相結合是很有幫助的。我已為社會各階層的人發展出一套培養積極態度的方法。最近我把這套方法告訴幾位缺乏經驗的年輕汽車推銷員，他們並沒有太多的積習要改，不過一開始就建立積極的態度卻很重要。他們都努力去做，結果也令人滿意。我還收到了他們的老闆——密執安一家汽車公司副總裁和總經理的一封熱忱的信。他在信中寫道：「我們的幾位推銷員，無論周圍發生了什麼事，總是保持積極的心情。我們的事業需要更多像你這樣人的指導，以幫助他們達到成功的目的。」

在我的辦公室裏有塊空間，是我用來舒展筋骨和思考時走動的地方，也用來做 180 度轉身。假如你願意的話也可照我的尺寸，找一個約三尺寬、八尺長、東西向的空間，南北方向也不錯。我的辦公室的西面有張小桌子，旁邊有個字紙簍，東面盡頭是一道牆，上面掛了一份日曆，用來記下我每天的行事。

每當我產生消極的想法或心情時，就寫在一張小紙上，然後走到桌邊，將那揉成小團的紙扔到字紙簍。除非後退，否則我必須轉 180 度才能走到掛日曆的地方。接著我在日曆上寫下自己必須做的積極行動，以去掉消極的思想。我總共做了三個身體動作：把消極的思想丟到廢紙簍中，做個 180 度的轉身，記下事情做完的日期——也許今天、明天，也可能是下星期，但我給自己最後一個期限。不要認為我的做法很荒謬，它可真有效。

運用你的思考能力——如何運用思考能力？思考能力的運動，就如鍛鍊肌肉的身體運動一樣，這些心理運動必須成年累月每天去做。每天起床後，第一件事便是做這 12 項思考能方的運動：

- 認為自己是成功的。
- 認為自己是可愛的。
- 認為自己是吸引人的。
- 認為自己很友善。

• 認爲自己很豁達。

• 認爲自己很有理性。

• 認爲自己很堅強。

• 認爲自己很有用。

• 認爲自己很樂觀。

• 認爲自己很勇敢。

• 認爲自己很富裕。

• 認爲自己有一顆平和之心。

一次做一項思考能力運動，不要多，比平常早 10～12 分鐘起床，選擇一個安靜的地方，放鬆地站立，閉上眼睛，輕抓椅背當支撐，讓每項思考能力在你腦中停留一分鐘，從頭到尾都閉上眼睛，這樣就可用你的意識，告訴你的潛意識去接受那些思想。做幾星期這種刺激運動後，每一個有力的想法便深植於你的潛意識中，永遠引導著你。

例如，第一項，想想當天你必須做的事，然後想像每件工作你都成功了。去掉心中任何失敗的想法。第二項，想像自己快樂而受人喜愛。去掉任何自負的想法。第三項，成爲熱情友善的人。想想那天，除了家人，你第一個想見的人，內心給他一個微笑和握手。

其他的也照樣做，每一項運動完後，做個深呼吸，慢慢地吸氣和吐氣。很快地，就如心理學家和行爲學家發現的，你的身體裏面會發生驚人的改變。那是因爲「你變成你所想的」。

成功的第一步就是想像你已經成功。想像自己瘦的模樣，便是對你的節食強有力的刺激。從現在開始，在你心中描繪出一幅成功、吸引人的自畫像。每當你要別人認同時，就運用你的思考能力。

5 恒心的代價

推銷之神的傳世技巧

◆當代價來的時候，那種滿足感真正是無與倫比的美妙，但是絕沒人說恒心是很簡單的！

◆你愈有恒心，你就會發現自己愈陷愈深，所以成功的推銷自己，也就是不斷地克服障礙。

◆當你正自我推銷得很順利的時候，常常就會有一大堆你不希望發生的事突然出現，擋在你的面前。

世界上沒有任何東西能夠代替「恒心」。才幹不能，有才幹的失敗者多如牛毛；天才不能，「天才無報償」已成了一句諺語；教育不能，被社會遺棄的教養之士並不少見。惟有「恒心」和「決心」才能征服一切。

這些話是誰說的，已並不重要，但值得我們每一個人相信。我就將這句話掛在自己辦公室的牆壁上。對某些人來說，也許這只是一些陳詞濫調，就像勸戒學童們「一試再試」的座右銘一樣。

接下來，就要靠實踐的工夫了，光說不練是沒有用的。假使你在辦公室的牆上、工具箱上、浴室的鏡子上、廚房的爐子上，或是學校體育館的小櫃子上貼上了一則標語，用來隨時提醒你，那麼就應該進一步去實踐它，不間斷地去實踐它。

恒心使得安妮・蘇利文教導又聾又盲的海倫・凱勒進入她所看不見也聽不見的世界。而在克德林發明的自動引擎背後也是恒心。

恒心使得愛迪生回到他的制圖板和電燈上，一直到完成爲止。他一次又一次的試驗，只爲了找出適當的燈絲材料。如果愛迪生放棄一了他的工作，那麼現在你只能在煤油燈下看這書了。

恒心也使得一個銀幕上最富才華的女演員，貝蒂·大衛斯，在向製作人爭取角色的奮戰中不斷前進。同時，在她奮戰不懈的時候，她是在爲所有一些畏縮膽小的製作人或爲被導演壓迫的演員們而戰。

恒心是否都能得到自己付出的代價呢？當然不是。恒心都生活在一個現實的世界裏。恒心的代價是很大的，我們當然應該把眼光放在目標上，但是恒心的價値並不一定在目標上，而是在你確實去嘗試過了。有一句老話是這麼說的：「愛過再失去總比從沒愛過要來得好。」加油啊！

而當代價來的時候，那種滿足感真正是無與倫比的美妙，但是絕沒人說恒心是很簡單的！

你愈有恒心，你就會發現自己愈陷愈深，所以成功的推銷自己，也就是不斷地克服障礙。這些障礙有時候比紐澤西的松樹穀高爾夫球的障礙還多，這個球場據那一帶的高爾夫球名家所說是最難打的一個，其中有一個陷阱是世界上最大的沙坑，被人稱爲「半個地獄」。在推銷自己的過程中，也會有一大堆陷阱等著你，但是「所有的陷阱都是爲球設計的」，也許你要多揮幾杆，但最後還是能把球打出來的。

當你正自我推銷得很順利的時候，常常就會有一大堆你不希望發生的事突然出現，擋在你的面前。總有些人想盡辦法把你往後拉，這似乎是人的天性。以下就是個好例子：當你正進行著一項節食計畫，並持之以恆地去做，終於體重減輕了，贅肉消失了，這的總會有人對你說：「你知道你看起來有點憔悴，你真的要繼續減肥嗎？」假使你是一個生意人，你一定有過很多次以下的經驗：當你正下定

決心要多打幾個生意上的電話，或在辦公桌前多待一會兒時，你的同事總會跑過來勸你早點下班，好一塊兒去喝杯酒。似乎人的天性就是見不得別人有恒心，有毅力，這些東西使他們發狂。

所以，當你要有恒心的時候，你同時也會面臨到一些障礙，它們往往使人驚異、迷惑、憤怒，甚至產生挫折感。你會平穩地走下去，你能匍匐通過生命中的鐵絲網和阻礙的磚牆，而不致弄得滿身青紫，也不致失足絆倒——只要你能繼續不斷。

生命是一場馬拉松競賽

我有一個很好的朋友，他 20 歲的兒子參加了一項在底特律舉行的馬拉松競賽。這是一項國際比賽，除了本國人外還有加拿大選手參加，整個路程就在底特律河上來回穿梭。這孩子已經訓練有一段時間了，但他從沒跑過這麼遠，對自己能否跑完全程也不敢確定。

那天在比賽場上，他跑得很苦，胸口疼痛，小腿抽筋，一隻腳上還長了蛋大的水泡，而且他說，當跑到某一個時候，你會覺得自己好像撞上了牆，一步都動不了，這時只要你不顧一切地沖下去，你一定能衝破那道牆的。這個孩子一直堅持到最後，終於跑完了全程，就名次而言他沒有贏，但是他也沒有輸，因爲他戰勝了自己，戰勝了時間，只要能跑完全程，不論名次高低，都算是勝利者。

生命也不過是一場競賽。在自我推銷時，自己就是最大的敵人，惟有靠堅定不移的恒心，持續不斷的毅力，才能成爲一個真正的贏家。

假使你在途中遇上了麻煩或阻礙，最好的辦法就是去面對它、解決它，然後再邁向下一個，這樣問題才不會愈積愈多。同時當你解決了一個，下一個有時也會自動消失了，時間的確能消除許多問題。但是總歸一句，最好的方法還是要堅持到底，從一個麻煩裏解脫出來要馬上再面對另一個，慢慢磨煉，耐力就能培養出來。告訴你，秘訣就在於「一個一個來」，不要操之過急，也不要全盤放棄。

有句話說，凡是那些不忙著努力奮鬥、掙扎向前的人，就是在忙著自掘墳墓。好好工作、持之以恆、在自我推銷上做得更多更好，這一切都對健康有益。而無所事事、荒廢時日、一天到晚做白日夢的人，是活不了多久的。

所謂「持之以恆」，是指你要做自己命運的主宰者，不要被耍得團團轉。記著，切勿跟在別人後頭走，要打開自己的路子，當然你先得知道自己要往那兒去才行。另外又有一則標語是這樣寫的：「生活和秘訣就是要找出自己的目標，然後去完成它。」

事實的確如此，任何法則都要去身體力行，否則根本沒有任何用處的。任何指導方針也是如此，最重要的是要去運用它。

當我們持之以恆地推銷自我時，要注意以下三大要領：

1. 先要瞭解自己到底需要什麼，然後去得到它。

2. 如果電梯出了故障，就要想辦法一步一步地走上去。

3. 拒絕「不」這個字，「不」就是「也許」，而「也許」往往是「可以」。

當然你不可能一下子全部達成，得一步一步來，持之以恆，而且要堅信到底。很快，你會發現自己有了很大的轉變，幹勁增強了，自信心也提高了，你會感到一種前所未有的快活，笑得多了，體重也改變了。如果你的目標是在生意方面的話，你將會發現自己似乎做得更多更好，而各方面的人際關係也都在好轉，不用再唱一些「可憐的我」之類的老調了。你也會換上一副愉快的神情，而你這些改變也會在別人的臉上及生活中反映出來，總之，這是一件多麼令人興奮的事啊！

你將會盡情地享受成長的喜悅，而不再受到年少氣盛的左右。作為女人，你將會從自己身上體會到一種新鮮的樂趣。如果你是男

人，你也不會覺得在事業上受到女人過度的威脅了。

承諾變得比較容易實現，真理也變得比較容易說明了。就像少年的伽利略一樣，當他的父親轉動他的望遠鏡時，他便發現了另一個更廣大的世界，你的生活視野也會擴展開來，你的成就更會直上青雲的。

我怎麼知道這些都是真的？因爲這些都是我過去幾年來的經驗，假使它們也一定能改變你。這些原則、指導方針和建議是適用於每一個人的，它們就像生命中所排列的一道道豐盛、眩目、誘人的自助餐，但如果你只是呆坐在一旁觀看的話，再好的菜也是枉然。只有靠你伸出手去一樣樣挑選品嘗，它們這才真正的屬於你自己。

一切都自己來吧！

6 微笑的魅力

推銷之神的傳世技巧

- ◆你對別人皺的眉頭越深，別人回報你的眉頭也就越深。但如果你給對方一個微笑的話，你將得到10倍的利潤。
- ◆在一個恰當的時間、恰當的場合，一個簡單的微笑可以製造奇蹟。
- ◆一個美麗並不單屬於嘴唇而已，它同時意味著眼睛的閃爍，鼻子的皺紋和面頰的收縮。

微笑具有一種魅力，它可以點亮天空，可以振作精神，可以改變你周圍的氣氛，更可以改變你。面帶微笑會使你更受別人的歡迎。

我學習自我推銷所上的第一課是：你的這張臉不只是為了吃，天天洗，每日刮鬍子或化妝。它是為了呈現上帝賜給人類最貴重的禮物——微笑。老實說，皺眉頭比微笑所牽動的肌肉還要更多。

你對別人皺的眉頭越深，別人回報你的眉頭也就越深。但如果你給對方一個微笑的話，你將得到 10 倍的利潤。

我在辦公室掛著一個小告示，我整天可以看見它，上面寫著：我看見一個人臉上沒有微笑，所以我給了他一個微笑。不知道這句話最早是誰先說的，真應該給那個人一份榮譽，因為他說了這句話，讓每個人看到了臉上都會泛起一個微笑。

下面讓我們看看一些關於微笑力量的真實例子。

當我 17 歲的時候，我的一個朋友為他安排了一次典型的相親機會，這種情形簡直就像在摸彩，有過這種經驗的任何人，都會瞭解我的緊張。到底這次相親會是什麼情形？他們會情投意合嗎？我要怎樣應付這種場面呢？

那天晚上，我們開著朋友的車子到那女孩子家裏，按了一聲喇叭，她就跑出來了。第一眼看見她的時候，我覺得她一定是全世界有史以來最醜的女孩子，像條哈巴狗，我的心直往下沉。

但是，當這個女孩子進入車子，她的同學把我介紹給她的時候，她的微笑突然把整部車子都點亮了。在最初 60 秒的談話中，她成為我所見過的最漂亮的女孩了，她整個晚上都在微笑，微笑從她的眼睛、聲音、個性中透露出來。我在那天晚上以前，從來沒對相親有這麼大的興趣。

雖然我籠罩在她的微笑之中，但她卻使我張開眼睛，看到了微笑所可能產生的魅力。她借著微笑的魅力推銷了她自己，我一直還記得這件事。

微笑是工作中的最大資產

卡洛是一個義大利人，他是倫敦著名的沙威旅館的總經理，這家旅館有將近100年的歷史。卡洛每天很有效率地處理著旅館的400個房間，諸如房間預約、床位安排、床單、食物供應，還有各類客人的脾氣等等問題，他都能安排適宜，做起事來得心應手。

將近100年來，這家旅館住過各色各樣的人，譬如：國王和王后，電影明星和歌劇演唱家，高爾夫球員和拳擊選手、將軍、神父、牧師……

你可以想像卡洛每天面臨的問題有多少。作爲一個總經理，他不僅每天要管理一大堆職員，從侍者到廚師、女僕到樂隊，而且還要解決許多問題。他對《時代》雜誌記者說，他的辦法很簡單，而且對每個人都有好處：

「我笑得很多。」卡洛說，「這是我性格的一部分，你可以永遠或90%的時間用微笑來避免遭遇問題。」

現在你也許會說：「等一等，這樣說的話，不是把事情看得太簡單了嗎？有些問題你是不可能用微笑來解決的。」但事實上你完全可以，因爲解決問題的最好辦法就是一開始就避免問題的產生。也就是說，在問題發生以前，你就先把它打敗。而一個真心的微笑，不管是看到的或從聲音裏聽到的，都是一個很好的前鋒。把你自己先推銷出去，通常可以避免後來問題的發生。

用微笑先把自己推銷出去，這也是美國聯合航空公司的一項政策。

聯合航空公司宣稱，他們的天空是一個友善的天空。但事實上，那份友善從地面就已經開始了。不要誤會，我們這裏不是在替聯合公司做廣告。以下是我的女兒——葛瑞絲所經歷的一個真實故

事。

葛瑞絲曾經參加聯合航空公司一項工作的面試，不靠關係，不靠牽線，她完全憑她的本事很意外地得到了那項工作。

在面試的時候，她知道自己的工作大部分是通過電話進行的，特別是有關預約、取消、更換或確定飛機航班的事情。

很令她驚訝的，在面試期間，當主試者講話的時候，總是故意把身體轉過去背對著她。他後來告訴她說，這不是因爲他不懂禮貌，這樣做是爲了聽她聲音裏面的微笑，因爲在她要從事的這項工作中，微笑是很重要的。他要去感覺她的微笑，他說：微笑一定要成爲她工作中最大的資產。他告訴葛瑞絲說，她被僱用的最主要理由就是因爲她會微笑。

沒有太多的人會看見她的微笑，但他們通過電話，可以知道她的微笑一直都在那裏。

微笑絕不會使人失望

關於聲音裏的微笑，還有一個例子。吉米・朗士是底特律地區最受歡迎的節目主持人之一。事實上，他受歡迎的範圍遠超出底特律，因爲他服務了 20 年的 WJR 在中西部是規模最龐大的電臺，吉米的晨間廣播不僅遍及整個密西根州，同時在賓夕法尼亞、俄亥俄、肯塔基、印第安那和伊利諾斯等州都有極高的收聽率。甚至在南部地區也有聽眾寫信給這位聲音裏帶著微笑的主持人，說他們可以通過廣播頻道聽到他的微笑。

這是事實，聽到他愉快的、無憂無慮的廣播評論，一個人真的可以看見點亮在他臉上的微笑。許多人有機會見到他本人，因爲吉米同時也是中西部一家著名夜總會的經紀人。這家夜總會坐落在底特律市中心區最豪華的購物中心內，並且和阿爾弗雷德美食飯店合

作經營。

吉米不僅是個以好胃口著稱的製作人，他同時也是個優秀的演員。他在一些熱門電影中擔任主角，這些影片爲他贏得了一群忠誠而熱情的觀眾。

當他不在舞臺上出現的時候，他喜歡走到觀眾前面，用廣播的語言爲觀眾打氣。因爲大部分觀眾都是他的收音機迷組成的。吉米說，在每場表演結束後的餘興節目中，觀眾最常給他的評論是：「吉米，你的微笑跟聽你廣播時所想像的完全一樣。我本來害怕會失望，但是我沒有。」

微笑永遠不會使人失望。人家問吉米，爲什麼他總是那麼高興；他的秘訣是從來不把煩惱告訴別人。相反地，他對人永遠表現出真正的興趣。「我的工作是娛樂別人。」他說，「並且爲別人創造愉快的生活。這要從微笑開始，但必須是發自內心的微笑。」吉米長期用《戴上一張快樂的臉》這首歌作爲主題曲，並不是一件偶然的事。他把微笑融進他的聲音，去配合上帝賦予他的才能。「當你微笑的時候，別人會更喜歡你。」他微笑著說，「除此之外，它會使你感覺快樂一點。它不會花掉你任何東西，而且可以讓你賺到任何股票都付不出的紅利。」

幫助成交的微笑

在底特律的哥堡大廳曾經舉行過一個巨大的汽艇展示，這座會議中心經常舉辦各種汽車展示。在這次展示中，人群蜂擁而來參觀，並且選購各種海上船隻，從小帆船到豪華的巡洋艦都包括在內。

在汽艇展示期間，有一天一個稀有的交易失掉了——但又談成了。這裏將依照一個推銷員的話，及底特律報紙商業版上的報導，把經過情形談一談。

在這場展示中，有一位來自中東某一個產油國的富翁，他停在一艘陳列的大船前，面向那裏的一位推銷員，平靜地說：「我要買價值 2000 萬的船隻。」這是任何人都求之不得的事情──或者你會這樣想。可是相反的，那位推銷員就是看著這位有購買潛力的顧客，好像他是個瘋子一樣，好像他只是一個來浪費他寶貴時間的人而已。這位推銷員臉上缺少的東西就是微笑。

這位石油國酋長看著那位推銷員，研究他沒有微笑的臉，然後走開了。

他繼續走到下一艘陳列的船，這回他受到了一個年輕的推銷員很熱誠的招呼。這位推銷員臉上掛滿了歡迎的微笑，那微笑就跟沙烏地阿拉伯的太陽一樣燦爛。由於這個上帝賦予他們的最貴重的禮物──微笑，使這位酋長感到了賓至如歸的輕鬆和自在。所以，他再一次說：「我要買價值 2000 萬元的船隻。」

「沒問題！」這第二個推銷員說，仍然微笑著，「我會爲您展示我們的系列產品。」他只這樣做，但他已經推銷了他自己。他已經在推銷任何東西以前，先把世界上最偉大的產品推銷出去了。

這回這位石油酋長留了下來，簽了一張 500 塊錢的儲蓄券，並且對這位推銷員說：「我喜歡人們表現出他們喜歡我的樣子，你已經用微笑向我推銷了你自己。在這裏，你是惟一讓我感到我受歡迎的人。明天我會帶一張 2000 萬元的保付支票回來。」

這位酋長說的是真話，第二天他帶了一張保付支票回來，把它加到那 500 元的儲蓄中，很簡單，一筆巨額交易就達成了。

這位用微笑先把自己推銷出去的推銷員，後來又推銷了他的海運產品。聽說在那筆交易上，他可以得到 20%的利潤，這或許已經夠他一生的生活費，但他不會這樣懶散地過日子，他會繼續推銷他自己，並且微笑著走上他到達成功的道路。

至於那個沒有微笑的第一位推銷員，就沒有人知道他現在在做

什麼了。

事實上我們都知道，要達成那樣的交易，所需要的比一個微笑還要更多。它還需要有好產品，需要推銷員本身對產品有足夠的知識，需要訓練而且需要自動自發的幫助。事情真正的癥結是，一個推銷員臉上缺少了微笑的話，會把一個準備要購買的顧客趕到和自己競爭的地位。

在一個恰當的時間、恰當的場合，一個簡單的微笑可以製造奇蹟。假如你要在生活之外，獲得特別的「微笑知識」的話，這裏有7條簡單的規則，每一條都會使你在任何情況下更容易推銷自己。

1. 當你不想笑的時候就笑。
2. 和別人分享你樂觀的思想。
3. 用你整個臉微笑。
4. 把眉頭舒展開來。
5. 運用你的幽默感。
6. 大聲地笑出來。
7. 不要說「cheese」，說「I like you(我喜歡你)」。.

雖然這7條規則很簡單，但如果你想主宰它們的話，仍然要花些時間練習。讓我們簡短地論述一下每一條規則。

當你不想笑的時候就笑——我們把這條規則放在第一位，因爲它可能是最難遵守的一條規則。所以你應該先從它開始。告訴你自己，在一個特別的時刻，無論你心裏多麼沉重，多麼哀傷憂鬱，你都不會讓別人知道。把煩惱留給自己，讓別人相信你有一段愉快的時光。讓別人問：「他到底在笑什麼？」在推銷你自己當中，讓人保持猜測總是好一點。

世界上最有名的繪畫之一，達・芬奇所陳列在巴黎羅浮宮的蒙娜麗莎，以泛在那女人唇上的微笑暮稱。幾個世紀以來，人們曾經問過：「她爲什麼在微笑？」沒有人知道答案，也沒有人想知道答案。

但是爲什麼每年成千上萬的人擁來看這幅藝術作品？他們不是爲了這位藝術家，不是爲了這幅畫好幾次失而復得，不是爲了它的色彩或筆觸，也不是爲了畫裏的模特兒，不！那是因爲人們被那個微笑所吸引。

這是一條很好的規則——讓別人去猜測，而最好的辦法是，即使你不想笑的時候，你仍然保持微笑。每當你感到最不喜歡笑的時候，就是你該笑得最多的時候。人家常常說蒙娜麗莎的微笑，是因爲她的心碎了。但如果這是真的，她也沒有讓任何人知道。

和別人分享你樂觀的思想——像許多其他樂觀的事情一樣，微笑是會蔓延的。當你笑的時候，人們認爲你感覺很好，就會很快樂。很快地他們也會跟著你笑。假如你到處散播消極的思想，就不可能笑得出來了。關於這條規則，有一些事情要記住：只傳播好消息，停止討論報紙上關於犯罪和暴力的事件。相反的，談論你周圍發生的一些樂觀的事情，做一些讓人高興的事，不要使人洩氣；並且假如你不能說一些別人的好事的話，就讓你的嘴巴閉著。

你越快開始和別人分享樂觀的思想，你就越快會發現這些人的臉上永遠伴著微笑。如一首歌所說，永遠保持你的光明面。

用你整個臉微笑——一個美麗並不單屬於嘴唇而已，它同時意味著眼睛的閃爍，鼻子的皺紋和面頰的收縮。一個成功的微笑是包括整個臉的，並且讓人看起來很高興。

密執安整個州都知道，屬於他們州長的百萬元微笑。這位州長威廉的臉上只是掛著微笑。的確，要贏得競選，所需的遠比微笑要多(而且他最近回到州長寶座，是得到了密西根未曾有過，壓倒性最多數選票)，但他知道微笑的確有幫助。沒有人能像他一樣，用一個熱切的、誠懇的微笑溫暖了密執安的寒冬。他的微笑佈滿他整個臉，可以點燃別人的自信心，可以引起別人的信賴，甚至有一天會帶他進白宮。

另一個滿臉微笑的人是羅伯特，有很長的一段時間，羅伯特是我推銷員訓練班的老師。每8個星期，他要面對一批新的學生推銷員。這些學生著急著要學習如何推銷他們自己。同時也學習如何有效地推銷他們的產品。

上課的頭一天，或頭一個鐘頭，那些學生還不太確定能得到什麼，這對他們大部分人來說，還是一種新經驗。他們有些人不太自在，有些人存著懷疑，有些人急著想進入情況，有些人則擔心參與的問題。他從來沒有看過任何人能像羅伯特一樣，很快就能使一個群體感到輕鬆自在。他那掛在那張寬大、快樂臉上的微笑，就好像是說：「相信我，對我要有信心，我是你們的朋友。」這馬上就暖化了這個團體，在他還沒講出任何教學的話以前，他的微笑就已經以一個教師的身份，把他推銷出去了。羅伯特的微笑給了他的訓練班一個很特別的助益。

把眉頭舒展開來——當你做到的時候，它就變成一個微笑。不過再說一遍，這需要練習。

當弗蘭克‧貝德加年輕的時候，是個討人嫌的傢伙。他有一對又粗獷、又濃密的眉毛。他知道如果不修正那對眉毛的話，會做什麼事情都不成功。他的童年接觸太多的疾病、饑餓和不幸，那些用他的話說，就是沒有太多的事可以笑。事實上，他說他的家庭根本上就害怕微笑。他終於長成一個討人嫌的人。

後來他做出決定，假如他要獲得成功的話，必須改變自己的態度，並且克服他臉上憂鬱和苦難刻畫下來的障礙：一個永遠愁眉不展的臉，一對緊皺的眉頭。他下定決心要換上一臉開朗的、快樂的微笑，要把他的眉毛舒展開來，使它成爲滿臉真誠的微笑，一個發自內心，會反射出他內心愉悅的微笑。甚至他將要比只換上一張快樂的臉做得更多，他必須先把那張不愉快的臉脫下來。

這不是件容易的事。只要心裏一產生害怕和憂慮，微笑馬上會消失。害怕跟皺眉和微笑是不可能一起出現的。可是他仍持之以恆地練習，從每天微笑 15 分鐘到整天都在微笑。在他進入一間辦公室、一間房間、一個場合以前，他會先想一些微笑的理由，想一些值得感謝的事情，他會把眉頭舒展成一個微笑。結果呢？當然這就成爲了一種正常的習慣。從事快樂的事情會產生一張快樂的臉。經常面帶微笑會從你內心產生一種快樂的情緒。不論在社交或家庭中，顯示了越來越多的好結果。

貝德加說:「你可以用微笑開發一個快樂的園地。只要試 30 天，無時無刻都給自己一生中曾有過的最好的微笑，看看有什麼奇蹟出現。這是他所知道停止憂慮，並且開始生活的最好辦法。」

把你的那兩道眉毛舒展開來！

運用你的幽默感——任何人都有幽默感，你也不例外。你跟你鄰座的人一樣，能夠欣賞一個好笑話。當然這裏的意思不是指那種低格調的笑話，或是尋別人開心的惡作劇，而是指那些好的、真正有趣的故事。

你越對那些有反應，你就越能夠運用你的幽默感，也就會笑得越多。這並不是說你需要有講笑話的才能，你知道有些人就是沒有辦法。假如你以前聽過那個笑話，不要因此打斷那位講笑話的人，並且再開心地笑一次。試著看出各種場合的幽默，並對它們產生反應。不要做一個揶揄者，因爲揶揄別人並不好笑，而且還會傷害別人，不管你聽過什麼，人就是不喜歡被人揶揄，尤其是年輕人。不過這裏有兩條關於運用幽默感的訣竅：

第一，當玩笑開在你身上的時候，你只要跟著笑。

第二，對別人微笑，但永遠不要冷笑。

大聲地笑出來——假如微笑是具有魅力的，那麼發自肺腑的大笑就具有超魅力！你注意過大笑會怎樣傳染嗎？到電影院去看一出好的喜劇，你會發現在觀眾中有某一個人開始大笑，另一個人也跟

著笑，不久整個戲院就會充滿了轟然的大笑聲。稍後，你可能在家裏的電視上看到同一部喜劇，現在你對著同樣的笑話可能只會微笑，即使有點咯咯地發笑，但要在私底下大笑就很難做到了。

大聲笑出來也需要練習，下一次你笑的時候，讓它發出輕微的咯咯聲。而當你感到要捧腹大笑的時候，不要壓抑它，就讓它笑出來，你會享受它，別人也會。大笑是世界上最好的運動，它對你的身體有很好的作用，即使笑到你嘴巴都痛了，也不會真正傷害你。沒有任何人曾被他們大笑的能力所傷害。相反，一個真心的大笑會把他們推到成功的境地。

不要說「cheese」，說「I like you(我喜歡你)」──自從照相機發明以後，當攝影師要他們的對象微笑時，就說「cheese」。因爲當你說「cheese」這個詞時，可以使嘴角形成一個微笑的樣子。

「I like you(我喜歡你)」會形成一個更明朗的微笑。

我在講演期間，有時試著做這個小小的實驗，我叫兩位觀眾到臺上來加入我的行列。當我在推銷車子的期間，我也是用這個辦法開始談交易。我知道大部分要買新車的人都有點害怕，他們明白他們是在做一生中僅次於買房子的最大投資。他們將要花掉許多錢，所以他們當然緊張，這時他們需要有人能讓他們感到自在。

所以，我做的第一件事就是微笑，同時交給那位顧客一顆又大又圓的翻領紐扣，上面寫著：「我喜歡你！」那位顧客會看著它，並且一兩秒鐘之後也會開始微笑。他很高興他所做的，他會開始放鬆，同時也開始感到舒服多了。

你知道，我們很難在大聲地說「我喜歡你」時，臉上沒有微笑，並且還得回一個微笑──即使那句話是印在東西上的。說「我喜歡你」是製造微笑最簡單的方法。

上述 7 條簡單的規則，你可一定要試試！

7 承諾的力量

推銷之神的傳世技巧

- ◆世上根本沒有什麼東西叫做誠實的領帶、西裝、鞋子或帽子，惟一能夠誠實的只有你。
- ◆假少你確實無法遵守你的承諾的話，你可以打個電話、寫信或親自告訴他，讓他知道真正的原因。
- ◆遵守一個諾言，可以使別人對你立起信心。破壞你的諾言，不僅動搖了那個信心，同時還可能傷了一個人的心。

有一本書，書名叫做《廣告商》。它是描述一個極力要製造良好形象的廣告業者，他正如你我一樣要出去推銷自己。他很小心地選擇自己的服飾，把鞋子擦得像鏡子一樣亮，然後繫上所謂「看起來誠實的領帶」。

無稽之談！世上根本沒有什麼東西叫做誠實的領帶、西裝、鞋子或帽子，惟一能夠誠實的只有你。並且一個誠實的人的主要條件，就是要遵守諾言。假如你要深受別人的歡迎，你絕對不可以食言。一個遵守諾言的人所說的話，你可以毫無疑問地信任他。

有一個年輕人阿利克斯，他在鄰近的汽車經銷商服務部門工作，他很喜歡隨便誇口，每當有顧客送汽車來修理時，他總是隨口說：「拉維斯太太！你的車四點鐘可以開回去。」或「馬森先生！假如它還沒修好或我們碰到問題的話，我會打電話給你。」

很簡單的承諾，然而他這個年輕朋友有時卻無法遵守，車子沒

有在他答應的時間修好，或是該打的電話忘了打。不久他誠實的評價降到了最低點，顧客對他和他工作的部門很快就失去了信心。他沒有推銷出他自己，而連帶他的工作部門也遭了殃。

有一天，這位年輕朋友與我一道吃午餐，他向我吐露了自己的問題:「吉拉德，我現正處於困境當中，我相信自己一定會被解僱。」

「有什麼問題？阿利克斯！」其實我知道，可是還是問了問。

「我的嘴巴給我惹來麻煩，我經常向客戶答應一些事情，然後就把它們給忘了。」阿利克斯告訴我。

於是，吃過火腿麵包之後，我告訴他如何獲得誠實的美譽，以便挽回他的工作。「阿利克斯！」我說，「我要求你在 30 天之內老老實實地做兩件事情。」下面是我給他的兩條規則：

第一，勉強自己不惜任何代價去遵守已經許下的承諾，因爲除了你自己之外，沒有人能強迫你這樣做。

第二，在做任何承諾以前，先仔細考慮一下：我真的能夠履行這個承諾嗎？

阿利克斯靜靜地想了一下，然後把這兩條規則寫在身邊的餐巾上。他寫完以後，我又附加了一句：「30 天以後，你要告訴我有什麼結果發生。」我同時警告他，第一條規則可能最難做到，但所謂君子一言既出，駟馬難追，然後就遵守第二條規則，凡事先考慮一下再作承諾。

當我們吃完飯以後，我告訴阿利克斯，假如他確實照著這些話去做，至少會有以下四個好處：

1. 事前考慮免得事後受窘。

2. 你省掉很多道歉或藉口。

3. 別人會知道你說話是算數的。

4. 你誠實的形象會光芒閃爍。

一個月之後，阿利克斯向我做了報告，他很快樂地對我說：「你說對了，吉拉德，我遵照你的建議去做，顧客們很欣賞我能夠遵守承諾，有一個人還誇我是一個真正的老實人，假如碰到困難，我打電話通知他們的話，他們都非常感激，同時我們的生意也越來越好了，不過，對於你說的會產生 4 個好處，恐怕你錯了。」他狡猾地笑著說。

「噢？」說真的，我是有點吃驚。

「事實上，有 5 個好處，第 5 個好處就是經理對我很滿意，我的工作不再有問題了，怎麼樣，如何？」

我給阿利克斯的是很可靠的建議，你可以自己試試看，不管對大承諾或小承諾，諸如：約好幾點鐘和某人見面，或打電話告訴你太太你 6 點鐘回家……這規則都適用，先考慮一下，確定你確實做得到。

想想看，拿一張紙把你這星期以來所做的承諾一一寫下，看看那些事你沒有去做？以及那些事你壓根兒就無意去做？假如只有少數的話，就給自己加個星號，但是，如果你也像大部分人一樣，恐怕就不太好意思啦！把那張紙釘在一個你可以天天看到的地方，讓它提醒你去做該做的事。

你不是想要推銷自己嗎？那麼就記得要遵守諾言。無論對你的上司、男朋友、女朋友、老師、學生、父母、小孩、鄰居，這樣做你會發現，你的自我推銷要簡單多了。

爲什麼？因爲「我承諾」是世界上三個最有力量的字。

每一次承諾就是一個契約

用個比較強烈的比喻說，你的話就是你的枷鎖。而你的一個承諾就是一張契約。所有的契約都是義務。簽了合法契約的人常常能夠買回他們的契約，但那不是件容易的事。同樣的，收回承諾也不

是件容易的事。這就是爲什麼說「三思而後行」這麼重要。

甚至在今天這種所謂新道德的時代，最戲劇性的例子還是婚姻的契約。

婚姻誓言是一個承諾。假如你結過婚，你會記得當你站在牧師面前，他問你：你是否要你身旁這個人作爲你合法的妻子或丈夫，不管更富或更窮，生病或健康，你嚴肅地回答：「我願意！」

而且在結婚進行曲之後，最受歡迎的音樂總是「噢！答應對他的承諾。」

爲什麼一些人會那麼輕易地對別人做下承諾，同時也接受別人對他的承諾。也許這是我們從小學來的，我們的父母、老師、哥哥、姐姐，可能立下了很好的榜樣。假如父母、老師是遵守諾言的人，孩子也一定是遵守諾言的人。

當一個諾言被遵守的時候，是多麼令人開心。

但是成年以後，許多事情似乎都包含了政治意味，他們開始對承諾產生嘲諷的態度。大部分公開的承諾都是政客們所做的，實在是一種不幸。

美國一位知名的專欄作家西德尼•海瑞斯寫道：「對每一個失信的公務員來說，有一打以上是爲了想連任的熱望所導致的，想獲得連任迫使他們說出任何迎合選民的話來。」噢！承諾原來是爲了爭取選票。

事實上，假如一個政治家沒有遵守他的承諾，他就不會再當選，承諾是不能憑空許下的。但是無論如何，這些政客卻已經給他們的年輕人樹立了榜樣，難怪他們會尖酸嘲諷，難怪他們會那麼輕易承諾和毀約。

假如你確實無法遵守你的承諾的話，你可以打個電話、寫信、或親身告訴那個人，讓他知道真正的原因。

告訴你的朋友：「我知道我答應明天 9 點鐘去看你，可是因爲臨時有點事，我們可不可以另外約個時間。」這要比完全破壞你的承諾好多了。把情形解釋清楚會產生溫暖的感覺，違背你的承諾會使你的誠實打個問號。

你只要毀一次約看看，下次那個人一定不會太相信你，你已經失去了自我推銷的信用。有一個汽車銷售員就嘗到了這種苦果。有一個顧客爲他即將來臨的假期預定了一部新車，準備作爲假期旅行之用。他希望 7 個星期之內，這位銷售員能把車子運到佛羅里達州，毫不費力的，這位銷售員向他保證絕對沒有問題。結果呢！車子 11 個星期之後才送到，他足足損失了 4 個星期。這已經夠糟糕了，但他後來發現，這位銷售員早就知道，車子不可能在 7 個星期之內送達。

你以爲這位銷售員會再從那個人身上做成幾次生意？你肯定猜對了。

假如你能的話，那麼你也應該可以想像，如果你對別人不遵守承諾，別人會有什麼感覺。

你是否答應過你的小孩，旅行回來時給他帶點什麼東西，可是後來卻忘了呢？你還記得當你告訴他說你忘了時，他那小臉蛋上失望的、受傷的表情嗎？或者假如你不是爲人父母，你還記得你小時候，當你老爸告訴你，他很抱歉，因爲他忘了時，你自己的感受嗎？

這是最後一句話，假如他們遵守對自己的承諾，將會發現遵守對別人的承諾要容易多了。比如說答應給自己一星期的假期，假如你破了某項記錄的話；答應自己一天要減少 1200 個卡路里，一直到瘦了 20 磅爲止；答應自己要控制脾氣，答應自己不再嘮叨……

有時候，我們許下卻又沒有遵守的最重要的承諾，是我們對自己的承諾。所以，這樣做：現在馬上對你自己許下一個堅定的承諾，等一等！先想一下——你確定真的能遵守這個承諾嗎？好！現在你把那個承諾寫在紙上，把它折起來放在口袋裏，讓它跟著你 10 天的

時間；當你換衣服時，記得把它放進新的口袋。女士們，把那張紙放在你的錢包裏。孩子們，把那張紙放在褲袋裏。

記住！10 天，並且每天都要拿出來好好看一看。不過 10 天是個最小值，如果是個長期的承諾，例如說你要減肥 10 磅的話，這張紙條你可能帶較長的一段時間。另一方面，如果它是個短期的承諾，比方說你要爲鄰居烤個檸檬派，也許只帶一天就夠了。重點是，直到你履行了諾言，你才能把那張紙撕掉。

這樣做兩三回，你不久就會發現對自己保持承諾是一項挑戰。不過在你發現以前，你也同時察覺你更容易對別人保持承諾。

承諾的力量是幫助你成功地推銷自己的一股很強大的推進力。生意上的成功、婚姻上的成功、跟別人更意氣相投的關係、生活中更純粹的樂趣，都能夠通過你遵守承諾的行爲而投向你身邊。

遵守一個諾言，可以使別人對你建立起信心。破壞你的諾言，不僅動搖了那個信心，同時還可能傷了一個人的心。遵守諾言是一件光彩的事！

8 說真話而不要欺騙顧客

推銷之神的傳世技巧

- ◆很多人有時樂於向別人撒個小謊，以為無傷大雅，其實這是很糟糕的情形。
- ◆一個推銷員做事的下下之策是：繞著真實四周耍把戲，渲染它或歪曲它。
- ◆事實上，當你說謊的時候，你從來沒有真正愚弄任何人。

與「真話」相對的就是「假話」，一個人說假話時就是在撒謊。對於任何一個人來講，撒謊都是一種不可原諒的劣性。當你從事推銷時，爲什麼要說真話？這裏至少有兩個很好的理由：第一，說真話使我們心懷坦蕩。第二，說真話是獲得別人信任和尊敬的惟一方法。

說它是「惟一」的方法，可能會引起爭論。你可以由於你優雅的風度、社會的地位、仁慈的行爲、你的知識和你的經歷等等，去贏得他人的尊敬。但是只要你講的一個謊話被拆穿，你所有的優點馬上會被一掃而光。

真理和謊言曾經被想過、被談過、也被寫過，大部分有著嚴肅的目的，但有時也被用滑稽的字眼去表現。很多人有時樂於向別人撒個小謊，以爲無傷大雅，其實這是很糟糕的情形。如果他們對別人能真誠地說真話，是不是表示他們對別人更慷慨的讚美？有一本書叫《沒有別的，只有真實》，內容講的是一個人打了一個很大的賭

說，他可以在一段特定的時間內完全說真話。他後來是做到了，但不管怎樣，他所遭到的種種困難，已經夠使你發誓永遠戒掉說真話。

但是，不要這樣做。

假如你要向別人說：你是個可以信賴的人，你的一舉一動都是可敬和誠實的，沒有絲毫見不得人的地方，就不要這樣做。事實就是事實，它跟你是誰或做什麼職業沒有一點關係。它同時適用於成人和小孩、男人和女人、富裕和貧窮，並且對於達官貴人也如同對無名小卒一樣。他可以以一個推銷員的身份講這些話。

的確，一個推銷員做事的下下之策是：繞著真實四周耍把戲，渲染它或歪曲它。一個說謊話的雅銷員或一個半說真話的推銷員，很快地就會發現自己沒有前途，沒有顧客，同時也沒有了工作。不論對假意的奉承或騙人的藉口，人們是不會爲它們留有餘地的。

當我是汽車推銷員的時候，我盡全力給顧客一個合理的交易。由於某些人對汽車推銷員的印象十分惡劣，當他們面對推銷員的時候，在心態上就準備著被欺騙、被愚弄，因此推銷員必須比不同職業的其他人更努力地說真話。

瞭解了別人心目中汽車推銷員的形象，我更加倍努力要做個可以信賴的人。其實這不是一件有關名聲、信用的問題，對我來說，它是一件求生存的事情。「說真話」使我成爲世界上偉大的推銷員。我總是面對面地對每一個顧客說：「我不僅站在我出售的每一部車子後面。我同時也站在他們前面。」

許多顧客告訴我，他們可以在別的地方找到更便宜的車子，可是他們還是緊跟著我，原因是，我值得他們永遠信任。

但是，並不單是推銷員需要把他們的信譽建立在說真話上面對其他所有人：學生、軍人、律師、政治家、主婦、不動產管理員、房屋銷售商或老師……說真話都是同等重要。

這世界上到處充滿著成功，充滿著洛守事實而獲得成功的人。

任何地方最成功的廣告，就是把簡單的事實說出來：

荷蘭清潔劑：消除髒亂！

坎培肉醬：嗯——好香！

可口可樂：振作精神！

馬克士威宮咖啡：最後一滴還是香的！

肯德基炸雞：吃完了還要把手指吮乾淨。

假如你有時間，並且對這些有興趣的話，你會很驚訝爲什麼廣告需要在事實上面做一再的強調：廣告商說謊、歪曲事實會有什麼後果？記得「黃金牌」雪茄嗎？它在「在一車子的貨物裏找不到一個咳嗽」的標語中，把一件很奇怪的事情和雪茄連在一起，現在「黃金牌」到那兒去了？

出生於麻塞諸塞州的偉大議員兼國務卿——丹尼爾・韋伯斯特說：「沒有任何東西比事實更具力量。」

馬克・吐溫說過：「當你處在進退兩難的境地時，就說出真話。真實是他們擁有的最有價值的東西。」

詩人羅伯特・希朗尼也說道：「至善就是真實，真實不會傷害講它的人。」

當喬治・華盛頓還是個少年的時候，有一次不小心砍倒了他父親種的櫻桃樹，他主動地向父親認錯，說：「爸爸，我不能說謊。」

當他還是個學生的時候，一位老師告訴他們一個希臘哲學家的故事，這個哲學家住在一個木桶裏，有一天他爬出了木桶，提著燈籠，開始去尋找一個誠實的人。即使在那時候，誠實也是需要去找的東西。

說謊的代價

說謊或說真話，不只是良心上的問題，同時也是法律的問題。

在法庭中，一個人要發誓或保證絕對說真話。僞證的代價是很高的，已經有許多人因爲在誓言之下沒有說真話，而被罰了很重的罰金，更有許多人因此而坐了牢。

這種情形似乎常常發生在司法界和政府官員所舉行的議會或聽證會上。或許造成這種印象的原因，是受到傳播媒介的影響，尤其是電視，對許多政客來說，電視已經成爲他們致命的敵人。

一位著名的專欄作家西德尼・哈麗絲說:「幾乎一半以上的政客都會說兩面話，發表半真半假的消息，組織自私同盟，並且做出除了叛國以外的任何事情，去說服選民們說，他是爲他們好；當然，他不是爲他們好，他是爲自己好，他甚至可以名正言順地引用通用汽車首腦公開講的話:『什麼事情對通用汽車有好處，就對國家有好處』來使自己的行爲合理化。」

現在，政客們可能已經革除了過去的那些弊端。但在今天，說謊的代價仍然是很高的。底特律 WJR 電臺在一次廣播中，電臺製作人海爾・楊有拉第和尼可拉斯・帕奈爾之間舉行了一次會談。會中帕奈爾提出了一個觀點說:「你無法在電視上說了謊而不露形跡。電視攝影機搜尋的眼光，會暴露出你背叛真實的每一個閃爍的表情。」這就是政府中的司法部長——約翰・蜜雪兒所發現的，當你說謊時，你可以自認爲在愚弄某一個人，但事實上你並沒有。

今天，當涉及到買賣——尤其是在拍賣你的房屋或財產的時候，說真話就特別重要。在今天的法律之下，假如一個人對他要拍賣的財產隱藏了事實，或故意說謊，買方到後來可以控告賣方。那種「顧客自個兒提高警覺」的舊時代已經過去了，而且也沒有人懷念那些。

同時，說真話也可能要你賠錢。再說一遍，你必須決定那一個對你最重要——事實或是現金？

我於 1947 年 1 月 3 日應徵入伍，當時我只有 18 歲。當我的單位被派出去參加一次野營訓練，我們被裝載在兩噸半的卡車裏，並且被運送到一個約 20 裏遠的野營區，從那裏我們要走回來。

一路上，我在卡車裏到處和人打哈哈，要不就不規不矩地坐在車後的門檻上。當汽車突然碰到一個坑洞的時候，車一下子跳了起來，而我也被摔了出去，我先是飛在半空中，然後由背部著地。

當我躺在路上的時候，嘗到了真正的痛苦，呼吸困難，幾乎無法動彈，一輛吉普車載著我，飛快地開回到軍用醫院。這件事結束了我的軍隊生涯。我受傷了，雖然可以再被醫好，但不適合再待在部隊裏。

我繼續在這家醫院做一連串的 X 光照射、按摩和其他治療。在軍隊裏，我只做一些輕便的差事。我被認定不能走太多的路，不能舉起太重的東西。

不久後，軍醫訪問了我關於這次意外事件的情形，他們問我以前是不是傷過背部。我本來可以說沒有，可能因此而得到一份政府的傷害撫恤金，但是我想起了蘇連那神父幾年前所說的話，所以我告訴了醫生實情。

在我大約 15 歲的時候，我的背部受過傷，我曾在學校裏從跳水板上練習跳水，因爲跳得不夠遠，所以在掉進水池的途中，撞到了跳水板。我經歷了一段時間的痛苦，後來客觀存在就消失了，我本來已經忘掉了這件事，但即使我說了謊，X 光卻不會說謊。

不管怎樣，假如我在軍醫面前說了謊，我很可能得到那筆撫恤金，但同時在我其餘的生命中，我必須忍受自己良心上的苛責。每個月的省察，仍會定期去做，而每次做的時候，它都會大聲而清晰地叫我——騙子！

的確，說真話並非易事，有時說真話會使人的生活陷入困境。已故的瑪莎・米契爾說：當她試著要說出華盛頓上層階級所發生的事情真相時，她被綁起來並且被堵住了嘴，爲確保她保持靜默，她

甚至險遭暗算。她的故事很令人震驚，但事實後來證明，她所說的話大部分是真實的。

但是，假如你堅守事實，不管它會賠掉你什麼，你到最後都會是個贏家。說謊的人曾經靠著回歸真實而救贖了他們自己。耶穌最初的門徒——彼得，曾告訴前來逮捕基督的士兵說，他從來不認識這個人。爲了保住自己的生命，這句謊話他那天晚上講了 3 遍。然而，他後來轉變了方向，並且繼續成爲羅馬教區的主教，幾世紀以來，被尊爲聖彼得。

9 以什麼樣的態度接待顧客

推銷之神的傳世技巧

◆當推銷員遇到無意購買，只以參觀為目的的顧客時。應抱著一種遊戲的心情，輕鬆應對，把他們可能不會購買的事實忘記。同時也把自身是推銷員，卻無法控制自己感情的因素完全忘卻。

◆身為一名推銷員，沒有比完成一筆好交易更快樂的事。

大多數汽車推銷員經常將某些客戶列爲不受歡迎的對象。或許有些人認爲，推銷員應廣結善緣，不該對顧客有差別待遇，這其中自然有其根據。因爲許多到展示間參觀的客人，不論推銷員如何鼓足三寸不爛之舌向他介紹說明，往往仍是無動於衷，一副我見故我見神情，最後空手離去。而對我們推銷員來說，時間跟金錢一樣重要。但這些人卻好像是故意以浪費我們寶貴時間爲目的前來一般。

「這種人不能稱爲客人，他們是故意來尋我們開心的。」推銷員們每次談起這種事情，總是憤恨難平，因此，面對顧客時即持某種不信任的態度，以致縱使遇到真心買車的顧客，所表現出來的也往往給予不夠積極的感覺。究竟客人這個角色是怎麼存在的呢？現在我們就針對這一問題進行一下探討。

推銷員通常極易將顧客當做與自己完全不同的人，而忽略了一點，他們也是跟我們具有同樣心情、同樣慾望的一般人。到我這裏買車的顧客，大部分是屬於勞工階級，這些人由於必須把自己每天流汗努力工作所賺的錢拿來買車，因此，不管金額多少，他們認爲除了自己想要買到的東西之外，其他不必要的開支並不想再多花費，這是人之常情，但身爲推銷員的我們，卻經常會忘記這一點。

最重要的一件事是，他們在進入店裏之時，心裏或多或少有些畏懼。首先，他們內心會有一點不安，自己辛苦賺得的錢就要給了別人；繼而害怕推銷員可能強迫自己購買。他們之所以會有這種心理，主要是因爲他們受了推銷員會儘量讓顧客多花錢的傳言的影響，且其他人也告訴他，可以用更便宜的價格買到貨物的緣故，關於這一點，是最令汽車零售業者感到頭痛的因素，因爲這種先入爲主的觀念往往使推銷工作的進行加倍困難。

因此，有些只是抱著參觀心態前來的人，又擔心推銷員會按照他們的方式推銷商品來干擾自己，也就是說，這些人懷著一種不安與戒備之心而來，但是他們既然進入了展示店，自然有其必要的需求。

另一方面，推銷員卻又以一種認爲他們是故意來搗蛋的心態接待他們，於是，顧客怕被強迫推銷；而推銷員怕時間被浪費，彼此之間便產生了一種敵對的關係，自此就產生了一種顧客和推銷員之爭。如此互相欺騙或互相花言巧語的結果，不管顧客買或不買，雙方的情緒都不會很好，更重要的是，如果推銷員表現出懷疑、敵意

或不信任態度的話，成爲一位成功推銷員的機會就等於零。

那麼身爲推銷員應該如何處理這種情況呢？在此，我們尚不以具體的推銷過程作說明，而想就顧客與推銷員的基本態度爲重點，仔細加以討論。當推銷員遇到無意購買，只以參觀爲目的的顧客時，應抱著一種遊戲的心情，輕鬆應對，把他們可能不會購買的事實忘記，同時也把自身是推銷員，卻無法控制自己感情的因素完全忘卻。這是以一個絕對奉獻的推銷員立場而言。

再者，不管你所遇見的是怎樣的人，你都必須將他們視爲努力工作，並真的想向你購買汽車的客戶，以此作爲第一前提才行。他們畏懼你，尤其害怕自己目前想做的事情，因而不管你是否如此想像，你們都會處於一種警戒狀態，儘管這不是很理想的態度，但實際上卻有這樣的情況存在，所以如何把敵對關係轉換成相互合作的狀態，是你首要努力的目標。

正確作法是要確實判斷顧客內心所想的究竟是什麼？且把顧客所擁有的不安因素予以解除，這樣一來，顧客能從你身上得到信任，你則從客戶手上獲得契約書和貸款，一場只有勝利者，沒有失敗者的理想戰爭於是就此滿意收場。

每當我與顧客面對時，我就想像是跟父親見面一樣，內心不斷想著要打敗父親，使他能重新看待自己、喜歡自己。因此，每一次我推銷成功，就彷彿是打敗父親一般，但同時也有讓父親高興的感覺，因爲他向自己買了汽車。

身爲一名推銷員，沒有比完成一筆好交易更快樂的事。對我來說，所謂好的交易是指顧客以自己認爲合理的價格買回想要的物品，並向親戚、朋友、同事說：「要買汽車，就找喬‧吉拉德。」其實，我初見每一位顧客時，也會以爲他是來尋開心的，但當他們離去之時，則通常已成爲名符其實的客戶，我認爲客戶才是這場推銷戰爭中的勝利者。

所以，請各位千萬不要忘記，客人不僅可以成爲顧客，他更可能幫助你。以我爲例，我的顧客中十人便有六個人是通過其他曾向我買過車的人介紹而來，可以說，我 60%的生意是以這種方式建立的。

「來尋開心的客人」這句話應從你的腦海中掃除，因爲只要你心中具有這種想法，你就無法全力從事推銷工作，畢竟能夠達成推銷的對象只有人而已。你必須把顧客和自己的感情當做戰鬥的對象，且不要忘記自己是什麼樣的人，客人又是什麼樣的人，更不要忘記你與顧客都在從事令對方都能滿意的推銷工作。

10　要傾聽客戶講話

推銷之神的傳世技巧

- ◆一個推銷員在推銷自己的產品或服務時，必須記住，你真正推銷的是你自己，你是世界上最好的產品。
- ◆聽話是一種優雅的藝術。但很多人沒有充分利用這種藝術，他們認為人有兩隻耳朵，所以肯定會知道如何去聽。

很多人在注重如何說話的同時，可能忽視了一種十分重要的能力──學會聽人說話的能力。在某些場合下，有效地聽人說話顯得更加重要。尤其對那些剛開始從事推銷的人來講，「學習聽人說話」是一句最好的忠告，對於終生從事推銷的人來講，也是一句良言。

一個推銷員在推銷自己的產品或服務時，必須記住，你真正推銷的是你自己，你是世界上最好的產品。我經過辛苦的努力和對產品深入的認識，而贏得世界最偉大推銷員的讚譽。如果你花更多的時間聽人說話，而不是自言自語，你反而會知道更多。我曾經有一次難忘的推銷經歷。

有一位很有名的人來向我買車，這位顧客白手起家，沒受過多少正規教育，由於勤儉而致富。我給他看一種最好的車型，有各種昂貴的配件，我把那人看成了一般的買車者，給他一支筆和訂購單──然而，我把這筆交易弄吹了。

每天工作結束時，我喜歡沉思當天的成功。那天晚上，我卻只記得那次大失敗，整晚都在想究竟那裏出錯了。時間慢慢地過去，我再也忍不住了，拿起話筒，打給那傢伙：「嘿！今天我想賣你一輛車子，我認爲咱們的買賣都快要成交了，而你卻一走了之。」

「是的。」那人說。

「怎麼回事？」我問道。

「你開玩笑嗎？」我似乎可以從電話中看到那個人在看表。

「現在是晚上 11 點。」對方不耐煩地說。

「我知道，很抱歉。但我在做個比今天下午更好的推銷員，你願意告訴我究竟我那兒錯了？」

「真的嗎？」

「絕對！」

「好，你在聽嗎？」

「非常專心！」

「但是今天下午你並不專心聽話。」接著那個人告訴我，他本來下定決心買車，可是在簽字前最後一分鐘猶豫了，他曾拿出一萬元現鈔，然後告訴我有關他兒子吉米將要進密執安大學念書，準備當醫生，他爲他兒子感到驕傲，提到他的成績、運動能力和他的抱負，就像那晚他告訴我的一樣，其實我不記得那天下午他說過那些話，那時我根本不在聽。

當晚，那個顧客告訴我，當時我似乎很不在乎，一點興趣也沒有，我的心似乎在想我已經抓住了這筆買賣。他告訴我，事實上我的心，一直在聽辦公室門外另一位推銷員講笑話。

那就是爲何他對我失去興趣的原因——除了車子，他更需要被人讚美有一位值得驕傲的兒子。

那就是爲何他沒買「我」的原因。或許你會覺得奇怪，那位顧客進來是爲了買一輛新車，而我所推銷的產品，正適合那需要，可是他還是沒買。我聽不聽他兒子的事有什麼差別呢？一點也不奇怪——二者有很大差別，因爲我真正要推銷的是自己，那位顧客買下的是他和車子一起。坦白地說，那天下午，我不是吸引人的產品。當那位顧客在電話裏說完後，我說：「你教了我許多，我對今天下午的事很抱歉。」我告訴他，我爲他兒子也感到光榮，他能有位這樣的父親，將來一定會成功，我還說：「或許你會給我第二次機會。」

我從那次電話得到了什麼？有兩點：第一，我學到注意聽人說話的重要，如果不聽對方說就無法推銷。第二，假如我把這次的教訓記住，下次顧客來時就能達成交易。那位顧客真的給了我一次機會，我也得到忘不了的一課。

對於推銷員們來說，由於很多人沒張開自己的耳朵，所以會失去很多推銷的機會。大部分人都是由廣告或其他方式引起購買食慾念的。他們來看你，不過是看他們的決定是正確的。再一次記住，大多數人不是買東西——而是這些凍西會替他們做什麼：給他們威望、權力、舒適、安全、經濟、尊敬。世界上的難事之一便是閉上嘴巴，假如你不張開耳朵，適時閉上嘴巴就會失去推銷自己的機會，切記，不要太忙於說話。

我曾經賣車給一位精神病醫師，我心腸太好了，以致被人認爲是一種懦弱。在推銷的過程中，這位醫師說他羨慕我，因爲我有實在的東西可賣——轎車或貨車，而他卻沒什麼可提供。我知道他真

正的意思並不如此，就好比他只是要在汽車的單人折椅和睡椅間做個比較。我告訴醫師，他有一對靈巧的耳朵可貢獻──聽話的能力。

想想那些天下父母，他們中有多少人真正聽孩子說話的。我的父親就從來沒有。這記憶仍然很刺痛，而我的母親就有，這令我永不忘記。多少小孩因爲他們的父母充耳不聞而變壞呢？對一個小孩來說，有一位願意聽他說話的父母，這是世界上最幸運的。父親或母親必須聽出言外之意，一位兒子也許會說：「我不在乎你說今晚我幾點必須在家。」可能他真正要說的是：「讓我知道我能走得多遠。」假如你沒聽出這種請求，你將發現以後他說：「我父親不願聽我說話。」

老師需要注意聽學生說話。醫生需要注意聽他的病人的話，以正確診斷。護士需要聽醫院中那些憂慮、害怕、寂寞的人的話語。律師需要注意聽以準備摘要，這樣在法庭上可能有贏的機會。

政治家需要多聽人民的心聲，從中多瞭解人民的疾苦，而不是在講臺上口沫橫飛。飛行員當視界零度時被以無線電指示降落，假如他不聽的話，會到那裏去了呢？很快他就有一副不同的翅膀了。

聽話是一種優雅的藝術。但很多人沒有充分利用這種藝術，他們認爲人有兩隻耳朵，所以肯定會知道如何去聽。事實並非如此，他們雖有兩隻耳朵，卻忙著想他們下一句要說的話，這樣便不知道別人在說些什麼了。

據調查顯示，很多人只聽到別人說話的 50%，一個想成功推銷自己的人，怎能對另外的 50%避而不聽呢？偉大的政治家溫斯頓。邱吉爾說：「說話是銀，沉默是金」。談話時沉默含有很大的價值，沉默可以療傷，沉默表示瞭解。你的沉默不僅使你聽清楚別人說的話，也讓你聽出弦外之音。

假如你想要別人聽你說話時保持安靜，那是能成功地推銷自己的最佳方法之一，就是這種方法幫我成了世界一流的推銷員。我能做到的，你也能。巴納德·巴路克是美國最偉大的財政家之一，也是一位偉大的聽眾。他在當房屋經紀人發財致富後，進入了政府服務。他的生涯真令人羨慕，他是美國三屆政府的顧問，威爾遜總統時期任軍事工業會主席。第一次世界大戰結束後，任巴黎和會代表。羅斯福總統時擔任顧問，他告訴總統如何從戰爭取得利益，以確定和平的機會。杜魯門總統時，他著迷於原子能量控制的巴路克計畫。但他是以一位好聽眾而獲得偉大的名聲。在他晚年時，他使辦公室成為一個親切的「公園椅子」，他每天坐在那兒喂鴿子，提供地方給所有願意停下來說話的人，聽他們說話。街井市民、市長、州長、議員、總統都到他那「公園椅子」來，大部分時間人們並不是向他要忠告，而是找一位他們可以訴說、發洩心事的對象。

巴納德·巴路克把自己推銷給商人、將官、國王、平民、閣員、總統，因為他懂得去聽。

你如何成為一位好的聽眾？下面是聽話藝術的 12 大原則：

1. 閉上你的嘴巴，這樣你的耳朵將保持暢通。

2. 用你的眼睛聽，使你的眼睛與人接觸，那表示你認真在聽每個字，他們都聽過「這耳進，那耳出」，可是沒人聽過「這眼進，那眼出。」

3. 用你所有的感官去聽，首先用耳朵，使他們保持警覺，不要只知道一半，而是整個事件。

4. 用你的耳朵聽，用身體語言表示完全瞭解。坐直，不要彎腰駝背，身體稍向前傾，以示更專心。表現活潑敏捷的表情。

5. 做個鏡子，當別人笑時你也笑，生氣時也表示生氣，同意時也表示同意。

6. 不要插嘴，那會打斷說話者的思緒，引起他人不高興。

7. 避免外在的干擾，假如你的辦公室已經夠吵了，叫你的秘書處理所有的電話，或者換個干擾較少的地方。

8. 避免分散注意力的聲音，把收音機、電視或音樂關掉，沒有其他背景的事物，可和你聽話的對象比擬。

9. 避免分神的景物，不要受辦公室內外的景物影響，使你無法用眼睛聽。

10. 專心，隨時注意他人，沒有時間看你的表或修你的指甲、打哈欠或點根煙。最好不要抽煙，只點根煙就會影響你的專心。

11. 聽出言外之意，通常不是一個人說的話，結果變得比他說的還重要。一個隨便的表情，一次窘困的咳嗽，都是一個人在說話的表示，雖然不用語言。

12. 不要做個只說話而沒動作的人，使你的動作成爲注意聽的一部分。

這 12 條原則使你成爲一個更好的聽衆，以創造推銷的良機。

11 奇妙的 250 法則

推銷之神的傳世技巧

◆我們都生活在一個充滿因果關係的世界裏，某件事發生了，對別的人或事都會有影響。

◆不管你對 10 每天接觸的客戶具有何種想法，這都無所謂，重要的是你對待他們的方法。

你們一定都知道什麼是骨牌遊戲。把很多骨牌排列好，然後在第一塊骨牌上一推，整列骨牌就會一個接一個倒下去。

有一次電視節目中播放了精彩的骨牌表演，一位年輕的特邀嘉賓，把數以萬計的骨牌以驚人的形式排列起來，小心翼翼地把每個骨牌豎立著，所構成的環形圖案，比山路上的U型急轉和反折線都更險、更曲折，然後這位年輕人便走到第一個骨牌面前，開始操作。

他露齒一笑，伸手往第一塊骨牌上一推，喀啦、喀啦、喀啦……，第一塊所釋出的動力，一個個地傳遞下去，穿透了整列骨牌，轉彎、迴旋、一排接著一排，真是有趣，但你可曾想到，這個遊戲包含著一項對自我推銷大有影響的理論呢！

什麼理論呢？──連鎖反應。這就是我的「250法則」。

連鎖反應有它消極的一面，也有它好的、積極的一面。就像沒有人願意在連環車禍裏撞彎保險杆一樣，也沒有人願意在推銷自我的時候受挫倒下，要使生命的骨牌豎立不墜，要使它釋出龐大的動力，帶給生命以活躍，也並非是不可能的事。

我之所以稱這項原理爲「250法則」，是有其原因的。以前我總是就它在推銷上的負面影響提出警告，但現在我要強調的是它在你的生命及自我推銷能力上所產生的積極效果。

我們都生活在一個充滿因果關係的世界裏，某件事發生了，對別的人或事都會有影響，這個影響又會成爲另一個「因」，而造成另一個「果」，這樣反反覆複、因因果果，誰知道何時才能停止？

當我與顧客接觸時，不管自己內心產生何種想法，我都不會把情緒表露出來，我所關心的只是生意。顧客對我們而言，是這個世界上最重要的人，他們絕不像有些推銷員所認爲的那樣，是干擾我們的因素，他們是我們的衣食父母，置身於現在這個嚴密而現實的商業世界裏，假如無法發現這項事實，就沒有資格談論生意。

我們這裏爲什麼稱之爲「250法則」，讓我們加以說明吧。

在我進入這個行業不久，有一天，我去參加了一個朋友母親的葬禮，我們想必知道，天主教進行葬禮儀式時，通常都會向現場的參加者分發印有死者名字和照片的卡片，我以前就曾看過好幾次，卻從未特別思考其意義，而當天我產生了某種疑問，便詢問葬儀社的職員：

「怎樣決定印刷多少張這種卡片呢？」.

那位職員回答說：

「這得靠經驗。剛開始，必須將參加葬禮者的簽名簿打開數一數才能決定，不多久，即可瞭解參加者的平均數約爲 250 人。」

然後，一位服務於葬儀社的員工向我買車，待一切手續完成後，我問那位員工每次參加葬禮的人平均約多少人？他回答說：

「大概 250 人。」

又有一次，我與妻子應邀參加一個結婚典禮，遇見那個婚禮會場的經營者，問他一般被邀參加結婚儀式的客人人數，他如此回答：

「新娘這邊約 250 人，新郎那邊估計也 250 人，這是個平均值。」

你現在應該已經瞭解「250 法則」的意義了，說得明白一點，亦即一個人在一生中所能邀請的親友人數(無論是參加婚禮或葬禮這等要事)，平均約 250 人。

「什麼？有 250 人嗎？」你也許會認爲一個終日躲在家中的人，不可能認識那麼多人。總之，250 人只是個平均值。

另一方面，假如說你一個星期接觸 50 個客戶的話，其中若有二人對你接待顧客的態度感到不滿，則到了年末，將會影響大約 5000 人。像我已經賣了 14 年的汽車，如果我遇見的所有客戶當中，每個星期只要有兩人對我產生不愉快，那麼至今已有 7 萬人會告訴他人：「千萬不要向吉拉德買車，那傢伙的服務態度太差勁了！」想想，7 萬人是個多麼龐大的數字，足以擠滿一整個大競技場了。

舉例來說，一位客人進到店裏，由於你情緒不佳，在言語上無意中得罪了他，他一回到工作場所後，別人見他臉色，必然會問道：

「怎麼回事？遇到什麼不如意的事情嗎？」

他一定會回答說：

「真氣人！那個汽車推銷員的態度太惡劣了！」

甚至，他還會向想買車的人建議：「不要向某某人買！」因爲你並不知道到店裏的客人是那些人？具有何種身份？有可能他是某個單位的負責人，離開你的店之後正好必須去參加集會；或許他是個醫師、美容師、服務員，甚或剛巧也是某個商品的推銷員，這些人每天都會與許多人接觸，通過談話之間，某某人的名字立即就會惡名昭彰。因此你絕不能讓顧客懷著不良印象離去，即使一人也是這樣。

不管你對於每天接觸的客戶具有何種想法，這都無所謂，重要的是你對待他們的方法。你必須時時牢記，你目前從事的是做生意，在做生意的時候，無論對方是故意開玩笑或是你所討厭的人，都不能任意得罪，畢竟他們是有可能將錢放入你口袋的對象。

所以，假如你不願冒著至少有被 250 人傳述壞話的危險，就得在每天的工作中不斷磨煉自己，努力做好服務的態度，因爲顧客的支持才是推銷工作強有力的推進劑。

第二篇

永不失敗的成功定律

克萊門特· 斯通

克萊門特· 斯通　美國聯合保險公司董事長、拿破崙· 希爾基金會主席，拿破崙· 希爾晚年的摯友，也是希爾成功法則的受益者和推崇者。

1 做一個自求進步的人

推銷之神的傳世技巧

- ◆推銷成功的關鍵在於推銷員的精神態度。你的事業是否能夠成功，就要看你在拜訪你所選擇的對象時，是不是也能培養出以前你去拜訪我所指定的對象時同樣的精神態度。
- ◆如果你不能節省和儲蓄金錢，你身上就沒有成功的種子。

一天下午，美國意外保險公司主管唐諾・莫赫德走過華爾街時遇到一位朋友吉姆。一陣寒暄之後，吉姆向他的朋友說道：「唐諾，你知道我在什麼地方可以找到一份工作？」

唐諾・莫赫德猶豫了一下，微笑著說：「是的，吉姆，請你明天早晨八點半到我辦公室來找我。」

第二天早晨，吉姆如約去看唐諾。唐諾告知他，要賺取高收入並爲大眾服務，最簡單的方法就是去推銷意外和健康保險。

「可是，」吉姆說，「我會怕得要死的，我不知道向誰去推銷，我一生從來沒有推銷過一樣東西。」

「你用不著擔心，」唐諾回答說，「我會告訴你怎樣做。我每天早晨給你 5 個名單，如果你答應照著我的話去做，我敢保證你不會失敗。」

「答應什麼？」

「你要答應在我給你名單的當天去拜訪這 5 個人。如果需要的話，你可以提到我的名字，但不要告訴他們是我派你去的。」

吉姆急需找個工作，因此不用朋友多費唇舌，他想自己至少應該試一試。於是，吉姆就拿了些推銷說明和產品說明回家研讀。幾天之後，他每一天早上都去找莫赫德先生，拿上 5 個人的名單，開始從事一種新的行業。

「昨天真是令人興奮的一天！」第二天早上他回到唐諾的辦公室，帶著滿懷的熱忱興奮地說，因爲他已經推銷成交兩份保單。

成功在於你的想法

第二天，他運氣更好，因爲他在 5 個人當中推銷了 3 份保險。第三天早晨他帶著 5 個人的名單衝出莫赫德先生的辦公室，充滿活力。這真是一個好的開端——他拜訪了 5 個人，就賣出了 4 份保單。

當這位新加入的、充滿熱忱的推銷員在第四天早上到辦公室報到的時候，莫赫德正參加一項重要會議。吉姆在接待室裏等了大約幾分鐘，莫赫德先生才從他的私人辦公室走出來。他告訴吉姆：「吉姆，我正在開一個極爲重要的會議，可能要花一個上午。你用不著耽誤時間，就在分類電話簿上找 5 個名字好了，過去這三天我也是這麼做的。來，我來告訴你我是怎麼選 5 個人的名字的。」

唐諾隨意打開了一本分類電話簿，指著上面一份廣告，找到那家公司總裁的名字，把名字和地址寫了下來。然後他說：「現在你試試看。」

吉姆照著他的方法做了。在他寫下第一個人的名字和位址之後，唐諾又繼續說：「記著，推銷成功的關鍵在於推銷員的精神態度。你的事業是否能夠成功，就要看你在拜訪你所選擇的對象時，是不是也能培養出以前你去拜訪我所指定的對象時同樣的精神態度。」

吉姆的事業就這樣開始了，而且後來大獲成功。因爲他認識到了一個道理——一切在於你的想法。事實上，他還改進了這些辦法。爲了確定對方一定會在，他還事先打電話約定時間。當然，他還必須找出和對方約定拜訪時間的方法訣竅。根據經驗，他總是能找到這方面的訣竅的。

同樣經由經驗，你也可以學到很多方法與訣竅。

有一位銀行家，因爲犯錯而失去了職務，但是他通過反省後總結出了自己的優點，反而找到一份更好的職務。這個故事是「循環研究基金會」主任愛德華・杜威最近告訴我的。

「我的朋友邁克・科利斯是一位銀行家，」杜威先生說，「他誤信了他所喜歡的一位顧客。邁克爲他貸了一筆相當大數目的錢，但這筆錢卻收不回來了。雖然邁克在這家銀行已經服務了很多年，但是他的上司認爲憑他的經驗不應該犯這樣的錯，就把他開除了。他失業已經有一段時間。」

「我從來沒見過這樣垂頭喪氣的人，他走路的樣子……他的表情……他的舉止……他的談吐……都十分沮喪，滿是疲憊。他有一種正如你所說的『消極的精神態度』。」

然後他繼續說：

「邁克好幾次努力要找工作，但都一無所獲。對我來說這不難明白，因爲他態度消極。我要說明他了。給了他一本書，這是由謝德利和瑪麗・艾倫德夫婦合寫的《如何選擇和找到你的工作》。艾倫德夫婦在書中講述了如何以一種吸引人的態度，向你選擇的未來老闆講出你的經驗。『這本書你一定要看，』我告訴他。『看完之後我要和你談談。」』

「邁克看完了這本書，第二天就來拜訪我，因爲他急著要找工作。

「『我已經看完了這本書，』他說。」

「『那麼你已經看到了。』我說，『這本書建議你列出自己的長處，所有你所做過讓你的前任老闆賺錢的事情。』我問了他好幾個問題，例如：你以前擔任部門經理時，在你的督導之下，你爲銀行每年增加了多少利潤？是由於你做了那些特別的事情而增加利潤的？在你的管理之下，因爲效率提高，浪費減少，而使你的銀行節省了多少錢？」

「邁克很聰明……他已經準備好了，他懂得我的意思。」

「那天晚上吃完晚飯後，他來到我家。我大爲驚訝，他整個人換了副樣子。他帶著誠懇的微笑……握手有力而友善……說話的語調充滿自信——完全表現出一副成功者的模樣。」

「同樣使我大爲驚訝的是，他在幾張紙上寫出了他所認爲的自己的長處。除寫出他對以前所服務的老闆的貢獻之外，他還在『我的真正資產』欄列出了一些特別的項目。」

當艾德華・杜威說出邁克・科利斯所列的那些資產的時候，我不禁插嘴道:「邁克・科利斯已經認識到成爲一個自求進步的人的主要因素了！」

科利斯所列的真正資產有：

・一位賢慧的妻子，對他來說她就是他的整個世界。

・一個女兒，她給他的生活帶來了歡樂、幸福和陽光。

・健康的心智和身體。

・很多好朋友。

・信仰、哲學和教堂，這些是激勵他的源泉。

・一幢房子和一輛車子，貸款已付清。

・銀行裏有幾千美元的存款。

・還相當年輕，還有多年大好的時光。

・認識他的人對他很敬重。

之後杜威先生繼續說：「那天晚上和邁克在一起，真是太快樂了。事實上，是他的熱忱感染了我。我覺得如果我是一名老闆，一定會立即聘用他的。」

「在後來的幾天，我簡直沒辦法不想起邁克。當第二天晚飯電話鈴響起來的時候，我知道一定是邁克，果然是他。」

「『艾德華，我要謝謝你，我已找到了一份很好的工作。』他快樂地說。」

「邁克確實找到了一份好工作，他擔任鄰近城市一家大醫院的財務主任。而且他做了好多年。」

意志的力量

正是《形象和原則的創造者》和其他勵志書激勵了喬治・席勒，而弗蘭克・哈多克的《意志的力量》則幫助了我。

在我上高一的時候，一些因素促使我買下了《意志的力量》這本書。第一，我要培養自己的意志；第二，我是高中辯論會的主席，我們要辯論諸如「意志是自由的嗎」之類的問題。我們必須在這方面作進一步的研究，而《意志的力量》正是這一類題目中最好的參考書。

辯論和公開演說的訓練培養了我的自信心。辯論中需要進行迅速而又使人信服的辯駁論證，這使我自然也能在推銷中提出有效的辯駁論證，因爲它們的原則都是一樣的。無論是辯論員還是推銷員，你的想法必須合乎邏輯，而且必須敏捷地將每句話中不利於你的變成有利於你。你必須具有說服力以贏得辯論或完成推銷。

我常常對於學校爲什麼不讓十幾歲的少年接觸些自我激勵的書感到相當不解，也覺得很奇怪。少年所處的年齡正需要尋找真理和自我激勵。美國的憲法禁止在學校裏傳授宗教，但是並沒有禁止學校教有關對工作的正確態度、誠實、勇氣，如何建立高貴的生活、

如何去思考，以及做好事等方面的技巧和原則。

人類歷史告訴我們：「最新最好的思想，也就是最古老最好的思想。」這一句話是我的一位朋友勒迪・利伯曼說的。無數人由於受到正確思想的影響而學會了思考並去做好事，由此也建立起自己高貴的生活。你果你要尋求自我進步，就要多看自我激勵的書，它比其他書更能激勵人採取良好的行爲。讀了它們，就會受到鼓勵。

2 為明天做準備

推銷之神的傳世技巧

◆人是受環境影響的。因此，要主動選擇最有益於向既定目標發展的環境。

◆推銷員在向上爬升中之所以失敗，是因為他們沒有把成功所使用的原則歸納成為一個公式。

◆只有嘗試的人才會獲得成功。嘗試不會失去什麼，如果嘗試成功了，卻可以獲得很多東西，所以儘管去嘗試吧！

你要成功，就得爲明天早做準備。要學會思考，克服怯懦，掌握一切邁向成功的要素。

在我初中快畢業的時候，發生了一件大事，我從中得到了一個重大的教訓。這個教訓後來變成一項原則：「人是受環境影響的。因此，要主動選擇最有益於向既定目標發展的環境。」

雖然當時我還不能把這個想法寫得這樣簡明扼要，但是我已經認識到了這個原則。要上高中時，我選擇了一所較好的學校遜恩中學，我們住的公寓附近也有一所中學，但這所學校一般。由於母親的事業有了重大改變，她必須搬到底特律去，她便和一個位於遜恩中學附近的有著良好教養的英國裔家庭商量，讓我寄住在他們家。

同時，我決定進入高中之後要慎選朋友。在這方面，我決定尋找有品德、有智慧的人。由於在尋找朋友方面很主動，我也結交了許多很好而了不起的人，他們對我產生了很大的影響，使我向好的方向發展。

為我安排好了居住環境和學校後，母親就開始當起了美國意外保險公司在密西根州底特律市的一個小的保險代理商。

我永遠也不會忘記這件事情。她到典當行當掉了兩顆鑽石，再加上她的積蓄，湊起這些錢買下了那家代理公司。記住：她還沒有學會利用銀行貸款來開辦自己的公司。她在市區一座辦公大廈租了一個辦公桌，就期盼第一天會有大收穫。那一天她很幸運。她努力工作，但是一份保險也沒有推銷出去——這是好事！

當一切都不順利的時候你將怎麼辦？當你面臨絕境的時候你將怎麼辦？當你面臨一個嚴重的問題時你將怎麼辦？

這就是她採取的行動，這就是她後來告訴我的情形：「我真是走投無路。我已經把所有錢都投下去了，唯一的出路就是得到投資的回報。我已經盡了力，但是一份保險也推銷不出去。」

「那天晚上，我祈禱指引，第二天早上我又祈禱指引。在我離開家後，我前往底特律市一家最大的銀行。在那裏我向一位出納員賣出了一份保險，並得到他們的允許在上班時間去那裏推銷。在我內心裏似乎有一股推動的力量，使我排除了所有障礙。一天中銷售出 44 份保險。」

經過第一天的嘗試受挫後，母親很不滿意。她受到激勵而採取行動。她知道在努力謀生這方面該向「誰」去尋求指引和幫助，正如以前兒子發生問題時她知道該怎麼做的一樣。

也由於經過第二天的嘗試和受挫，她獲得了銷售意外保險的方法與訣竅，並且發展出一套她的成功銷售法。由於她有了「行動的激勵」和「行動的知識」，又有了「方法和訣竅」，她向上爬升的速度也就加快了。

正像其他人一樣，推銷員在向上爬升中之所以失敗，是因爲他們沒有把成功所使用的原則歸納成爲一個公式。他們知道其中的實際情形，卻不能提升出一個原則來。

經過自己的努力推銷，母親已獲得了很好的生活，她還拓展了自己的事業，繼續建立起一個推銷組織，以「自由登記公司」之名，在密西根州全州推銷保險。

母親和我在假日見面。我高二的暑假就在底特律度過，在那段時間裏，我學會了推銷意外保險，也是從那個時候起，我開始爲我自己找出一套推銷方式──一套從來就沒有失敗的定律。

事半而功倍

「自由登記公司」設在自由報大廈裏面。爲了第二天去推銷保險，我在公司裏花了一天時間研讀保險法規，並從中得到了一些推銷指導：

1. 到整幢戴姆銀行大廈去兜售。
2. 從頂樓開始拜訪每一個辦公室。
3. 不要拜訪大廈管理員辦公室。
4. 一開頭用這句話：「我可不可以借用您一點時間。」
5. 向每一個人推銷。

我遵照這些指示去做。別忘了，我還是童子軍的時候就學到了：當你決定做一件事的時候，做不好就別回來。

當時我確實很害怕。

但是我從來沒想到不按著指示去做，我只是不知還有更好的做法。這方面，我的做法只是習慣使然——一種很好的習慣。

第一天我賣了 2 份保險——比我以往所銷售的多 2 份。第二天 4 份——增加了 100%。第三天 6 份——增加了 50%。第四天我學到了重要的一課。

我去拜訪一家很大的房地產公司，站在他們業務經理的辦公桌旁，我說：「我可不可以借用您一點時間？」接著發生的事情使我大吃一驚，因爲他突然跳了起來，用他的右拳敲著桌子，幾乎是吼叫著說：「孩子，在你的一生中，你絕不可以請求借用別人的時間！要用你就儘管佔用好了！」

因此，我就老實不客氣地佔用他的時間，那天我向他以及他的 26 位同事賣出了 27 份保險。

這事引發我進一步去思考：我一定可以找到一種科學的方法，讓我每天賣出很多保險。必定有一種方法，可在一個小時內生產出數倍時間所能生產的東西。爲何不找出一種可在一半時間裏賣出兩倍東西的辦法呢？爲什麼不能研究出一種程式，讓每個小時產生最大的工作量呢？

從那時候開始，我一直注意找尋這種成功的原則，並建立起我的推銷模式，而這些方式運用起來從來沒有失敗過。我的推論是：「成功可以歸納爲一種程式，失敗也可以歸納爲一種程式。應用成功的程式，避免失敗的程式。爲自己思考。」

不論你做什麼工作，你最好都要學會推銷技巧。因爲推銷是說服別人接受你的服務、你的產品，或你的想法。說起來，每個人都是推銷員，不論你的職業是否是推銷員。我的推銷術的細節對你並不重要，重要的是原則。不論做什麼事情，都要把從成功和失敗中所學到的經驗歸納成爲一種程式，並最好把這種程式寫下來。或許你不知道怎樣從所讀、所聽或所經歷的事情中提取原則。現在我就

向你說明我是怎麼做的，但只有你能爲自己思考。

克服怯懦和畏懼

當我十幾歲的時候，要我推開別人的門，走進掛有厚絨窗簾的辦公室，向裏面的職員推銷保險，我當然很害怕，但是在我說明我怎樣克服這種怯懦和畏懼之前，先讓我談談當我還是孩子的時候，我是如何面對這個問題的。

很多人不相信我小時候很膽小。但這是很自然的──人遇到新的事情，處在新的環境，都會感到某種程度的畏懼。自然就是這樣來保護每一個人，以免他遇到危險。兒童和婦女會比男人更加感到畏懼，這也是自然保護他們，使他們不受到傷害的方式。

記得我還是孩子的時候，我非常膽小。家裏來了客人我就躲到另一間房去，打雷的時候我會躲到床底下。但是有一天，我突然想：「如果雷真要打下來，我就是躲在床下或屋子裏的任何地方也一樣危險。」因此，我決定征服這種畏懼。機會來了。有一天，風雨雷電交加，我強迫自己走到窗前，觀看閃電。奇妙的是，我開始喜歡觀賞電從天空打下來的美麗景象。今天，沒有一個人比我更喜歡觀賞雷電交加的奇景。

雖然我按著次序拜訪戴姆銀行大廈的每一間辦公室，但還是沒有克服打開辦公室門的畏懼，尤其當我看不到門裏面情形的時候（很多門上面裝有玻璃，卻是毛玻璃，或者裏面掛著門簾）。我必須找出一種方法來強迫自己走進去。

我經過搜尋，找到了答案。我試著分析：「只有嘗試的人才會獲得成功。嘗試不會失去什麼，如果嘗試成功了，卻可以獲得很多東西，所以儘管去嘗試吧！」

一再重覆這些自我激勵的話，十分符合我的推理，但我還是很畏懼，仍然需要付諸行動。幸運的是，我想到了一句自我激勵的話：「現在就做！」由於我早已瞭解習慣對人的影響，我就決定：當我離開一間辦公室時，要立刻衝進另一間辦公室，這樣就可以強迫自己不斷地採取行動。如果我還猶疑，我就告訴自己：「現在就做」——而且我果然做到了。

走進辦公室之後，我仍然不自在，但是我很快就學會了如何化解對陌生人說話的畏懼。我是以控制說話的聲音來化解畏懼的。

我發現，如果我說得又快聲音又大，只在有句點或逗點的地方停一下，臉上帶著微笑，並且運用音調的變化，我心裏就不會有恐慌的感覺了。後來我知道，我所用的技巧有心理學的根據：情緒(如畏懼)不會立刻受制於理論，但是會受制於行動。思想沒有辦法化解一種不好的情緒，而行動卻可以。

那家房地產公司的業務經理對我的開場白「我可不可以借用你一點時間？」很不喜歡，而且很多人聽到我這句話也會回答：「不可以。」因此，我決定不再用這句話。經過試驗，我選用了另外一句話：「我想這樣東西你會感興趣的。」而且以後就一直用這句話。

對於這句開場白沒有一個人回答「不」。大多數人都會問：「什麼東西？」我當然會告訴他們是什麼東西，然後再說些推銷的話。開場白的目的只是要別人聆聽你所要說的話。

一切都是為了成功

在一個競爭激烈的比賽或運動中，你根據規則參加，你不會違反爲自己所訂的標準，但是你要贏得勝利。在推銷比賽中的情形也是這樣。推銷正如其他活動一樣，當你成爲專家的時候，就會發現其中無窮的樂趣。

我發現要成爲專家，我就必須工作，而且要努力地工作。在任何事情中，你必須遵循「嘗試，嘗試，嘗試，並且繼續嘗試」這項規則，然後才可能成爲專家。但是在這種過程中，你必須運用正確的工作習慣。當你感覺到工作的樂趣時，工作本身也就不是累人的事了。

日復一日，我努力地工作，改進我的推銷技術。我搜尋那些可以讓對方產生正確反應的詞句。所謂正確反應，就是對方會在很短的時間裏買下我的保險，對我來說時間就是金錢。

以正確的方式，說出正確的話來得到正確的反應。這需要練習，而練習就是工作。

每一件事都有開始也有結尾。開場白就是推銷談話的開始。我怎樣在極短的時間裏完成推銷，而且使對方感到愉快呢？

經過研究我發現：如果你要對方買，你就用「問句」要求他買。只要問他，再給他一個機會說「是」。秘訣在於：要運用微妙的、令人愉快的而又有效的技巧，使他不得不說「是」。

更明白地說，如果你要一個人說「是」，你就先說一句肯定的話，再說出一句誘導對方提出肯定回答的問題，這樣「是」就幾乎成爲他的自然反應了。例如：

1. ——「今天天氣很好。」（肯定的話）

——「是不是？」（肯定答案的問句）

——「是的。」（答案）

2. 星期天母親知道孩子想要出去玩，但是她想讓孩子在早晨先練一小時鋼琴。她就可以這樣說：

——「你想先練一小時的鋼琴，然後你就可以整天痛快地玩了。」（肯定的話）

——「是不是？」（肯定答案的問句）

——「是的。」（答案）

3. 女店員想要賣給客人一條有花邊的手帕，她可以這樣說：

──「這條手帕非常漂亮，價錢也很公道。」(肯定的話)

──「你是不是有同感？」(肯定答案的問句)

──「是的。」(答案)

──「我給你包起來好嗎？」(肯定答案的問句)

──「好的。」(答案)

我找到的有效的話也是一樣的簡單。

──「因此，我要為你填寫一張保險……」(肯定的話)

──「你說好不好？」(肯定答案的問句)

──「好。」(答案)

我寫出戴姆銀行大樓的故事，是為了說明我所使用的技巧已發展成以後從來沒有失敗的推銷方法，我為什麼會使用這些技巧。那時我要通過不斷運用這些技巧所取得的經驗，尋找整個推銷談話中每一個步驟的訣竅。

簡而言之，那時我要使自己培養出使用一個程式的習慣，而這個程式經常會在最短時間裏為我成功地推銷。

雖然當時我還沒有看出來，但是事實上我是在為明天做準備。

因為許多年之後，我發現我的推銷方法所使用的原則，乃是在任何人類活動中經常可以獲得成功的共同因素。因此我獲得一項更大的發現──永不失敗的成功定律。

如果你瞭解和應用這些永不失敗的成功定律，健康、快樂、成功和財富都可能是你的。

因為這套定律很有效……如果你真的實行這套定律。

到此為止，你或許尚未完全認識和瞭解這些故事和在解釋中所列舉的成功原則，不過對它們你已經耳熟能詳，並準備採用了。當你繼續看下去，這些原則就愈發顯得清楚明白。

在你尋找永不失敗的成功定律時，如果你能夠記著定律中三項最重要的因素，你就能很快獲得更持久的進步。我現在就按照重要

性的次序，把這三項因素列在後面：

1. 行動的激勵：可以激勵你或其他人去採取行動的人、事、物等。

2. 方法訣竅：可以經常爲你獲得效果的特別技巧和技術。方法訣竅也就是正確地運用知識。通過實際的一再運用，方法訣竅就會變成習慣。

3. 行動知識：與你特別有關的行動、服務、產品、方法、技巧和技術的知識。

爲了能夠獲得持續的成功，你必須爲明天早做準備。要爲明天做準備，你必須做一個自求進步的人。

3 緊緊抓住向上的機會

推銷之神的傳世技巧

◆行動的激勵、方法訣竅和行動知識，這三個因素是成功定律之鑰。

◆成人在某種環境的驅使下會形成一個新的決心，並會建立一個思考的模式，爾後在他的生活中就會產生極大的影響。

◆好的決心必須以行動來貫徹，沒有行動，好的決心不會有任何意義。

爲什麼有人永遠留在起跑點，而別人早已衝至終點而獲勝呢？因爲勝利者在踏出第一步時，就已決定永不停息。成功不難，難在你是否肯下決心。當我只有六歲時，膽子很小。在社會不大穩定的芝加哥南區賣報紙並不容易，尤其比我大的孩子已經佔據了人流最多的街角，叫賣的聲音也比我大，而且還緊握著拳頭威脅我。我現在還記得那段灰暗的日子，因爲那段日子是我第一次學會扭轉劣勢。現在看來，那只是一個簡單的故事，毫不重要……但那是一個開始。

富樂飯店就在我想去賣報的街角附近。那兒的生意很好，客人很多，對於一個六歲的孩子來說，還真有點氣勢嚇人的樣子。我非常緊張，但還是很快地走了進去。很幸運，我在第一張桌子旁賣出一份報紙之後，在第二張和第三張桌子上吃飯的客人，也都向我買報紙。不過，就在我走向第四張桌子的時候，富樂先生把我趕出了飯店的大門。

但是我已經賣出了三份報紙，銷路實在很好。因此，當富樂先生不注意的時候，我又溜進飯店大門，走向第四桌的客人。那位和氣的客人顯然很喜歡我不屈不撓的精神，在富樂先生還來不及把我推出去之前他付了報紙錢，還多給了我一毛小費，我想到我已經賣出四份報紙，還得了一毛錢「獎金」，便又走進飯店，開始賣報。飯店裏發出了哄堂大笑，客人似乎喜歡看我和富樂先生玩捉迷藏的把戲。當富樂先生再次向我走來的時候，一位客人開口說：「讓他在這裏好了。」五分鐘後，我賣完了所有的報紙。

第二天晚上我又走進了那家飯店，而富樂先生也又把我領出了前門。但是當我再度走進去的時候，他兩手上舉，表示投降地說：「我真拿你沒辦法！」後來，我們成爲非常好的朋友，我在他飯店裏賣報紙，也就不再有什麼問題了。

多年後，我常常想起那個男孩子，他似乎不是我自己，而是很久以前一位奇特的朋友。後來我發了財，成爲一個保險王國的老闆，我用我的眼光來分析那個男孩的行動。下面是我所得到的結論：

1. 他需要錢。如果他的報紙賣不出去，那些報紙對他來說根本

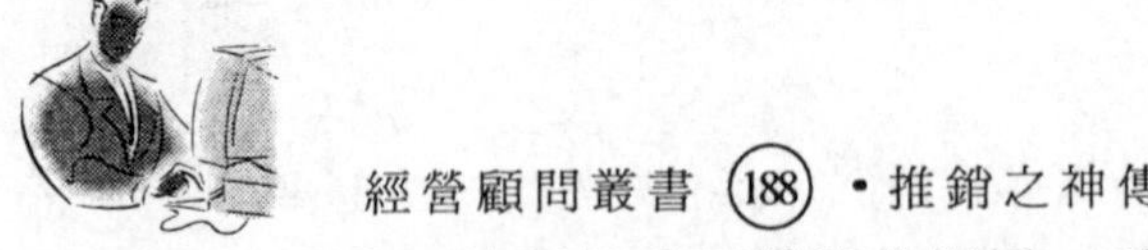

不值一文錢。他不但看不懂那些報紙，而且借來買報紙的本錢都要賠進去。對一個六歲大的男孩來說，這種災難足以威脅他，使他必須想辦法努力把報紙賣掉。因此，他有了成功所必須具備的「行動的激勵」。

2. 當他第一次成功地在飯店賣出三份報紙後，儘管他知道再走進飯店，老闆一定會給他難堪，並再趕他出來，但他還是走了進去。三進三出之後，他已經學到在飯店裏賣報紙所必須的技巧。因此，他得到了其中的「方法訣竅」。

3. 他知道要說些什麼，因爲他已經學到了一些大孩子的叫賣方式。他所要做的，只是走近一個客人，以較柔和的聲音重覆說出那些話。他也具有所需要的「行動知識」。

看到我的「小朋友」成爲一個成功的報童後，我不禁微笑起來，因爲他所使用的技巧，後來發展成一套可以獲得成功的定律，使他以及很多人獲得了無數財富。現在請你要記住這三句話：行動的激勵、方法訣竅和行動知識，這三個因素是成功定律之鑰。

向上爬

母親年輕時就學會縫紉。由於她有創意、天分和敏銳的感覺，她在這方面的手藝極爲精湛。後來她在一家專門進口女裝的狄倫公司找到了一份工作。不出兩年，她就獨當一面，負責所有服裝的設計、試身和縫紉工作，並且開始有相當高的名氣。她所賺得的錢，已夠在一個較好的社區買一間公寓。

在我們隔街的另一幢公寓，住著我們的女房東。她自己做飯，我就在她那裏搭夥。食物太好了──燉牛肉、炒青豆、自己做的派餅、碎馬鈴薯和肉汁──雖然那些搭夥的大人都快樂地發出抱怨，而對我這個 11 歲的男孩來說，這些大人都是世界上最有意思的人物，因爲他們是演藝人員，他們也很喜歡我，我是那裏唯一的小孩。

在美國這個有著無限機會的國度裏，成千上萬的人都想抓住機會向上爬。母親和他們一樣，也存下了足夠的錢自己開店。她在設計和縫製方面的名聲給她帶來了很多好主顧，但是她卻缺少運用銀行貸款的訣竅。如果很多小商號的老闆知道銀行就是要經由健全的制度幫助他們擴展業務，那麼這些小商號就都會變成大的公司了。

由於缺少流動資金或不知道如何運用銀行貸款，母親小店的業務從來沒有超過她自己以及兩名僱員的工作量。像很多想自己建立事業的人一樣，她也有財務上的問題。但是這些問題有時卻給我們生活帶來意外的富足。

我以送星期六晚報和其他報紙來賺取零用錢(這也是我儲蓄的一部分，因爲我已經在銀行裏開了一個儲蓄帳戶)。每天晚上母親要我把我的問題告訴她，她卻從來不提她的問題，不過我還是可以感覺出來。一天早上，我發覺她似乎心事重重。當天下午在她回家之前，我從銀行裏提出對我來說是很大的一筆錢，買了我能夠買到的最好的 12 朵玫瑰。母親對這份禮物的喜愛，使我認識到贈予者真正的快樂。多少年來，她常常會以母親的驕傲，對她的朋友提起那 12 朵美麗的長莖玫瑰，以及那些玫瑰所帶給她的喜悅和鼓勵。這件事使我認識到，錢是好東西，我要想辦法去賺取——因爲有錢就可以做好事情。

1 月 6 日對母親和我而言極爲重要，因爲那天是她的生日。某一年，由於某些原因——或許是我在耶誕節東西買得太多了——我的銀行存款只剩下不到一塊錢了，爲此我悶悶不樂，因爲我極想爲她買一樣生日禮物。那天早上我祈禱指引。吃午飯的時候，我從學校走回家，我似乎聽到腳下發出冰的碎裂聲，立刻駐足轉身。直覺叫我走回去查看一下。我走回去，拾起一張給成一團的紙，那竟然是一張 10 元大鈔！這種情形後面還會有。

我極爲興奮，但是我決定不買禮物，我有一個更好的計畫。母親也回家吃飯，飯後她收拾桌子。當她拿起她的盤子時，看到了一張手寫的生日卡和一張 10 元大鈔。我再度體會到贈與的快樂，因爲這一天大家似乎都忘記了是她的生日。她非常高興得到那張 10 元鈔票，當時對她來說那確實是一張大鈔。

以行動來貫徹決心

我這些個人經驗表明：一個小孩或成人在某種環境的驅使下會形成一個新的決心，並會建立一個思考的模式，爾後在他的生活中就會產生極大的影響。當成人下決心時，這個決心是愚蠢還是健全，就看他過去下決心的經驗。

好的決心必須以行動來貫徹，沒有行動，好的決心不會有任何意義。因爲有慾望而沒有行動，慾望不久就會消失。這就是爲什麼你下了一個好的決心之後，就應該立刻以行動去實行的原因。

我 12 歲那年，鄰居家有一位比我年長的男孩，他邀請我參加一個童子軍集會。那次活動我得到了很多樂趣，因此，我也加入了他這個小隊——第 23 童子軍小隊，教練是斯圖爾特・華爾希，當時他正在芝加哥大學念書。

我永遠忘不了這位了不起的人。他要小隊的每一位男孩都在極短的時間裏成爲頭等的童子軍，他也激勵每一位男孩的榮譽感，使他的小隊成爲芝加哥市最好的小隊。或許這正是 23 小隊真的成爲全芝加哥市最好的小隊的原因之一。另一個原因是他堅定的信念：若你想得到你所期望的，必須不時檢查，並且教導、激勵、訓練和督導別人。

第 23 小隊每一名童子軍每個星期都要提出一份日行一善的清單——他幫助別人而不接受任何形式的補償或酬勞。這項要求使得每個男孩都要找尋做好事的機會——由於找尋，他就會發現多的是機會。

華爾希先生以永遠令人難忘的方式使第 23 小隊每一名童子軍都記得童子軍的守則：「童子軍應該守信、忠誠、助人、友善、禮貌、仁慈、服從、愉快、節儉、勇敢、清潔。」

更重要的是他經常「檢查」，查看他小隊中的每一位童子軍是不是知道如何消化這些原則，使這些原則和生活產生關聯，並運用這些原則——不只是像鸚鵡學舌那樣死記而已，而要像男子漢那樣運用。我現在耳中還依稀記得他的話：「當你追求某種東西的時候——得不到你就別回頭。」

4　駛向正確的航道

推銷之神的傳世技巧

- ◆訣竅是以正確的方式、技巧，以及最少的時間和努力去做好某件事情。
- ◆要解決一個問題或達到一個目標，不需要事先知道所有的答案。但是對於這個問題或你要達到的目標，你必須要有一個清楚的概念。

俗話說，師傅帶進門，修行在個人。成功者就是比別人多一個竅門，你知道爲什麼嗎？因爲他們下了你沒下到的工夫——熟能生「巧」。

你可能聽別人說過：「我母親菜做得很好，但是她卻沒有辦法

告訴我，她究竟是怎樣做的。她只會說這樣放一點，那樣放一點。但是她燉的湯、做的肉丸子，以及烤的餅就是好吃的不得了。」

母親懂得訣竅。

知識和訣竅有什麼不同？這常常是成功和失敗的分界線。

方法訣竅並不是指知道如何去做一件事情——那是行動知識。訣竅是以正確的方式、技巧，以及最少的時間和努力去做好某件事情。在你具備方法訣竅之後，你會一再成功地做好某一件事情。這是一種習慣，是從經驗中自然產生的。訣竅是「永不失敗的成功定律」中三項主要成分之一。

但是如何培養方法訣竅呢？只有從「做」中培養。

這是我培養推銷保險所需訣竅的方式，也是「母親」爲什麼菜做得很好的道理。其實，這更是每個人培養訣竅的途徑，你必須親自去體驗。

當你需要時，要知道在那裏找。

我在高一的時候就休學了。離開高中不久，我進入了法律學校夜校部。當時高中沒有畢業也能進入底特律法學院，只要在學院畢業前在其他地方完成高中學業就可以了。因此我白天工作，晚上上學。學校並不認爲我是一名好學生，因爲我沒有交作業。但我確實學到了東西，我的方法是學習「原則」。

我們的教師是一名合約法方面的傑出律師，他在第一堂課中就說:「法律學校的目的是教你在需要法律的時候知道在什麼地方找到法律，如果你學到了這一點，上學校的目的也就達到了。」我相信他的話，我把他的話照單全收。我不認爲很多讀了一年法律的學生，能夠像我一樣得到那麼多的好處，因爲在我需要法律的時候，我就能找到法律，而且有力地應用法律。

保險公司的業務經理或高級職員所需要知道的法律，幾乎都可以在「州保險法規」中找到。當我需要法律時，我就是在這本法規中找到的。我找到了自己的方法訣竅，並且利用普通的常識去應用我從這本法規以及學校中所學到的法律知識。在我的記憶中，每一次我面臨法律問題時，都能做出一個正確的決定。在這段半工半讀期間，我自己開辦了一家代理公司，這些方法訣竅對我以及我的保險公司都有非常大的幫助。

把失敗轉變成勝利

我想起了我認識的一位年輕人的故事，他在初中時幾乎每一年級都快被「刷」掉。幸運地，他勉強讀完高中，但是在進入州立大學的第一個學期，他終於被「踢」出來了。

他是失敗了──但是這很好，因爲他因此而覺得不滿足。他知道他有能力成功。檢討過去，他認識到他必須改變態度，並且要努力用功來彌補過去浪費的時間。

有了這種新的心態之後，他進入了一家專科學校，而他也確實很努力用功。最後以全班第二名的成績畢業。

他並沒有到此就停止了。他申請進入一所全美國第一流的大學，這所大學的學術水準極高，一般人極難獲准入學。校長回信給他，信中問道：「究竟是怎麼回事？你好多科目的成績都不好，你怎麼會在專科學校裏有那麼好的成績呢？」這名年輕人回答說：「起初，要我定時經常讀書是件辛苦事，但經過幾個星期的努力之後，讀書也就變成習慣。對我來說，在一定的時間去讀書已變成自然的事了。有時我期望早一點上課，因爲在學校裏成爲一個『人物』，成績受到別人的讚賞，對我來說，是一件非常令人快樂的事情。」

「我的目標是成爲第一名。可能因爲我在伊利諾大學一年級被『刷』時使我大吃一驚，因此而醒了過來，這是我長大的開始，我就是要證明我有這種能力。」

由於他正確的心態，以及在專科學校的成績，這位青年獲准進入了那所大學，而在那所大學，他也創造了令人羨慕的成績。

這個例子的年輕人起初在學校的成績很不好，受到激勵後去尋求所需要的知識，而且以專心讀書律己。

他選擇去讀那所專科學校，是因爲那裏的環境很好，能培養良好的讀書習慣。但是他憑著一再的努力而獲得了讀書的方法訣竅，而把失敗轉變成勝利。

雷蒙‧貝瑞因幼年生病而身體致殘，長大成人之後背部仍然無力，一條腿比另一條腿短，而且視力很差，他必須戴度數很高的眼鏡。但是儘管他身體殘障，他還是決心參加南美以美大學的橄欖球隊。經過不斷的努力，辛苦的練習，以及終年的訓練，他終於達到了目的。後來他又決定參加職業橄欖球隊，但是在他大學畢業以後，經過了 19 次的甄選，美國全國橄欖球聯盟沒有一個隊要他。最後在第 20 次甄選中，巴第摩爾隊選上了他。

很少人認爲他會參加職業橄欖球隊，更不用說他會成爲一個主要球員。但是雷蒙‧貝瑞具有決心。他穿著背襯、在一隻鞋子裏墊了墊子使步伐平穩，並戴上隱形眼鏡使視野清晰。作爲一個攻擊前鋒，他經常練習跑步接傳球的方式，最後他精於阻截、假身閃躲，以及捕接各種角度的傳球。

在巴第摩爾隊不練習的日子裏，他就跑到附近的球場去，說動高中學生傳球給他接。即使在旅館大廳裏，他也常常帶著一個橄欖球，說是要保持他的手「對球的感覺」。

最後呢？雷蒙‧貝瑞成爲美國國家橄欖球聯盟接球冠軍。巴第摩爾雄馬隊在 1958 年和 1959 年兩次贏得聯盟的冠軍，貝瑞也成爲明星球員。

我們很容易看出雷蒙‧貝瑞爲什會成爲一個傑出的球員，原因是，練習，練習，再練習。練習才能培養出方法訣竅，練習才能完美，因為多練習，才能獲得經驗，才能夠培養技巧。

成功定律三則

相加的數目之中如果有一個數目未知，我們就沒有辦法求出總數來。鼎有三足，如果其中的一隻拆掉了，鼎就沒有辦法站起來。「永不失敗的成功定律」就像一隻三足之鼎一樣——行動激勵、方法訣竅和行動知識——如果缺少其中任何一項，那麼「永不失敗的成功定律」，也就不能夠成立了。；

很多人經營一種行業或做一種工作極為成功，但經營新的行業或做另外一件工作卻失敗了。他們憑經驗得到技巧，在那一行中爬升到頂端。但是進入另一種行業後，他們卻不願意去尋求新行業所需要的新知識和經驗。這就是為什麼一個人會在某一項行動成功，而在另一項行動中失敗的原因。

在法律學校裏，我缺少成功所需要的一項或多項要素，因此不能成為好學生。但是在商界我需要這三項要素，因此我受到激勵去努力尋找，並且切實運用這三項要素。

那位學生在學校裏被「刷」，也是因為缺少這三項要素。但是他運用了這三項要素之後，就把失敗轉變為了成功。

雷蒙・貝瑞自我激勵，尋找知識，並且找到了方法訣竅。因此，他成為第一等的球員。理查・比柯林是一個了不起的人，是一位真正的君子——一位品行良好的人，他是人壽保險的法律顧問，極為成功，因為他所提出來的建議都是根據他自擬的問題的答案提出的。他的問題是：「什麼樣的建議對我的顧客最有利？」經過幾年之後，由於他還保留他在公司裏面的續約傭金，他賺了不少錢。

在 60 多歲時，他決定從芝加哥搬到佛羅里達州。那時候飯店生意很好，雖然他不知道怎樣經營飯店，但是他也想要經營一家。

他在這方面僅有的經驗只是做一名顧客而已。

他的興趣很高，開一家不滿意，居然同時開了五家。他賣掉了他的續約傭金權，把一切都投資在飯店上。不出五個月，他的飯店關門了，他宣佈破產。

比柯林先生的故事，和那些成功者大手筆地經營一項新的行業，而又不願意獲得必需的知識和方法訣竅的情形可說沒什麼不同。如果他只是買下飯店，掌管財務，或是爲另一位經營飯店的專家工作，他會很快地獲得知識和經驗，就不會失敗了。比柯林先生是一位智慧之人──他也證明了他確實是位有智慧的人，因爲他又回到了人壽保險行業，並成爲這方面的佼佼者。

他的失敗是由於缺少所需要的知識和方法訣竅。下面是我另外一位朋友的故事，他在上大學的時候就去磨煉經驗，爲他一生的事業獲得知識和方法訣竅。到現在，他仍然運用一句自我激勵的話來促使自己採取行動，你一定會感到有趣的。

你背脊骨很硬──你很行

「『你背脊骨很硬──你很行！』這句話激勵著我。」卡爾・艾樂說。他 33 歲，是艾樂戶外運動廣告公司的總裁。在最近一次的早餐會我訪問了他。

因爲我聽說他以 500 萬美元的高價買下法斯脫──凱勒塞戶外運動廣告公司在阿利桑那州分公司，便在那天早晨訪問他和他的太太。那次訪問非常愉快，令人覺得深受鼓舞。

「我在土桑讀高中一年級，一切就開始了。」卡爾說。「我並不怎麼會玩橄欖球。有一次練習時，我甚至沒有球衣穿。奇妙的是，第一隊的明星球員向我這裏跑來，我卻能把他擋住。我猛力衝向他，把他撞倒在地上。在下一次進攻中，他跑向另一邊，我又在那邊把他擋住。這令他十分生氣，他嘗試的次數越多，就覺得越生氣。他愈生氣我就愈容易擋住他。連著六次我都把他擋下來。

「練習後，我坐在更衣室裏換衣服，正低頭穿襪子的時候，我感到有一隻手放在我的肩上，回頭一看是教練。他問：『你以前擔任過後衛嗎？』

『沒有，我以前從來沒有擔任過後衛。』我回答說。」

「教練說了一句我永遠也不會忘記的話：『你背脊骨很硬，你很行！』說完就走開了。」』

「『你很行？這是什麼意思？』我問我自己。第二天我就得到了答案。我聽到教練大聲宣佈：『卡爾・艾樂，第一隊後衛。』我大爲驚訝。」

「然後我記起來了那句話：『你背脊骨很硬，你很行。」』

「『你很行』表示他信任我，因此，他派給我一個這麼重要的位置。我不能拆他的台。他的信任使我產生了自信。從此，當我開始懷疑我的能力時，當一切很困難的時候，當我該去做某一件事而又不知如何著手的時候，我就對自己說：『你背脊骨很硬──你很行。』我便會恢復自信心。」

「朗努・葛瑞理是土桑高中的教練，知道如何促使一個人發揮最大的能力。我們在 33 場橄欖球比賽中保持全勝。在阿利桑那州 15 項冠軍賽中我們贏了 14 項。這是什麼道理呢？因爲葛瑞理知道如何激勵我們每一個人。」

「你大學是不是自己賺錢讀書？」我問。

卡爾回答說：「在讀亞利桑那大學的時候，我不需要支付住宿費。畢凱第法官讓我住在教師的私人房子，爲他負責整理草坪。我吃飯也不要花錢，因爲我在卡巴・阿爾法・塞的姊妹會餐廳工作。就是在那裏我遇到了我太太仙蒂。」

仙蒂介面說：「卡爾在學校裏所賺的錢，要比他畢業後第一個

工作所賺的錢還多。在學校裏他僱用了 25 位同學爲他工作。他包下了校園中所賣的一切東西——熱狗、飲料、糖果、霜淇淋——你能說出的，卡爾都經營過了。他出版並發售《飛濟通報》——一學期賣出 600 份，每份 4 塊錢。發行運動節目單，並爲運動節目做廣告，引發了他畢業以後做廣告這一行。」

這種情形我是瞭解的。他是一位年輕人，爲人友善——一位足球英雄。土桑商界每一人都喜歡和他交往，當他要求他們在運動會上或大學的雜誌報紙上登一篇廣告的時候，他們都會樂意。卡爾也是一位很好的推銷員。年復一年，他都能保住他的客戶。他們喜歡看到他——他也給他們見到他的機會。

畢業之後，卡爾向芝加哥的一家大廣告公司申請工作，他們給他的待遇是週薪 25 美元。

「我沒有去，」卡爾說，「我就在土桑市的法斯脫——凱勒塞戶外運動廣告公司找了一份工作。」

他推銷廣告的業績非凡——升遷的速度也非凡。他升爲鳳凰城分公司的業務經理，又升爲三藩市總公司掌管全國推銷業務的業務經理，在 29 歲的時候已經升爲芝加哥分公司的副總裁和經理。

對目標要有清楚的概念

後來公司的所有權變動，要由卡爾或另一位較年長而富有經驗的人出任總裁。年長者升任了，卡爾就辭了職，加入芝加哥的另一家廣告機構。

在參加一次全國性會議的時候，他聽到一個傳說：法斯脫——凱勒塞公司阿利桑那州分公司要出售。「那真是一次機會，」卡爾說，「但是我不知道怎樣進行這件事情。所需要的金額數目也很驚人。不過，『你背脊骨很硬——你很行』這句話又閃入我的腦中。」

卡爾繼續說：「仙蒂和我很喜歡阿利桑那州，我也懂得這一行，人們也認識我。我有一股不可抗拒的衝動要去抓住這次機會，我知道我要的是什麼，而且我知道我會成功。更重要的是，我很想自己做一些大事。我既然能夠爲別人做得很好，我當然也可以爲自己做得很好。但是我不知究竟該怎樣買下這家分公司。其實，我除了沒錢之外，具有一切條件：知識、方法訣竅、經驗、良好名聲、了不起的朋友，以及在土桑地區的業務關係。」

「錢的問題怎麼解決的？」我問。

「我有一個朋友在芝加哥哈理士信託儲蓄銀行貸款部工作，」卡爾回答說，「他爲我介紹了該部門負責人。哈理士信託儲蓄銀行和在鳳凰城的河谷國家銀行協商，共同提供我五年期的貸款。另外我有九位朋友也參加了股份。協議規定我可在五年之內的任何時間以他們所付出的同樣金額買回他們的股份。由於戶外運動廣告這一行的股份有很多稅金和其他好處，因此，買回這些股份對我和對他們都是很有利的。」

卡爾・艾樂的故事清楚地告訴我們，要瞭解商場上的一個問題或獲得成功，事先不一定要知道所有的答案──如果你的方向不錯的話。因爲在進行中，你會遇到許多問題，並一一解決它們。

要解決一個問題或達到一個目標，不需要事先知道所有的答案。但是對於這個問題或你要達到的目標，你必須要有一個清楚的概念。

因此，你要著手決定你在遠期、中期，以及近期中真正所要的是什麼。如果你現在還不能夠決定你長期和中期的目標，你就要加油了。對你最有利的是你應該在這個時候決定你的一般目標是什麼：要具有健全的身體和心智，要獲得財富，要成爲一名品行良好的人，要成爲一個好公民、好父親或母親、好丈夫或太太，好兒子或女兒。不管這些一般的目標是什麼，它們必然也是你的中期目標。

每個人都有眼前的特定目標。例如，你準備明天做什麼，或希望下個星期與下個月做什麼。你最好把有助於你實現中期和遠期目標的近期特定目標寫下來，這樣你就容易實現。但最重要的是，你必須想要實現這些目標。

有些人有了知識和方法訣竅，但還是沒有成功。因爲他們雖知道該做什麼，以及如何去做，但是他們並不覺得要去做，他們沒有受到激勵而採取行動。

在任何人類行爲之中，行動激勵是獲得成功最重要的因素。行動激勵可以依意志培養出來。具有行動激勵的人可以克服一切困難，因爲他具有向前衝擊的力量。你如果能遵照我所說的去做，你也會產生出這種力量。

5 往前衝的力量

推銷之神的傳世技巧

◆激勵促使人採取行動或決定，激勵為人的行動提供動機。

◆當強烈的情感如愛、信仰、憤怒，以及憎恨混合起來的時候，它們產生的沖方就是一種強烈的驅策力，可以使人終生不變。

激烈的情緒是可以掌握而加以利用的，它就像火箭一樣，能把你發射到目的地。它是激勵你的動力，別輕易放過它。

「加油，加油，向前衝！加油，加油，向前衝！」芝加哥白襪棒球隊休息區的球員高聲吼叫著。打擊手確實向前衝了，在對方外野手把球傳回來之前，他已經滑上了三壘。

「白襪隊，加油，加油，向前衝！白襪隊，加油，加油，向前衝！」這成爲 1959 年球迷爲他們加油的口號。

這激勵了白襪隊……向前衝……向前衝……向前衝……一場比賽接著一場比賽，最後贏得了美國職業棒球聯盟的冠軍。

激勵促使人採取行動或決定，激勵爲人的行動提供動機。動機是存在於內心的「驅策力」，激發他採取行動，例如理想、情感、慾望，或行動等等。希望或其他力量引發人的企圖而產生特別的結果。

當強烈的情感如愛、信仰、憤怒，以及憎恨混合起來的時候——如強烈的愛國心——它們產生的衝力就是一種強烈的驅策力，可以使人終生不變。

下面就是一個這類的故事。

俄國的哥薩克人來了，一個孩子看到他父母被殘酷地活活打死。他從屋子裏逃出去，但是一名騎兵追了上來，他背上挨了一鞭子，流著血暈倒在地。他恢復知覺後，看到他家的屋子仍然燒著。就在那時，他立下一個誓言——要在俄國人的壓迫下求得波蘭的自由。他一生夢魂所系的就是求得波蘭的自由。他童年所看到的景象——以及其中的恐怖和悲哀——已經烙進他的內心而永遠難忘。這一直激勵他採取行動。

這個人——帕德列夫斯基，偉大的鋼琴家——在 1919 年波蘭新共和國被提名爲總理和外交部長，後來更成爲波蘭國會主席。

雖然帕德列夫斯基後來看到波蘭人再度失去了他們的自由，但是他的努力並沒有白費。波蘭仍然是一個國家，它的人民仍然懷著強烈的愛國心，終有一天，會發出向前衝的力量，而爲他們自己獲得完全的自由。

帕德列夫斯基具有向前衝的力量，刺激他採取行動。你也具有

這種力量。

最強烈的激勵因素

在我讀六年級的時候，我決定將來要做一名律師。於是進入高中之後，我最重視數學，爲使思考合乎邏輯；重視歷史，爲使能瞭解過去和現在，以展望未來；重視英文作文，爲訓練我如何表達思想和理論；以及心理學，以便瞭解人類的心智活動。我參加高中的辯論社，想成爲辯論專家。

後來我進入底特律法學院，但讀了一年我就休學了，因爲在21歲那年我決定先結婚。我知道我要娶的女孩將對我的一生產生最重要的影響。當然，這對任何人來說都是一樣的，丈夫或妻子是伴侶最大的影響力。

離開法學院的原因是，我發覺做一名律師至少要到 35 歲以後才可能賺大錢。律師去招攬顧客是不太好的，但是做一名推銷員，我可以拜訪任何可能的顧客。我的收入要看我的能力，以及如何運用這能力。而我知道我很善於推銷。更重要的是我預測做推銷在30歲的時候，就可以賺到足夠錢，到時候我可以退休，回到學校研讀法律，再展開法律和政治事業。「還有，」我對自己說，「到時候我就可以只去辦那些我想辦的案子──而不是那些我必須去辦的案子。」

最後我認爲最好在芝加哥設立自己的保險代理公司。母親寫信給哈瑞•吉伯特。我們代理美國意外保險公司和新阿姆斯特丹意外保險公司的業務就是和吉伯特打交道。吉伯特是在美國推銷特別意外保險的先驅。

吉伯特先生回信，說他非常歡迎我在伊利諾州代理這兩家公司，但我得先得到芝加哥總公司的允許，因爲這家總公司在伊利諾

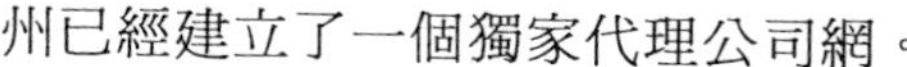
州已經建立了一個獨家代理公司網。

如果你要什麼，就去追求

我和總代理公司負責人約了見面時間。我一定得把自己推銷給他，我的整個計畫都取決於他的准許。但我知道，如果你要某樣東西，你就要去追求。總代理公司的負責人很客氣，我永遠不會忘記他所說的話：

「我會給你同意書，但是六個月以後你就會關門大吉。在芝加哥推銷保險很困難。如果你在整個伊利諾州委派代理公司，你所得到的只有麻煩，你將會以賠錢了事。」

他沒有阻撓我的計畫，我永遠感激他。

因此，在 1922 年 11 月，我成立了自己的「聯合註冊保險公司」。我的資金只有 20 塊錢，但是我沒有債務，我的一般支出也很少，因為每個月只用 25 塊向理查租了一個辦公桌。他給我真正的激勵，他的建議對我大有幫助。例如，在準備把我的名字列在大廳的公司名錄上的時候，他問我：「你的名字要怎麼寫？」

「斯通。」我回答說。在過去到那個時候為止，我一直是這樣簽名的。

「你有什麼引以為恥的事情？」他問。

「什麼意思？」

「你沒有第一個名字和第二個名字嗎？」

「當然有……威廉・克萊門特・斯通。」

「你有沒有想過可能會有成千上萬個斯通嗎？但是在全美國可能就只有一位克萊門特・斯通。」

這激發了我的自負。「只有一位克萊門特・斯通」從那以後，我一直就使用「克萊門特・斯通」這個名字。

婚禮訂在六月。我要在六月前賺得更多的錢，因此，我一點時間也不浪費。第一天，我在羅起士公園區北克拉克街推銷，那裏離我住的地方只有幾條街，一天當中我就推銷了 54 份保險。因此我發覺在芝加哥推銷保險並不很難，我的公司在六個月以內絕對不會關門。

我受到激勵，因此努力去開拓公司的業務，我要賺足夠的錢和我愛的女孩結婚。這是很普通的事，你可以用任何理由來激勵自己，也可以訴之於道理以激勵別人，但是你的感覺、情感、情緒、直覺，以及根深蒂固的習慣所形成的「內心驅策」，會賦予你「向前衝的力量」，使得你採取行動。

激勵是心弦的顫動

激勵別人採取行動的最好辦法之一是告訴他一個真實的故事。在一次推銷業務會議上，我宣讀了下面所列的金·克拉瑞一封信的一部分，激勵了推銷員採取行動。

六個星期以前，我六歲的女兒走來對我說：「爸爸，你什麼時候可以得到藍寶石？」(藍寶石是一種獎品，用以獎勵在一般特定時間裏推銷業績特別突出和賺錢特別多的人)「你什麼時候才可以在一個星期裏推銷出 100 份保險？爸爸，我每天晚上都請求上帝幫助你獲得藍寶石。我已經向他禱告好幾個晚上了，爸爸，我想他並沒有幫助你。」一個孩子對上帝的信心，一個孩子對父親的信心——那麼天真，那麼真誠。經過了長時間的思考之後，我認爲她並沒有搞清楚，上帝爲什麼不幫助。因此我回答說：「寶寶，上帝確實在幫助爸爸，但是爸爸卻沒有幫助上帝。」其實，我甚至沒有幫助自己，我付出了我失敗的代價。爲什麼？因爲我並沒有努力嘗試，我自我原諒，尋找藉口，我指責每一個人卻沒有檢討自己。人是多麼盲目。

我當時就決定……

在信的下半部分中，列出很多成就。而他之所以獲得這些成就，是由於他對他女兒的深厚感情激起了他「向前衝的力量」。

金獲得了藍寶石獎，他女兒的祈禱也得到了答覆。

金一直有股向前衝的力量，每個人都有這種力量。但是由他女兒說出了祈禱的事，才激發起金對自己的不滿，並反映在他的思想中：「我甚至沒有幫助我自己，我付出了失敗的代價。爲什麼？因爲我並沒有努力去嘗試，我自我原諒，尋找藉口，我指責每一個人卻沒有檢討自己。人是多麼的盲目……」

這種激勵引燃了向前衝的力量，並執行所想所思的事情。

做一個自我激勵之人

「尋求你就會找到」是放諸四海而皆準的道理。這也適用於尋求自我行動的激勵，尋求方法訣竅，以及尋求知識。

我所列舉的例子，都是通過外在的暗示引發一個人去思考。你所想的……你所說的……你所做的──這些都是自我提示。你具有經由思想而做到自我暗示的能力，而當你重覆這些思想，並採取相應行動的時候，你就可以培養一種習慣。你控制著自己的思想，你就可以培養和控制你所希望獲得的習慣，進而以新習慣代替舊習慣。

例如，如果你想做一件好事情，而且每次你有這個想法的時候，你就付諸行動，不久就可以養成這種好習慣了。

這就是你如何有意識地培養內心的激勵以使你採取行動的方式。這種向前衝的力量會幫助你。你的體內完全可以產出這種衝力，推動你做出有價值的成就。

你會明白，你可以隨意運用這種衝力以獲得財富、健康和幸福，以使得這個世界更美好。這些推動力量也會產生內心的驅動力，

促使我們採取行動——去做我們應該做的事情，但是也常常驅使我們去做我們不應該去做的事情。

有時候，你有意培養出來的內心驅動和傳統的內心驅動是相互衝突的，但是你可以選擇正確的思想、採取適當的行動，以及選擇適當的環境來化解這些衝突。如此一方面我們可以達成傳統的強烈內心驅策的目的，同時也可以在不違反最高道德標準之下，運用這些驅動力追求完美而快樂的生活。

6 敢於行動

推銷之神的傳世技巧

◆今對於那些具有正確心態的人來說，經濟不景氣實際上是披上偽裝的恩賜。因為窮困固然迫人，但也能創造一個人。

◆在一天終結之時，感謝上蒼絕不會有損任何人——這麼做卻幫助了很多人達到成功……

塞翁失馬，焉知非福？情勢不如你意時，何不利用現有情勢創造新的機會？很多人就是這樣成功的。

對於那些具有正確心態的人來說，經濟不景氣實際上是披上僞裝的恩賜。因爲窮困固然迫人，但也能創造一個人。

窮困創造了雷昂・法克斯。我還能想起第一次見到他的情形，他給我留下了無比深刻的印象。雷昂看到廣告而來應徵，那時他掛著贏得人心的微笑，他現在還是那樣微笑。他是如此熱忱，以至於我立刻就僱用了他。

雷昂有工作，但是賺不了什麼錢。雖然他的問題很嚴重，但是他卻表現出健康、快樂、熱忱，以及成功的象徵。不過在他剛開始為我工作的時候，他窮得全家住在靠近芝加哥北區的一家便宜旅館裏。他們買不起傢俱，也不能預付有傢俱的公寓租金。其實他還拖欠旅館費。

在雷昂離開旅館時，他的太太和小孩都不敢走出房間，因為旅館經理會把他們的房間鎖起來，直到他們付出拖欠的幾塊錢房租，經理才會再讓他們進去。不過那天早晨我面試雷昂的時候，他還能熱忱地微笑。那時我還在西北大學，還沒有開始在推銷員報到的第一天便領著他們去推銷。但是稍後我還是訓練了雷昂。

幾個月之後，雷昂告訴我，他第一天所賺的錢都付了旅館租金，第二天他必須早點起來去推銷，好賺足傭金來給一家人買早餐。

雷昂有工作的意願，沒有多久他就付完了急迫的帳單。四個月之後，他能以分期付款的方式買一輛車子，不出兩年，由於他成功的表現，我把他升為賓州的業務經理。

雷昂只為我工作了幾星期，就發生了一些出乎我意料的事。他以前公司的一位推銷員來看我，這位推銷員說他在街上遇到了雷昂，雷昂看起來快樂又有錢。他問我是不是還有空缺，我當然有空缺。

在兩個月期間，我又僱用了五名來自雷昂過去的同事，他們也是在街上遇見了他，問他在那裏工作，而且也來應聘。

我很看重雷昂・法克斯。他有一個個人的問題，而這個問題曾經毀了很多人，那就是酗酒。如雷昂所言，那也是為什麼他被父親「踢出了家庭」。他父親是約翰・法克斯，威斯康辛州芳杜萊克市第一國家意外保險公司的老闆和總裁。一年以後，當雷昂和我很熟了時，他把自己的問題告訴了我，並說：「我要去伊利諾州杜威特的基利戒酒所去，我要贏得這一場戰鬥。」他真的去了杜威特——他也

真的贏了。

在社交場合或會議中，如果有人問他：「你要和我一起去喝一杯嗎？」雷昂就會熱忱地說：「我很願意。」在叫飲料的時候，他並不道歉，反而很驕傲地說：「給我一杯咖啡。」自從他進了基利戒酒所開始，他就沒有再喝過一杯酒。

雷昂在前往賓州擔任我的推銷經理前，他和家人開車回芳杜萊克看他的父母。他父親看到他如何改變自己之後說：「如果你能在賓州爲斯通先生做好推銷經理的工作，你就可以勝任我們的總裁。」

雷昂接受他父親給他的工作，後來真的做了總裁。我就是通過雷昂·法克斯才有機會買下「第一國家意外保險公司」。今天雷昂非常富有，在工作上也表現得非常成功。很多人因爲聽到我說雷昂的故事而大受激勵。

現在我要告訴你我在訓練推銷員方面是怎樣發展成功定律的，我也要告訴你我是如何運用「把不利轉變爲有利」這句自我激勵的話。

離開西北大學以後，我開始把大部分的時間投入自己推銷和「現場」訓練推銷員。現場是指實際去拜訪顧客，這是要「做」的，而不是純理論的。當我帶著推銷員去推銷的時候，他可以看到，如果他完全照著我的方式去推銷，他也可以有大量的收入，但是不久我就發現這樣做並不夠好。

隨行接受訓練的推銷員常常因爲這種遊戲而興奮得分了心，以至於沒有觀察到他需要運用的原則。這就好像有些人對於故事太感興趣，以至於完全忽略了其中所運用的原則。因此我的結論是，推銷員受到「需要」的激勵而行動。但是沒有人教他們就無從學起，而且沒有人教過他們如何從觀察中獲得知識。認識這一點之後，我開始摸索出一套有效的教授方法。

首先，我鼓勵推銷員逐字地研究推銷談話和辯說用詞。我告訴他們，若他們知道該說什麼，以及如何去說，他們每天就可賺到大筆收入。我也告訴他們，如果知道理論他們就會在工作中得到快樂；如果他們運用一套編好的推銷談話，他們就可以節省時間。當推銷員知道了他該知道的事之後，我再帶他到現場去一整天，他就會更清楚地瞭解我說了什麼和做了些什麼。

成功的藍圖

帶著推銷員工作，使我獲得了訓練方面的知識和訣竅。不需多久，我就描繪出訓練推銷員的成功藍圖。下面就是這套藍圖：

1. 我會振作精神，快速行動，推銷一整天。我的目標是要使那一天成爲我推銷成績最好的一天。隨訓的人不應擾亂我的談話或干擾推銷。他只是緊跟著我，注意我所做所說的事，並且和我一樣快速行動。

2. 我們在早晨九點鐘拜訪第一個人，一直推銷到 11 點半鐘。

3. 隨訓的人推銷半個小時。

4. 他每一次推銷，我都記下特別的錯誤。

5. 在中午，我指導隨訓的推銷員，在我討論上午工作的時候要特別寫下那幾條。首先，我說出他表現好的地方，然後我提出有助於他的特別建議。我會特別強調那些足以決定推銷成敗的要點，小的地方只是提一下而已。

6. 吃過午飯以後，我再次示範推銷到四點半爲止。

7. 隨訓推銷員再實習推銷到下班爲止。

8. 他推銷的時候，我再記下他的錯誤。

9. 我們再按照第五項所說討論一遍。

10. 如果我們一群人一起到芝加哥外某大區域推銷，晚上我們就會舉行一個推銷會議，隨訓的推銷員要在會議上提出推銷談話(如

果我們在芝加哥推銷，我們就不舉行會議)。

11. 我要求參加會議的每一個人都找出隨訓推銷員推銷談話中好的地方，以決定推銷成敗的地方。任何推銷員如果找不出推銷談話中不完美的地方，他就可能具有一樣的缺點。

12. 在推銷員提出推銷談話之後，我們再按下面的程序去做：

・他有機會先評論他怎樣可以說得更好。

・然後我叫每一個人輪流提出評論。但是隨訓的推銷員只記下我要他記下的建議。

・最後我再重申一下已經舉出來的原則，並且指出沒有提出來的原則。

・由於激勵是成功最重要的因素，我會儘量激勵每一位推銷員——尤其是跟著我一天的隨訓推銷員。

在我和隨訓推銷員推銷了一整天，並照著上面的程序做過之後，再接下來的步驟是：

・第二天他自己去推銷。

・第二天晚上如果舉行推銷會議，他要提出推銷談話。

・我們再按照第十二項程序做。這可以看出他從第一天晚上的討論中學到了什麼，也可以顯示出他獲得了什麼習慣或訣竅。

・次日早晨我會隨著這位推銷員出去。他推銷半個小時，最後我推銷一兩次，示範他如何處理特別的狀況，然後他再推銷一兩次。在他推銷的時候，我再次記下他的優點和缺點。

・我給他一些建議，然後讓他自己一個人去推銷，直到晚上才見面。

・如果推銷員不能照著先前給他的建議去做，而需要進一步研讀理論，我就鼓勵他用一整天的時間去研讀。不過這種情形很少，因爲在不景氣期間，對金錢的需要激勵了每一個人努力學習有助於他的事情。

- 回到辦公室之後，我立刻口授一封信給每一位和我一同工作的推銷員。我寫這封信的目的是：
- 指出他已改進的地方。
- 以其他的觀點激勵他。
- 列出我曾經要求他寫下的每一項重要且特別的建議。

這些程序後來成爲訓練推銷員達到真正成功的藍圖。只要運用，這些原則都可以和其他事情相關聯，任何人要想發展出一套訓練定律，都可以加以吸收和運用。

我要強調的是，那個時候我非常需要錢，我極想擺脫債務。運用這套辦法訓練任何一位推銷員都不需要花很多時間，而且非常有效。這些人都因爲極需要錢而受到激勵盡力去做，他們不需長久依靠我。獲得了知識和訣竅後，他們就會依靠自己的力量去行動。沒有多久我在伊利諾州就有足夠受過良好訓練的推銷員，我還鼓勵其中一些人到其他州去。

當我最後審閱我以前寄給我的推銷員、列舉他們每一個人成功所需要的原則的信件時，我大爲驚訝，因爲我發現需要修改的地方相當少。適用某一個人的原則也適用於其他人。

以這項發現爲基礎，我寫了許多訓練手冊，每一位推銷員都可以從這些手冊中學到需要的原則，再加上適當的現場訓練，他就能夠日益增加他的收入。

在他翻開第一號手冊第一頁的時候，他會看到他總能找到的行動激勵——任何行動的成功都曾經得到祈禱的協助。不論一個人的信仰是什麼，從心理學觀點來看，祈禱可以使他清楚地看出他想達到某一個目標的各種觀念，以及發展出刺激內心的力量。在一天終結之時，感謝上蒼絕不會有損任何人——這麼做卻幫助了很多人達到成功。

7 點燃激勵之火

推銷之神的傳世技巧

◆想要往前沖，就先訂個美好的目標吧。

◆激勵的秘訣不只是訴之於道理，還要訴之於情感。

◆要一個人活下去的辦法是讓他在生活中有一件追求的事。

小孩玩遊戲，需要糖果做獎勵；訓練小動物，也需要有食物做激勵。想要往前衝，就先訂個美好的目標吧。

「你說的『按鈕』是什麼？」我問。

「哦，這是每一個人都有的。」傑克說，「要找出一個人的『按鈕』，你必須先知道他要什麼──他需要得到什麼──以及你如何幫助他得到。」

「首先，你要幫助他看清他心中所想，而他卻沒有的東西，然後你再告訴他你能滿足他的需要。在他慾望燃燒起來的時候，你就已經撳動了他的『按鈕』。」

「你是說你撳動了一個人的『按鈕』，就是激勵他了？」我問。

「是的。」傑克回答說。傑克每年推銷的業績，常常超過 100 萬美元。他是一位激勵別人銷售而獲得成功的權威人士，他也教導他們如何去按動「按鈕」。

傑克・雷西以在「全國推銷專家俱樂部」推銷講習班中成功地訓練推銷員而聞名於世。他已經爲全美數百家公司訓練了無數的推銷員，世界上有很多地方也都知道傑克・雷西函授班。

現在你應該知道「永不失敗的成功定律」的最重要因素是「行動的激勵」了。傑克說：「如果你要激勵別人，你就要按動他的『按鈕』！」他的意思就是，你要是按對了鈕，你就可以激勵一個人去採取行動。

利昂那德・艾文斯由我的一名推銷員晉升為推銷經理，後來則成為密西西北州的地區經理，但是他的家一直在肯薩斯州的德姆特。似乎一個人在年輕的時候踏上了肯薩斯州的泥土後，總有某種原因會使他最後還是回到那裏去。肯薩斯州的土地好像有著什麼東西吸引著他們。

作為一名推銷經理來說，雖然利昂那德是成功的，但是他變得自足，業績就平淡了下來。推銷保險是好的行業，利昂那德的收入也不錯，但是我卻不滿意他作為一名全國推銷業務經理的表現。我一再地按下按鈕，希望能引發出他內心的激勵，使他離開象牙塔，但是每次他抓到了一點激勵之火，不久就又熄滅了。

利昂那德還是自滿自足，我也還是繼續試著。這當然有些改進，但是他並不能趕上我們公司在全美國的發展。後來有一天，我收到他太太斯可蒂寄來的一封信：

斯通先生：

利昂那德心臟病發作，極為嚴重，醫生說他可能活不了多久了。利昂那德要我寫信給你，向你提出辭呈。

如果他身體健康而提出辭呈，我會很高興地接受，但是做生意並不只是賺錢，我要利昂那德活下去。

激勵的秘訣不只是訴之於道理，還要訴之於情感。因此我謹慎地寫了一封信給利昂那德。我在信中：

1. 我拒絕了他的辭職——他的未來還在他的前面。

2. 我建議他多研究，多思想，多計畫。

3. 然後我提到研究「PMA 黃金律」教程的價值。這項教材一共有 17 課。我要他回答每一課後面的問題，尤其要集中精力回答第一課的第一個問題：「什麼是你的主要目標？」

4. 我告訴他，只要他出院回家後能夠見我，我就立刻飛到德姆特去看他。

生活必須有所追求

經驗告訴我，要一個人活下去的辦法是讓他在生活中有一件追求的事。我在信中告訴利昂那德：

「我們需要你，而且非常迫切地需要你。快點康復起來吧，我有一些大計畫等著要你去做。」

利昂那德真的活了下來，而且很快地就康復了。因爲他在生活中有了值得追求的東西：他認識到生活不只是做生意和賺錢。

在我到他家的時候，他已經不再躺在床上了。他開始研究、思想和計畫。他有五項主要目標，並且因此受到激勵。

1. 三年以後在 12 月 31 日退休。

2. 之前每年的業績要增加一倍。

3. 達到具有 20 萬美元價值的財富。

4. 要做一個己達而達人的人，以激勵、訓練和引導的方式來促使他所督導的推銷員和推銷經理賺得大量的財富。

5. 但最重要的是，把他從研讀《聖經》或《成功的科學》教材中所獲得的激勵和智慧與別人一同分享。

這五個目標他都達到了。很多聽過他演說「積極的心態」的人改變了他們的生活，而有了一個更好的前途。推銷員、推銷經理，十幾歲的青少年，各俱樂部的商人、教師，以及各教會的教徒，他們都認爲利昂那德•艾文斯協助他們，把他們的世界變得更好。

8　改變命運的航道

推銷之神的傳世技巧

- ◆改善命運航道的力量就是思考。
- ◆思考就是任何成功的第一個原因。如果你不思考，你就不會成功。如果你的思考是基於不正確的前提，你就得不到正確的答案。
- ◆我們必須培養高的、不可違反的道德標準，以及不論外界有什麼樣的誘惑，只要低於這個標準，我們就不去做的習慣。

在拿破崙·希爾完成他的著作時，他已有一個書名《獲得財富的 13 步》。不過，出版商卻要一個更具推銷力的書名，他要給這本書取個賣到百萬美元的名字，他每天打電話要一個新的書名，但是儘管希爾已想了 600 多個不同的名字，仍沒有一個是好的。

有一天，出版商打電話來說：「我必須在明天得到這本書的書名。如果你還沒想到，我倒想到了一個，而且很好——運用你的頭腦得到鈔票。」

「你會毀了我！」希爾大叫了起來。「你這簡直是胡鬧。」

「除非你在明天早上以前想出一個更好的名字，否則就只好用我說的書名了。」出版商說。

那天晚上，希爾和他的潛意識談話。他大聲地說：「你和我合作了很久，你為我做了很多事情，但是我必須要有一個可以銷售百

萬元的書名，而且必須在今天晚上弄出來，你瞭解這種情形嗎？」希爾想了好幾個小時，最後上床睡覺。

大約在清晨兩點的時候，他醒了過來，就好像有人搖動了他一樣。清醒之後，他心裏面出現了一個句子。他跳起來走到打字機旁把這個句子打了出來，然後抓起電話打給出版商。「我想出來了，」他大聲說，「一個可以銷售百萬元的書名。」

他說的一點都沒有錯，從那天開始，《思考致富》賣出了好幾百萬本，已經變成了勵志書籍的典範。

我們每一個人都具有導引思想的力量，我們如果能夠適當地引導自己的思想，我們就可以控制情感情緒，當我們控制了自己的情感情緒，我們就可以化除內心強烈衝動的任何有害影響。這些內心衝動，如我們從遺傳中得來的直覺、熱情和情感情緒，常常會驅使我們去做我們並不十分瞭解的事情。

我們也可以保護自己在以後不犯嚴重錯誤，方法就是，定出高的、不可違犯的道德標準，不符合這個標準的，我們就不去做。

現在，我們以喬的例子來說明，我以他爲榮，因爲他最後勝過了自己，而贏得了永久的勝利。事情是這樣的。

喬現在是我的推銷員之一，某次在推銷會議中受到激勵，他要採取行動。但是他卻犯了大錯，因爲他有不好的習慣。當時，他還沒有建立起不可違犯的誠實標準。在一次推銷競賽中，他不以誠實的態度去獲得榮譽，他想去偷竊英雄的王冠。

在一個具有進取性的推銷組織裏，經常充滿著精力充沛的熱忱、不停的驅策力，以及推動力，以求打破推銷紀錄。推銷經理主持推銷會議的時候，會激勵推銷員的理智和情緒。

在喬參加的那次會議中，我爲公司和個人都訂出了很高的目標。在這次會議上，推銷員也都相信他能夠達到訂下的高目標。會議之後，喬每天帶回來的推銷量比我在全美國所有的每一位推銷員都多。他的這種推銷紀錄是非凡的，他帶回來的幾百個保險申請單每一個都付了保費。在推銷競賽結束的時候，喬似乎贏得了最高榮譽和獎勵，他成了寵兒。

我帶著喬到美國各個地方參加推銷會議，喬詳細報告了他究竟是怎樣獲得成功的。他的故事聽起來是那麼真實，使得大家不得不信。喬因此被提升爲地區推銷經理，但是當續約的時間來臨的時候，我們發現喬就像那位金匠一樣是一名騙子。他欺騙了管理部門，他偷了英雄的王冠，但是最糟的是喬欺騙了自己。有關他成功的謊話說得愈香，他就愈相信這些謊話。潛意識就是這樣子發揮作用的。

爲了幫助喬，我要他付出代價，交回所有的獎勵，取消他的榮譽。他在同事之間受到了羞辱，因爲在我們獎勵了真正的得獎人之後，他的欺騙行爲就變得眾所周知了。

我要喬離開公司，等到他證明他已經找到自己之後再回來。因爲希望是最大的激勵因素之一，我就給了他希望，那就是當他找到自己之後就可以重新參加我們的推銷組織。我建議他去找一名精神病醫師接受心理治療，並且定期把報告寄給我。我也建議他去尋求人人都可以得到的幫助──他的教會。

有了這次經驗之後，我們就定出規矩，在推銷競賽之後，我們必須先行檢查所有的推銷成果是否屬實，然後才頒發獎勵。任何人看見喬都會認爲他是一位有品德的人，但是他的行爲卻出乎人的意料──爲了贏得公司的重視，他以自己的錢付給公司當保險費。

現在有很多像喬一樣的人，他們的道德標準不足以阻止他們做不好的事情，他們做錯事卻不能夠爲之提出任何理由。但真正的原因是，他們沒有培養出夠高的、不可以違反的道德標準。

這是一個問題，使我感到很不舒服，因此，我不停地搜尋答案。

是什麼原因促使人欺騙？我們如何能夠避免此事再度發生？我如何幫助喬以及像他一樣的人？我在這個特別問題上集中思考。

我引導思考的方法也能夠做到，那就是你自己提出問題。答案之所以會出現在我的心中，是因爲我有解決問題的經驗，那就是把我所閱讀學習過的原則和所面臨的問題連貫起來，就像答案來到阿基米德心中一樣，因爲他熟悉數學，以及各項物理定律之間的相互關係。

埃米爾‧庫埃博士是著名的《暗示與自我暗示》一書的作者，他之所以贏得世界性的聲譽，因爲他用「肯定的語句」，成功地協助別人去幫助自己，治癒他們的疾病，以及維護他們身體、心智和道德的健康。這些肯定的語句，我稱之爲「自我激勵的話」。他最著名的一句激勵之語是：每一時日，我都在每個方面變得越來越好。

我還知道催眠術的實驗。在實驗之中，受催眠的人被告知他手中有一把刀，面前的假人是他的敵人，這個敵人要傷害他，然後向他下一道命令：「刺殺他！」但若受催眠的人認爲那假人是一個活人，他手中是一把真刀，他就不會刺下去。因爲他的潛意識不會讓他犯下殺人罪。

爲什麼？這是因爲這個人有一個不可違反的道德標準，而且深深刻在他的潛意識中，對於任何低於這個標準的提示，他的潛意識都會拒絕採取反應。這就是高的道德標準使他不至於犯罪的原因。

但是一個曾經殺過人，或受到暗示而不能控制自己的人，在催眠狀態中就會毫不猶豫地刺殺下去，因爲就是在有意識的狀態之中，他也會刺殺下去。

在我思考之後，我所尋找的答案就變得清楚明白。

第一，爲了什麼做出這種欺騙的事？下面是我得到的結論：

1. 喬參加了那次充滿了活力和熱力的會議，在會議之中，他可以在推銷競賽中達到高推銷目標的提示，提升了他的情緒。一個人在情緒高昂的時候極容易受到他有利的提示推動。喬聽到並且相信他可以達到高的推銷目標。

2. 喬還沒有培養出高的、不可違反的誠實標準，以及低於這個標準即使可以達到他的目標也不會去做的習慣。他不會去偷錢，但是他會去偷竊英雄的王冠。他的意識不會阻止他行騙，以及報告和自我拿錢墊出他沒有推銷出去的保險費。這是因爲他早已經有了欺騙的習慣，先由小事開始，之後是比較重大的事。

第二，我們如何避免此事再度發生？

1. 對於參加推銷會議的人，強調誠實的重要，以端正心志，並且特別建議推銷員使用這一類自我激勵的話：「要有面對真理的勇氣。」做事要真實。

2. 在公司內部發行的刊物中刊出專欄，鼓勵推銷員培養高的、不可違反的真誠標準。

3. 讓每一個人都知道他們的工作將會受到檢查，因爲我們知道，如果你不去檢查，人們就可能不會照著你所期望的去做。

第三，我怎樣幫助喬以及其他像他一樣的人？下面就是我的辦法：

1. 喬找到一個領取固定薪水的工作，不會受到像我提出的競賽的誘惑。我不斷收到他以及他的精神病醫師的報告，我就寫信給喬，鼓勵他繼續保持他的良好表現。

2. 我請他背下兩句自我激勵的話：「要有面對真理的勇氣」，以及「做事要真實」。十天之內，每天要重覆地背誦這兩句話，尤其是在早上和晚上。如此一來，當他受到誘惑要去說謊或欺騙時，這兩句話就會從他的潛意識閃進他的意識之中，他會立刻做出正確的事來。

3. 我爲鼓勵讀者培養高的、不可違反的誠實標準而寫的文章，也寄一份給他。

4. 一年之後，喬和他的精神病醫師都告訴我喬沒有問題了，我就約喬見面晤談，然後再度僱用了他。我讓他知道，對於他贏得了個人的勝利，我深深爲之驕傲。

我發現我們必須培養高的、不可違反的道德標準，以及不論外界有什麼樣的誘惑，只要低於這個標準，我們就不去做的習慣。對我來說，這是一個非常興奮而奇妙的經驗，它已引導我找到更多的技巧，來幫助各階層的人，尤其是兒童和十幾歲的少年，使他們能夠幫助自己。

對我來說，這是人生中獲得真正富有的一種方式。

第三篇

做一個最受歡迎的人

原一平

原一平　連續 16 年榮登推銷業績全日本第一的寶座，曾創下世界推銷最高紀錄 20 年未被打破，是日本歷史上最為出色的保險推銷員，被譽為「推銷之神」。

1 談話的技巧

推銷之神的傳世技巧

◆在人際交往的禮節之中。寒暄佔極重要的地位。很多人認為，寒暄只不過是雙方碰面時的招呼而已。

◆學會交談的技巧，應該從瞭解對方的談話，也就是從傾聽開始。這是很普通的常識，可是很多人都忽略了這一點。

同樣一句寒暄話，採用平淡的問候與採用積極的關懷語句，其間的差異甚大。日本名教育家福澤諭吉曾說：「禮節乃是人際交往中表示敬愛的必要工具，切勿疏忽。」

在人際交往的禮節之中，寒暄佔極重要的地位。很多人認爲，寒暄只不過是雙方碰面時的招呼而已。早上見面互道一聲「早安」，中午或晚上就問候一聲「午安」或「晚安」，分手之時就說聲「再見」。

如果寒暄只是打個招呼就了事的話，那與猴子的呼叫聲有何不同呢？事實上，正確的寒暄必須在短短的一句話當中，明顯地表露出你對他的關懷。切記！寒暄是建立人際關係的基石，也是向對方表示關懷的一種行爲。寒暄的內容與方法是否得當，往往是一個人人際關係好壞的關鍵所在，所以要特別重視。

某公司曾做一項管理的調查研究，結果得到下面的結論——在公司之中，先向部屬寒暄的主管，他們用人的方法較爲突出。

上述的結論不但適用於公司裏，也適用於一般人際來往的關係之中。既然寒暄並非只打招呼而已，那要怎樣做呢？下面有兩個例子。

——「早安。」

——「早安，原老弟，瞧你滿臉紅光，氣色真不錯啊！」

後者給對方的感覺是「他很關心我」；而前者純粹就是招呼，與「喂」沒什麼兩樣。

——「老李，穿新西裝啦！」

——「噢！老李，這套咖啡色新西裝穿在你身上，真是帥極了！」

後者表示他的咖啡色新西裝棒極了；而前者只有發現一套新西裝而已。

從上面的例子我們可以知道，同樣一句寒暄話，採用平淡的問候與採用積極地關懷語句，其間的差距甚大，實在不能等閒視之。

首先要學會傾聽他人

學會交談的技巧，應該從瞭解對方的談話，也就是從傾聽開始。這是很普通的常識，可是很多人都忽略了這一點。當你與對方交談時，對他談話的關心與否，直接反應在你的臉上，所以你無異於是他的一面鏡子。

倘若你注視著他，專心地傾聽對方的談話，你這一面關懷的鏡子，將使對方感受到「被重視」與「了不起」。一個優秀的傾聽者應該能夠做到以下兩點：

1. 捕捉對方談話的目的與重點。

2. 隨著對方的談話，適時點頭說「是」或「唔」等字眼，以表示「我用心在聽您說話」。

這個時候，你臉上表現出的熱忱，會讓對方產生「我所說的話他全聽進去了」的感受。這麼一來，即使你沒開口，對方還是會認

定你是一位很好的談話對象。

決定談話能力的高低不在話術而在熱忱。只要你能真誠地顯現出你對他談話的傾聽熱忱，並適時說出一兩句肺腑之言，這時彼此的心靈就相通了。切記務必要真誠地傾聽，倘若你裝出一副傾聽的樣子，偶爾也適時地說「是的」或「原來如此」等附和的話，但由於是假裝的，因此你的熱忱不會顯現在臉上，那麼對方當然也不可能「談得很來勁」了。

大多數人討厭聽別人談話，而喜歡別人聽他說話，你既然要當一名優秀的推銷員，就必須好好磨煉自己成爲一個熱忱的傾聽者。

提高談話能力的六大要訣

如果你想提高自己的談話能力，請牢記下面的六大要訣：

1. **不要獨佔任何一次的談話**——我們經常在談話的場合中，發現有些人往往在他人說話的中途打岔搶話。這種霸王硬上弓的談話方式常會引起別人的反感。可歎的是，這類人常不自知而一犯再犯。

另外一種人是喜愛獨佔一場談話，他們憑著自己的辯才，口若懸河，搶盡了風頭。殊不知談話是有來有往的，一個雄辯滔滔的推銷員，雖是口才的巨人，卻是業績的侏儒。

精於話術的人，談話的能力其實很差，因爲他們只會「說」而不會「聽」。業績高的推銷員，大多沉默寡言，他們都是傾聽的高手，他們只在關鍵時刻才說一兩句。

2. **明確地聽出對方談話的重點**——與人談話時，最重要的一件事就是聽出對方話中的目的與重點。當你與別人談話時，如果對方正確地把握你話中含義，你心中一定快慰無比，那是因爲對方發現了你「偉大」的談話內容。所以，你如果要使對方也興奮異常，一定也要發現對方「偉大」的談話內容。此時，兩人心靈的交流已非

筆墨所能形容了。

3. **適時表達自己的意見**——談話必須你來我往，所以要在不打斷對方談話的原則下，適時地表達你的意見，這才是正確的談話方式。在一場談話裏，如果你從頭到尾都不發一言，場面反而會變得很怪異，使對方對你起疑心。因此，若無法適時把意見告訴對方，談話就變成獨白了。

4. **肯定對方的談話價值**——在談話時，即使是一個小小的價值，如果被人肯定的話，內心自然非常高興。當然對那位肯定價值的人，也連帶會產生好感。因而在交談之中，一定要用心去找出對方的價值，並肯定它，這是獲得對方好感的絕招。

5. **準備豐富的話題**——爲了使談話不至於出現冷場，並且增進情感的交流，你必須準備豐富的話題。記住！豐富的話題絕不可拿來向對方炫耀，否則對方會因此心生反感，你就得不償失了。你爲了準備豐富的話題，必須具備豐富的知識，這有賴你平日不斷的閱讀與進修。

6. **以全身說出內心的話**——光用嘴說話是難以造成氣勢的，所以必須以嘴、以手、以眼、以心靈去說話。換言之，必須動用全身所有的器官去說話，才能造成銳不可當的氣勢，融化對手，說服對方。

美國名教育家戴爾•卡耐基曾說：「對不誠實的人說話，等於對牛彈琴。」相同的道理，一個不誠實的人，說得天花亂墜也無法打動別人的心。因此，只有誠實地說出內心的話，才能打動人心。說服對方。縱使是一個拙於言詞的人，只要他的話是發自內心的，

留意對方的眼神「眼睛是心靈的窗戶」、「眉目傳情」、「眼睛比嘴巴更會說話」。

上述三句話，幾乎都已成爲人人皆知的陳詞濫調了，可是這些大家都能朗朗上口的話，到底有幾個人躬行實踐呢？我看少之又少

吧！

對推銷員而言，這三句話更具意義。每個推銷員在與準客戶交談時，有無注視對方的眼神，並依此眼神來琢磨自己的行動呢？有無正確地掌握對方眼神的變化，擬定下一個步驟呢？

準客戶的眼神是變化無窮的：

·當談話很投機時，眼神會閃閃發光。

·當他覺得索然無味時，眼神會呆滯黯然。

·當他三心二意時，眼神會飄忽不定。

·當他聽得不耐煩時，眼神會心不在焉。

·當他在沉思時，眼神會凝住不動。

·當他下某一決定時，眼神會顯出堅定不移。

還有，準客戶會隨著眼神的變化，談話跟著變化，例如，聲調的高低、快慢、語氣等。推銷員對這些變化要隨時觀察並掌握。當準客戶的目光炯炯，並以堅定不移的神色朝屋內叫著「快給我送一杯茶來啊！」這是推銷員必須好好把握的重要時刻。

準客戶的雙眼發亮，並突然喊送茶，這表示他的內心正在天人交戰，正在做重大的抉擇。當然，此一「抉擇」可能是接受我們，也可能是拒絕我們。不管準客戶要做何種抉擇，此時此刻他正站在十字路口上，我們絕不能袖手旁觀，必須有所行動。

我們必須在此一決定勝負的時刻，傾全力促使準客戶接受我們的意見。只有及時發現此一「促成簽約」的大好機會，並全力以赴贏得勝利的人，才有資格成爲一位偉大的推銷員。

2 讓你的聲音有魅力

推銷之神的傳世技巧

◆音調的高低也要妥善安排，借此引起對方的注意與興趣。

◆推銷員偶爾也會碰到風度翩翩、談吐不俗的人，這些人就是你學習的對象。注意他們的談話，記下他們的優點，多加琢磨，自會提升自己的水準。

怎麼說話才能使你的聲音充滿魅力呢？你至少要具備兩個基本條件：第一，要在乎自己說話的聲音。第二，每天不斷地練習自己說話的聲音。根據我累積了 50 年的推銷經驗，我認爲要發出有魅力的聲音，有下列七個訣竅：

1. **語調要低沉明朗**——明朗、低沉、愉快的語調最吸引人，所以語調偏高的人，應設法練習讓語調變得低沉一點，這樣才能發出迷人的聲音。

2. **咬字清楚、層次分明**——說話最怕咬字不清，層次不明，這麼一來，不但對方無法瞭解你的意思，而且會給別人帶來壓迫感。要糾正此項缺點，最好的方法就是練習大聲地朗誦，久而久之就會有效果。

3. **說話的快慢運用得宜**——當我們開車時，有低速、中速與高速，必須依實際路況的需要，做適當的調整。在說話時，也要依實際狀況的需要，調整快慢。另外，音調的高低也要妥善安排，借此引起對方的注意與興趣。任何一次的談話，抑揚頓挫，速度的變化與音調的高低，必須像一支交響樂團一樣，搭配得宜，才能成功地演奏出和諧動人的樂章。

4. 運用停頓的奧妙——「停頓」在交談中非常重要，但要運用得恰到好處，既不能太長，也不能太短，這需靠自己去揣摩。「停頓」可整理自己的思維、引起對方好奇、觀察對方的反應、促使對方回話、強迫對方下決定等功用，不能不妥善運用。

5. 聲音的大小要適中——在一個房間裏，如果音量太大，這一聲音就會成爲噪音了。而且聲音太大，非常刺耳，惹人討厭。相反，音量太小，使對方要身體前傾用心聽才聽得到的話，那也是不對的。正確的做法是，在兩人交談時，對方能夠清楚自然地聽到你的談話音量就行了。

6. 詞句須與表情互相配合——每一個字、每一詞句都有它的意義。平常我們說話時，都用詞句予以表達，如此而已。單用詞句表達你的意義是不夠的，必須加上你對每一詞句的感受，以及你的神情與姿態，你的談話才會生動感人。例如：歡喜、憤怒、哀傷、疲憊、熱心、平安等這些詞句，要如何加入你的感受與表情傳達給對方呢？這全靠長期的苦練了。

7. 措詞高雅，發音正確——一個人在交談時的措詞，有如他的儀錶與服飾，深深影響談話的效果。推銷員偶爾也會碰到風度翩翩、談吐不俗的人，這些人就是你學習的對象。注意他們的談話，記下他們的優點，多加琢磨，自會提升自己的水準。另外，對於那些較爲艱澀的字眼，發音要力求正確，因爲這無形中會表現出你的博學與教養。

以上是要說出有魅力的聲音的七個訣竅，下面我們舉出兩個用聲音說服準客戶的實例。

有一次，明治保險公司的一個推銷員被一家成衣公司挖走了。

企業界之間彼此挖角原是較爲常見的，不足爲奇，但這家成衣公司的總經理非常討厭保險，只要是保險推銷員來訪，他一概不接見。這麼一個討厭保險的人，居然挖走了自己公司的推銷員，這件事激起了我的好奇與鬥志，我決心要會會那位總經理。

首先我從各方面調查這位總經理。他是小諸的人，對同鄉會會務很熱心，有兄弟多人，其中還有當大學教授的。他最初在三越百貨公司服務，後來到大阪從事成衣批發的生意發財了，如今在北海道還有一個世界上規模最大的牧場。接著我到該公司的傳達室去打聽進一步的消息。

「請問總經理大約什麼時候來上班呢？」

「大約十點左右。」那位年輕貌美的傳達小姐很客氣地回答說。

我又順便打聽出他的座車號碼、顏色、車型等。

次日上午 10 點鐘，我又去該公司的大門前，等那部車開進來，有一個人從車上走出來。我判斷他大概就是總經理時，立刻用我的隱形照相機，偷偷地拍下他的照片。

回家後，立刻把照片衝洗出來。由於惟恐挑錯了人，因此我拿洗好的相片到傳達小姐處確認。

「小姐您好！前幾天打擾您了，有一張貴公司總經理的相片請您看一看。」

「哦！拍得很好，是您拍的嗎？」

「是啊！」

之所以要拿所拍的相片來確認，是怕萬一認錯了人，而自己又不知道，那後果就不堪設想了。既然核對無誤，我立刻決定燃起戰火。於是我問傳達小姐：「總經理目前是否在總經理室辦公呢？」

「不，他好像在外面的大辦公室裏。」

我早已調查得知，這位總經理很少在總經理室辦公，他平常喜歡脫掉西裝，與員工在外面的大辦公室一起工作。倘若不是我準備

充分，一時之間根本認不出那一位是總經理。他只穿著襯衫，與職員們忙成一團，整個辦公室生氣盎然，朝氣蓬勃。我輕鬆自然地從他的斜後方走過去，並且輕輕拍了一下他的肩膀。

「總經理，好久不見啦！」

他轉過頭詫異地說：「咦！我們在那裏見過面呢？」

「哎喲！貴人多健忘，就在同鄉會呀！我記得您是小諸的人，對不對啊？」

「不錯，我是小諸的人。」

一直到這個時候，我才掏出名片遞給總經理。

一開始，我就拉開嗓門說：

「總經理，我相信貴公司的員工，原先並非立志終身奉獻成衣業而到貴公司服務(這時我的聲音逐漸提高)，他們都因仰慕您的爲人，才到貴公司服務(說到這裏，我的音調更高。經過我的目測判斷，我的音調提高至此，全辦公室的人都可聽到我的談話了)。全體員工既然都懷抱對您的仰慕之情，您打算如何回報他們呢？(我慷慨激昂，忠言直諫)我認爲最重要的是您的健康，您必須永葆健康，才能領導員工衝鋒陷陣(說到這裏，我降低聲音)。如果您的身體壞到無法投保的話，您怎麼對得起愛戴您的員工呢？您喜歡或討厭保險，您要不要投保，那是次要的問題(到這裏，我又提高聲音)。現在最重要的是，您的健康是否毫無問題，您曾經去檢查過嗎？」

我一口氣說到這裏，想到運用「停頓」的妙方，於是突然打住。這時整個辦公室鴉雀無聲，都在等待總經理的回答。總經理顯得有點手足無措，隔了一會才說：「我沒有去檢查過。」

「那麼您應該抓住機會去檢查啊！機會必須自己去創造並好好把握，才是真正的機會。讓我爲您服務吧！我將帶著儀器專程來貴公司給您做身體檢查。」

總經理沉默了一會兒，我也悶不吭聲。

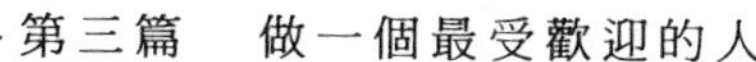

最後總經理說：「好吧！那就麻煩你了！」

就這樣，一位最不喜歡接待保險推銷員的總經理被我給攻下了。

3 話說一半的技巧

推銷之神的傳世技巧

◆談話時間太長的話，這樣不僅耽誤了其他準客戶訪問，最糟的是引起被訪者的反感。

◆按常情判斷，準客戶在收到一份厚禮之後，內心高興之餘。會期待他的來臨。

◆不要急於提保險之事，重要的是人與人之間的心靈交流微妙之處，我想業績就是從那個地方自然而然冒出來的。

爲了要有效地利用時間，你與準客戶的談話時間，短者兩三分鐘，最長不超過十分鐘。我的個性討厭繁瑣，而且每天排滿了預定要訪問的準客戶，所以非節省談話的時間不可。

我經常「話」講了一半，準客戶正來勁時，就藉故告辭了。「啊！真抱歉，有一件急事待辦，告辭了。」雖然這是相當不禮貌的行爲，但是故意賣個關子——「欲知後事如何，請待下回分解」。這樣常會有意想不到的效果。

對於這種「說」了就走的「連打帶跑的」戰術，準客戶的反應大都是：「哈！這個推銷員寶貴得很，話講一半就走了，真有意思。」等到下一次我再去訪問時，準客戶通常會說：「喂！你這個冒失鬼

呀！今天可別又有什麼急事吧！哈哈哈。」

他笑，我當然跟著他笑。於是我們的談話就在兩人齊聲歡笑中順利地展開了。其實，我那有什麼急事待辦，我是在耍招、裝忙、製造笑料以去除兩人間的隔閡，並博得對方的好感。談話時間太長的話，這樣不僅耽誤了其他準客戶的訪問，最糟的是引起被訪者的反感。當準客戶發現你嘮叨不停，常會不耐煩地下逐客令：「好了，我還有很多事要辦，你請便吧！」

雖然同樣是離去，一個主動告辭，給對方留下「有意思」的好印象；另一個被人趕走，給對方留下「囉嗦」的壞印象。差之毫釐，失之千里，至於推銷孰勝孰負，就不言而喻了。

要求準客戶請吃飯

這也許是我的一套獨特的辦法，因爲我天生冒失，而且也糾正不過來，所以我就把冒失的缺點另加「厚臉皮」，化缺點爲優點，獨創了一套推銷術。通常我的第二次訪問比第一次還規矩，把握「說了就走」的原則，找個有趣的話題或藉故忘了什麼事，講個幾分鐘就走了。問題的關鍵就在第三次的訪問。

「您好！我是原一平，前幾天打擾了。」

「哈哈，瞧你精神蠻好的，今天可沒又忘記什麼事了吧！」

「不會的，不過 M 先生，今天請我吃頓飯吧！」

「哈哈，你真是太天真了，進來吧！」

「既然厚著臉皮來了，很抱歉，我就不客氣啦！」

「哈哈！可別在吃飯時又想起忘了什麼急事了。」

「謝謝您，真是一頓豐盛的晚餐。」

我向準客戶道謝，告辭回家後，立刻寫一封誠懇的致謝函。另外還買一份厚禮，連同信一起寄出去。

或許有人會批評我的做法：厚著臉皮硬要準客戶請吃飯，這成何體統。可是太拘謹反而不好，「受人點滴，報以湧泉」，如果你吃了準客戶一千元，回報他二千元的禮物，不就行了嗎！

第三次訪問過後 20 天，我會在下午五點鐘左右，做第四次訪問。

「M 先生，您好啊！」

「嘿！老原，你的禮物收到了，真不好意思，讓你破費啦！對了，我剛鹵好一鍋牛肉，吃個便飯再走吧！」

「謝謝您的邀請，不巧今天另有要事在身，不方便再打擾您。」

「那麼客氣呀！嗯，喝杯茶的時間總有吧！」

總而言之，進退之間要把握得恰到好處，對準客戶的好意要有分寸，不可隨便。一旦太隨便，其害處與前述的囉嗦大致相同。

還有，我爲何選在送禮後的 20 天下午五點鐘前去訪問呢？這裏自然有其用意。按常情判斷，準客戶在收到一份厚禮之後，內心高興之餘，會期待他的來臨。可如果時間超過 20 天，對方期待的熱情會大減。

爲什麼要選在下午五點鐘，因爲那是一般家庭準備晚餐的時刻，也是我上次主動要求對方請吃飯的時刻，可重溫前次溫馨的氣氛。不過，這一次我卻婉言拒絕了準客戶的邀請。人與人之間的感情，就是在這種一進一退，日積月累之中逐漸建立起來的。

請記住，不要急於提保險之事爭重要的是人與人之間的心靈交流微妙之處，我想業績就是從那個地方自然而然冒出來的。

輪盤說話術

我之所以「說了就走」，除上述理由外，還有一項不爲人知的原因。我爲了應付各樣的準客戶，選定每星期六下午到圖書館苦讀。

我研修的範圍極廣，上至時事、文學、經濟，下至家庭電器、煙斗製造、木屐修理，幾乎無所不包。

由於我涉獵的範圍太廣，所以不論如何努力，總是博而不精，永遠趕不上任一方面的專家。既然永遠趕不上專家，因此我要求自己的談話要適可而止，就像要給病人動手術的外科醫師一樣，手術之前打個麻醉針，而我的談話也是麻醉一下對方就行了。因此就產生了「說了就走」的推銷話術。我們再進一步去分析，就算已做了充分的事前調查，但再高明的醫師難免診斷錯誤，何況是推銷員呢！所以必須直接多與準客戶談話，才能有深入正確的瞭解。

基於這個道理，除了「說了就走」外，又產生了一個獨創的「輪盤說話術」。什麼叫做「輪盤說話術」呢？顧名思義，在與準客戶談話時，你的話題就像那旋轉的輪盤一般，換個不停，直到準客戶對該話題發生興趣爲止。舉例來說，在與準客戶見面後，先談時事的問題；沒反應，立刻換嗜好問題（如果他有興趣，從眼神中可看出）；再沒反應，又換股票問題，如此更換不已。

我曾與一位對股票很有興趣的準客戶談到股市的近況。出乎意料，他反應冷淡，莫非他已把股票賣掉了嗎？我接著談到未來的熱門股，他眼睛發亮了。原來他賣掉股票，添購新屋，結果他對房地產的近況談得很起勁。最後我知道他正待機而動，準備在恰當的時機賣掉房子，買進未來的熱門股。

這場交談，前後才九分鐘。如果把我的談話錄起來重播的話，一定都是片片斷斷，有頭無尾。我就是用這種不斷更換話題的「輪盤說話術」，找尋出準客戶的興趣所在。等到發現準客戶趣味盎然，雙眼發亮時，我就藉故告辭了。

「哎呀！我忘了一件事，真抱歉，我改天再來。」我的突然離去，準客戶會以一臉的詫異表示他的意猶未盡。而我呢？既然已經搔到準客戶的癢處，已爲下次的訪問鋪好路了，此時不走，要待何

時，對不起，再見啦！

4 充滿挑釁的說話術

推銷之神的傳世技巧

◆在未能吸引準客戶的注意之前，推銷員都是被動的。這時候，不管你說破了嘴，還是對牛彈琴。

◆當對方越冷淡時，你就越以明朗、動人的笑聲對待他，這麼一來，你在氣勢上會居於優勢，容易擊倒對方。

我從來不用「拜託您，求求您」這一類的請求式話術。相反，對於比較孤傲或狂妄的準客戶，我經常採用「挑釁說話術」，以引起對方的注意與反應。

在剛開始從事壽險工作時，並沒有像現在擁有許多的準客戶，當時我血氣方剛、幹勁十足，急於求表現，但又不屑于向準客戶搖尾乞憐，在這種情況下，乃孕育出獨特的「挑釁說話術」。

例如：「您好粗心。」或「您就是要投保，公司也不會要您。」這一類的話，就屬於「挑釁說話術」。

讓我們看看下面這個實例。

有一次，我去拜訪一位個性孤傲的H先生。由於H先生個性古怪，所以儘管我已訪問了三次，並不斷地更換話題，可是H先生仍然毫無興趣，反應冷冰冰地。

到了第三次拜訪，我覺得有點不耐煩，所以講話速度快起來。H先生大概因爲我說得太快，沒聽清楚我在說些什麼。

他問道:「你說什麼?」

我回了一句:「您好粗心。」

H 先生本來臉對著牆,所到這一句之後,立刻轉回來,面對著我。

「什麼!你說我粗心,那你來拜訪我這位粗心的人幹什麼呢?」

「別生氣!別生氣!我只不過跟您開個玩笑罷了,千萬別當真!」

「我並沒有生氣,但是你罵我是傻瓜。」

「唉!我怎敢罵您是傻瓜呢!只因為你一直不理我,所以跟您開個玩笑,說您粗心而已。」

「伶牙俐齒,夠缺德的了。」

「哈哈哈!」

在未能吸引準客戶的注意之前,推銷員都是被動的。這時候,不管你說破了嘴,還是對牛彈琴。所以,應該設法刺激一下準客戶,以吸引對方的注意,然後取得談話的主動權之後,再進行下一個步驟。

挑釁的說話術固然容易使對方作出反應,然而對推銷員而言,這是較為冒險的一種推銷方法。除非你有十成的把握,否則最好不要輕易使用,因為運用挑釁說話術,稍有閃失就會弄巧成拙,傷害到對方的自尊心,導致全盤皆輸。

使用「挑釁說話術」時,一定要與「笑」密切配合,否則「挑釁說話術」就收不了場,最後「哈哈哈」就是「笑」的配合。

當對方越冷淡時,你就越以明朗、動人的笑聲對待他,這麼一來,你在氣勢上會居於優勢,容易擊倒對方。此外,「笑」是具有傳染性的,你的笑聲往往會感染對方跟著笑,最後兩個人笑成一團。只要兩人笑成一團,隔閡自然消除,那麼什麼事都好談啦!

5　客戶忙而不見怎麼辦

推銷之神的傳世技巧

◆推銷員與準客戶之間原來就有一道堵，如果違背了上述鐵律，只會在原有的一道牆上又築上另一道罷了，百害無一利。

◆一個成功的推銷員在遭遇挫折或失敗時。能夠永不認輸，屢僕屢起，咬住不放，堅持到最後勝利為止。

如果有人以為通往推銷員的王座之路，是由許多「成功」鋪成的，那就大錯特錯了。事實上，這條路是由無數「失敗」堆砌而成的。下面是有關著名的K公司已故T總經理的故事。

T 總經理每天清晨七點鐘就去上班，工作非常賣力。他也是一位大忙人，非但不易接近，連見到他一面都很困難。經過再三的斟酌，想不出什麼接近他的好計策，最後我只好用最根本的方法——直衝訪問。我心想：「眼下之計只好直衝訪問了，如果行不通，再另想辦法。」

我徑直趕赴K公司。

「您好，我是原一平，我想拜訪T總經理，麻煩您通報一下，只要幾分鐘就行了。」

秘書仔細端詳我之後，進去一會兒後又出來。

「很抱歉，我們總經理不在喲！」

從秘書的神情，我判斷總經理一定在裏面，無論如何，總不能

硬闖進去。

我只好說：「真不巧，請問您我什麼時候再來拜訪較恰當呢？」

「唔，這很難說，因爲我們總經理太忙了，我看這樣吧！你還是等他在的時候，打電話來問他好嗎？」

這是一種巧妙的拒絕，如果照這位秘書所說的打電話來約，其結果一定會被擋掉。而且這位秘書訓練有素，屬於最精明、最難纏那一類人，他連一點點的機會都不給我。

秘書兩句話就把我掃地出門，我垂頭喪氣地走出 K 公司。在 K 公司的大門旁邊有個車庫，有一部豪華的轎車停在裏面。

我問旁邊的警衛：「警衛先生，車庫裏那部轎車好漂亮啊！請問是 T 總經理的座車嗎？」

「是啊！」

「的確是一部好車子，但願你我早一天都能開那樣的好車子。」

「哈哈哈！」我和警衛齊聲大笑。

我大笑幾聲後就皮笑肉不笑了，因爲我一肚子火。總經理明明就在公司裏，秘書卻僞稱不在，而我竟然如此輕易就被打回票，實在太差了。和警衛打了招呼，走到車庫之前。

車庫有一扇網狀的鐵門，就在鐵門前面有一張紙屑。由於鐵門附近打掃得非常乾淨，所以那張紙屑看起來極爲礙眼。我順手撿起紙屑，靠著鐵門坐下來胡思亂想。我不知在鐵門前坐了多久，只覺得自己好像睡著了。正當此時，有人從車庫裏面突然用力推開我所靠的鐵門，對方可能不知道我坐在那裏，這一推之下，我翻了個大筋斗倒在堆上，手中還緊握那張紙屑。

「啊！真對不起，我不知道你坐在那裏。」

那個人立刻跑過來拉起我，並拍掉我身上的灰塵，而我似乎還睡夢未醒。

「請問這裏是 K 公司嗎？」

「是啊！這裏正是K公司。」

說時遲，那時快，當我回神過來時，那部豪華轎車已載著T總經理揚長而去。第二天清晨七點鐘，我再度拜訪K公司。我發現T總經理的那部轎車已經停在車庫裏，我立刻去見秘書。

「您好！我是原一平，昨天打擾您了，我要拜訪T總經理。」

「抱歉，我們總經理還沒到。」

「可是，總經理的座車已經停在車庫裏，他早就到了吧！」

「請您多多幫忙。」

「你不知道，總經理昨天搭另外一部車回去，所以他的確還沒到。」

這位秘書說謊不用打草稿，實在太厲害了。我明知他在說謊，但絕不可與他撕破臉，這是幹推銷的鐵律。推銷員與準客戶之間原來就有一道牆，如果違背了上述鐵律，只會在原有的一道牆上又築上另一道罷了，百害無一利。即使有一天這道牆被拆除了，還是會留下永難消除的疤痕，所以絕對不能違背。

我只得以退爲進說：「原來如此，請原諒我的莽撞。」

我決定採用「守株待兔」的戰術，於是兩眼盯住K公司的大門口，等待T總經理的出現。

我不知在大門口站了幾個小時，因爲怕T總經理乘隙溜走，我連午飯也沒去吃。目不轉睛地連續十小時守著一個地方，不吃不喝，個中的滋味實非筆墨所能形容。所幸我訓練有素，習以爲常了。K公司大門口前面有一條橫著的大馬路，所以車從公司開出來的話，必須在大門前停頓一下，等看清左右沒有來車之後，才加速前進。我已經計算好了，T總經理坐車停頓的一瞬間，是我行動的好時機。

在黃昏時刻，我所癡等的豪華轎車終於出現了。就在它停頓的那一刻，我一個箭步跳到轎車的踏板上（從前豪華汽車的車門下都有踏板），一手抓著車窗，另一手拿著名片。由於車晃動很厲害，名片

差一點就掉了。

「總經理您好！請原諒我魯莽的行爲，不過，我已經拜訪您好幾次了。每次您都在，可是秘書卻不讓我進去。在不得已的情況下。才用這種方式拜見您，請您原諒。」

T 總經理連忙叫司機停車。他說：「你不用冒那麼大的險。快進來坐吧！」總經理打開車門請我進去。

「我的工作實在很忙，如果每個來訪者都接見的話。就無法應付了，所以只能交待秘書僞稱不在；或用其他方法擋駕，這是不得不的做法。請你原諒。」結果 T 總經理不但接受我的訪問，還投了 5000 元的保險。

我這種天生「永不服輸』的牛脾氣養成了我的纏勁與拼勁，任何準客戶不到水落石出，絕不甘休。我曾經在一個準客戶門前，從早上 9 點等到晚上 11 點。整整站了 14 個小時，中餐與晚餐都沒吃，當然苦不堪言。爲了這件事，我不僅遭到妻子的指責，而且自己也扣心自問：難道非這麼做不行嗎？難道說不這麼做就沒飯吃了嗎？

經過再三思索，我發現那麼辛苦的工作，既不爲錢(我的錢已夠用了)也不爲吃飯問題(我現有的儲蓄夠我吃一輩子了)。我只能說：「因爲那是我的工作，我必須忠於工作。」一個成功的推銷員在遭遇挫折或失敗時，能夠永不認輸，屢僕屢起，咬住不放，堅持到最後勝利爲止。而毅力與耐力才是推銷員奪標的秘訣。

6　如何面對傲慢無禮的準客戶

推銷之神的傳世技巧

- ◆當你碰到傲慢可憎的準客戶時，一定不可躲避，要有一套相應的技巧與話術，然後借對方的反應，來改變彼此的態度。
- ◆如果你認為每一位成功者都只有成功的經驗，那就錯誤了；其實，沒有比成功者擁有更多的失敗經驗。

準客戶包羅萬象，各色各樣的人都有，有的人看起來和藹可親，有的人就傲慢可憎。一旦碰到傲慢可憎的準客戶，我常會有「噁心、作嘔」的感覺，而無法多待片刻。我常因此自我檢討，是否因爲自己好惡太強烈或修養不夠，才會產生那樣的感覺。不過經我廣泛的調查，好像每個推銷員都有相同的感覺。

可是，不論你的感覺如何，不管是可親或可憎的準客戶，你都必須去喜歡他，這是幹推銷的痛苦所在。爲了去喜歡傲慢可憎的準客戶，我設計出了一套推銷的技巧。

有一天，我去訪問某公司的總經理，根據我的調查，這位總經守理是個「傲慢自大」型的人，脾氣很大，沒什麼嗜好，偶爾會去打「高爾夫球，聽說在打高爾夫球時都旁若無人，傲慢自大。

這是最令推銷員頭痛的人物，不過對這一類人物，我倒是胸有成竹，所以懷著輕鬆的心情去拜訪。

我先向傳達小姐報名道姓：「您好！我是原一平，已經跟貴公

司的總經理約好了，麻煩您通報一聲。」

「好的，請等一下。」

接著，我被帶到總經理室，總經理正背著他坐在轉椅上看公事。有一會兒，他才轉過身，看了我一眼，又轉身看他的公事，一副愛理不理的樣子。

就在那一瞬間，我突然覺得有點反胃，想要吐。不知何故，我興起「噁心、作嘔」的感覺。

每次碰到這種場面，我的反應特別靈敏，但事後都覺得很羞愧。忽然我大聲地說：「總經理您好！我是原一平，今天打擾您了，我改天再來拜訪。」

我一面說著，一面從椅子上站起來。

總經理轉身愣住了。

「你說什麼？！」

「我告辭了，再見！」

我轉身向門口走去。

對方顯得有點驚惶失措。

「喂！你這個人怎麼回事，一來就走了，到底是來幹什麼的？」

「是這樣的，剛才我在傳達處聽小姐說總經理非常忙，所以我特地請求傳達小姐，那怕給我一分鐘也好，讓我拜見總經理並向您請安。如今任務已經完成，所以向您告辭，謝謝您，改天再來拜訪您，再見！」

走出總經理室，我早已急出了一身汗。雖然如此，我還是面帶笑容，向傳達小姐行禮致謝後，急忙走出那家公司。

與準客戶剛一見面，只留下名片就匆匆離去，這是一種很不禮貌的行爲。可是，這種舉動對「傲慢自大」型的準客戶常有出人意外的效果。

通常在匆匆告辭後幾天，我會硬著頭皮去做第二次的訪問。

「嘿！你又來啦，前幾天怎麼一來就走了呢？你這個人蠻有趣的。」

「啊！那一天打擾您了，我早就該再來拜訪……」

「請坐！請坐！不要客氣。」

因爲人的內心錯綜複雜，所以對事情的反應也是千奇百怪。由於我採用「一來就走」的妙招，準客戶前後二次的態度判若兩人。

不過，這只是突破第一關而已，第二次拜訪，就不像第一次那麼簡單了。

準客戶就是我們的一面鏡子，我們表情、姿勢與內心所想的，

都會原原本本地反映在這一面鏡子上。如果你不喜歡對方，對方也不會喜歡你；如果你討厭對方，對方會更加討厭你。

所以，在第一次拜訪匆匆跑回來之後，我重新研究、評估這位準客戶。我儘量去尋找對方令人喜歡之處，儘量去習慣他的一切，並跟他的長處說話。我先在內心以熱情待之，預料對方必會以熱誠回報自己。

大約在 25 年之前，我發現自己對準客戶「強烈的好惡」已經消失了，我想可能是自己的個性逐漸圓熟的緣故；也可能是比較少遇見傲慢型準客戶的緣故吧！

總而言之，當你碰到傲慢可憎的準客戶時，一定不可躲避，要有一套相應的技巧與話術，然後借對方的反應，來改變彼此的態度。一個能掌握先機、攻其不備的推銷員，才能引導對方，從中求勝。

下面是另外一個實例。

有一家銷售男性產品的公司，該公司經常在報紙雜誌上宣傳他們的「真空改良法」，可能有許多讀者熟知這家公司。

有一天，我的業務顧問把我介紹給該公司的總經理，我帶著顧問給我的介紹函，欣然前往。

可是，不論我什麼時候前去總經理的住處拜訪，總經理不是沒

回來，就是剛出去。每次開門的都是一個像似頤養天年的老人家。

老人家總是說：「總經理不在家，請你改天再來吧！」

「你們總經理是個大忙人，請問他每天早上什麼時候出門上班呢？」

「忽早忽晚，我也搞不清楚。」

不管我用什麼旁敲側擊的方法，都無法從那個老人口中打聽出任何消息，我心想：「真是一位守口如瓶的怪老頭。」

就這樣，在三年八個月的時間裏，我前前後後一共拜訪了該總經理 70 次，每次都撲空了。我很不甘心，只要能見那位總經理一面，縱使他當面大叫「我不需要保險」，也比像這樣──連一次面都沒見到，要好受些。

剛好有一天，同一位業務顧問把我介紹給附近的酒批發商 M 先生。

我在訪問 M 先生時，順便請教說：「請問您住在對面那幢房子的總經理，究竟長得什麼模樣呢？我在三年八個月裏，一共拜訪他 70 次，卻從未碰過一次面。」

「哈哈！你實在太粗心大意了，喏！那位正在掏水溝的老人家，就是你要找的總經理。」

「什麼！」

我大吃一驚，因爲 M 先生所指的人，正是那個每次對我說「總經理不在家，請你改天再來」的老人家。

我有一種被戲弄的感覺，馬上轉身衝去業務顧問處說：「上次您所介紹的那位總經理，請您取消。」

說完這句話，我立刻趕回原處。老人家仍持竹棍掏個不停。

「糟老頭子，竟敢耍我，哼！等著瞧吧！」

我雙手環抱胸前，靜靜地等他掏完水溝。

說來氣死人，原來一直守口如瓶的怪老頭，就是我要拜訪的總

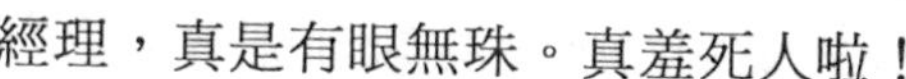

經理，真是有眼無珠。真羞死人啦！

掏水溝的工作還在進行。我點燃香煙，深深吸了幾口，心中那股怒氣逐漸平息下來，我心想：「你我之間總該有個了結吧！」

現在是自己與他比耐性的時刻，誰沉得住氣，誰能堅持久一點，誰就能贏得最後的勝利。

我很有耐性地點燃第二根香煙，並觀察那位老人──瘦巴巴的身上配上一副頑固的臉，我判斷他一定是位相當固執的人。像他這樣的人，一旦進行一件事之後，非至滿意絕不罷手，所以，縱然現在下雨了，他也不可能停止掏水溝的工作吧！

一直到了我抽完第二根煙，那位老人才直起腰，打個哈欠，收起那根長竹竿，從後門走進去。

我一連吸了兩口氣，發現自己激動的情緒已經平穩下來。於是，我走上前去，輕輕打開他家的前門。

「請問有人在嗎？」

「什麼事啊？」

應聲開門的還是那位老人家。他臉上一副不屑的樣子，意思就像「你這小鬼又來幹嗎！」

我倒是平靜地說：「您好！承蒙您一再地關照，我是明治保險的原一平，請問總經理在嗎？」

「唔！總經理嗎？很不巧，他今天一大早去T國民小學演講去了。」

老人家神色自若地又說了一次謊。

我這種矮個兒，如今派上了用場。由於我身材矮小，所以雙手正好在門口的床沿上。我握緊了拳頭，猛敲床沿一下。

「哼！你自己就是總經理，爲什麼要欺騙我呢？我已經來了71次了，難道你不知道我來訪的目的嗎？」

「誰不知道你是來推銷壽險的。」

「真是活見鬼了！向你這種一隻腳已進棺材的人推銷保險的話，會有今天的我嗎？再說，我們明治保險公司若是有你這麼瘦弱的客戶，豈能有今天的規模。」

「好小子！你說我沒資格投保，如果我能投保的話，你要怎麼辦？」

事情愈演愈烈，我發覺已經不在推銷保險，而是在爭吵了。既然已經騎在虎背上，我決定堅持到底。

「你一定沒資格投保。」

「你立刻帶我去體檢，小鬼頭啊！要是我有資格投保的話，我看你的保險飯也甭吃啦！」

「哼！單爲你一個人我不幹。如果你全公司與全家人都投保的話，我就打賭。」

「行！全家就全家，你快去帶醫生來。」

「既然說定了，我立刻去安排。」

爭論到此告一段落。

我判斷總經理有病，會被公司拒絕投保。所以，這場打賭我贏定了。

數日後，他安排了所有人員的體檢。結果除了總經理因肺病不能投保外，其他人都變成了我的保戶。這次的成交金額，打破了我自己所保持的最高記錄，而且新記錄的金額高達舊記錄的 5 倍之多。這件事使我深刻體會到，愈是難纏的準客戶，其潛在購買力愈強。

我雖然創了一個新的記錄，可是我也爲了這件事，深刻地反省。

只是由於不認識準客戶的相貌，竟然在三年八個月裏，白跑了 70 趟。可笑的是，已經與準客戶見過面了，卻還拚命地在尋找準客戶。

我認爲這是不應有的錯誤，因此做了下列四點改進：

1. 以後有人介紹準客戶時，必須向介紹者詢問準客戶的相貌、特徵，例如：臉孔是細長或圓形，眉毛的精細與濃淡，髮型與黑痣等。若無介紹者，務必找人問出準客戶的特徵。

2. 備妥隱形照相機，遇到可能是自己所要的對象時，立刻偷偷拍攝下來，但須請認識此對象之人確認相片。

3. 在準客戶卡上貼上相片，以便重覆溫習，加深印象。此外，經常看準客戶的相片，無形中會增進彼此的親密度。

4. 任何有接觸的準客戶，不管對方的反應如何，絕對不可半途而廢，有始無終，一定要堅持到底，在事情清澈明朗之後，做個了結。

在我 50 年的壽險生涯中，被準客戶以「我最討厭保險」來拒絕的情形，有如家常便飯。當然這並不限於保險業，任何行業的推銷員都有被拒絕的痛苦經驗。

其實，有經驗的推銷員都深知，拒絕是推銷的開始。由於我那種天生不服輸的倔強脾氣，當對方說「我不要」時，反而燃起他的鬥志──「那能不要，瞧我的」；相反，那些說好話的準客戶，倒比較難應付。

坦白說，我就靠這一股永不服輸的鬥志，創造了後來的局面。

一個沒有旺盛鬥志的人，絕不可能成爲一名傑出的推銷員。不過，要把鬥志納入正軌，使它開花結果，必須運用智慧與技巧，否則硬碰硬地橫衝直撞，只會撞得頭破血流而徒勞無功。

其實準客戶大聲說「我討厭保險」時，通常只是虛張聲勢而已。這時候因爲你輕易地撤退，準客戶一邊會沾沾自喜，一邊也會鬆懈下來。推銷員應乘對方鬆懈下來，毫無戒心之時，找出自己的機會點，迅速地出擊。

如果你認爲每一位成功者都只有成功的經驗，那就錯了；其實，沒有比成功者擁有更多的失敗經驗。成功者與失敗者最大的不

同，前者珍惜失敗的經驗，他們從失敗中吸取寶貴的教訓，百折不撓，鍥而不捨，終必能反敗爲勝；後者在遭遇失敗的打擊，即墜落痛苦的深淵中不能自拔，每天悶悶不樂，自怨自艾，直到自我毀滅爲止。

千萬要記住，未曾失敗過的人，一定也未曾成功過，要把失敗當做成功的墊腳石，失敗原來就是成功之母啊！

7 不要勉強客戶投保

推銷之神的傳世技巧

◆保險應由準客戶感覺需要後才去投保，如果未能使準客戶感到迫切需要，那說明你的努力不夠。

◆一旦收妥保費，不管你跟這位客戶的關係已經如何親密，都要拔腿就走。

保險應由準客戶感覺需要後才去投保，如果未能使準客戶感到迫切需要，那說明你的努力不夠。有一位準客戶曾告訴我：「老原啊！你我相交的時間不算短了，你也幫了我很多的忙，有一點我早就想問你了，你是保險推銷員，可是從未向我說明保險的詳細內容，這是什麼緣故呢？」

「這個問題嘛……哈哈哈。」

「喂！你爲何吞吞吐吐呢！難道說你對自己的保險工作一點也不關心嗎？」

「怎麼不關心呢！我就是爲了推銷保險才時常拜訪你啊！」

「既然如此，爲什麼從未向我說明保險的詳細內容呢？」

「坦白告訴您，那是因爲我不願強人所難，我從來不勉強別人投保，從保險的宗旨觀之，硬拉別人投保也是錯的。再說，我認爲保險應由準客戶感覺需要後才去投保，因此未能使您感到迫切需要，是我努力不夠所致，在這種情形下，我怎麼好意思開口強拉您投保呢！」

「嘿！你的想法很特別，真有意思。」

「所以我對每一位準客戶都不斷拜訪，一直到準客戶主動感到要投保爲止。」

「哈哈！其實我現在看到你的臉，就覺得非投保不可了呢！」

「不敢當，真謝謝您啦！」

「如果我現在要投保……」

「先別忙，如要投保先得做體檢，身體有毛病是不能投保的。要在身體檢查通過之後，不但我有義務向您說明保險的內容，而且你能詢問任何有關保險的問題。所以，請您先去做體檢。」

「哦！原來如此。」

「雖然目前各行各業競爭都很激烈，但我不願強迫準客戶。」

「我知道了，我這就去體檢。」

許多保險推銷員，在準客戶未做體檢之前，甚至尚未對準客戶做深入調查之前，就急著向對方談到了投保金額。讓我們看看下面這個例子。

「我想您投 500 萬元比較妥當。」這時候，準客戶對保險根本還一知半解，就被 500 萬元的大數目嚇呆了。

「什麼，500 萬元呀！這得付多少保險費呢？」

「差不多要付這個數目。」

「哎呀！這麼多我付不起啊！」

「不這麼多保障不夠呀！」

「我也知道愈多保障愈高，可是心有餘力不足啊！」

「我看這樣好啦！先投保 300 萬怎麼樣，等手頭寬裕時再增加保額。」

「不行！我只能投保 100 萬。」這麼一來，換推銷員緊張了。

「什麼，100 萬元，那絕對不夠的。」

「喂！你要搞清楚，是你付錢還是我呢？」如此你來我往，爭論不休，其結果通常是草草收場。客氣一點的準客戶會說：「我認爲保費還是太高了，我還得研究研究。」不客氣的準客戶乾脆一口回絕：「我負擔不起，過一段時間再說吧！」

一個很好的開始，爲什麼會弄成這麼糟糕的結果呢？問題出在我們只想到自己的業績，而沒考慮到準客戶的需要所致。事實上，推銷保險又不是在拍賣物品，怎麼能夠與準客戶討價還價呢！我的處理方式是，除非準客戶已經體檢通過，否則不提投保金額問題。因爲在準客戶體檢之前，根本上「投保」或「不投保」的問題都沒決定，怎能一下子跳到「投保金額」的問題上。

所以，每當有準客戶問我：「投保的金額要多少呢？我每個月要支付多少錢啊？」我會立刻把問題支開。「有關投保金額的問題以後再說。因爲您是否能投保，要到體檢後才能確定，所以目前最重要的問題，還是趕快去體檢。」

根據我幾十年的經驗，經過我如此回答之後，99%的準客戶不會再追問下去。有準客戶說我的處理方式，是一種「煙幕戰術」。其實，就稱它爲「煙幕戰術」亦無不可。在體檢之前，我認爲「關於投保金額的問題，您還沒有權利問我」的說法，是絕對正確的。等到體檢通過，就是決定投保金額的時刻，也是我收保費的時候。在與準客戶談妥投保金額之後，要立刻收保費，絕不可耽擱。原因何在呢？因爲體檢剛通過，證明自己身體健康，任何人心情都會比較愉快，這也是收保費的最好時機。萬一耽擱而時機消逝，可能會發生延期投保或降低保額等問題，千萬要留意。

一旦收妥保費，不管你跟這位客戶的關係已經如何親密，都要拔腿就走。道理何在呢？任何人在繳付一筆金額不少的保費之後，心中難免會產生錯綜複雜的情緒。說不定想想不妥，改變了主意。「我剛繳了保費，不過想想實在太多了，我想還是把保額降低到xx萬元，以後看時機再增加吧！」因爲你的逗留而招來這句話，就太冤枉了。無論如何，拔腿快走吧！

第四篇

四海皆成功的推銷法則

奧裏森· 馬登

奧裏森· 馬登　美國著名《成功》雜誌主編，其著作卷帙浩繁，充滿哲理，鼓舞人心，影響了幾代美國人的成長。他還專門為從事推銷的年輕人寫下了這本《無所不能的推銷法則》。

1 優秀的推銷員需要訓練

推銷之神的傳世技巧

◆有意識地為你的工作做好充分的準備將給你帶來無盡的樂趣。今天的口號就是效率。
◆準備不充分的人、消息不靈通的人和不知道自己的行動方向的人，都會被呈於一種非常不利的地位。
◆人的個性，特別是在人的青年時代，是具有可塑性的。

一個想進入歐柏林學院學習的學生問該校的校長，某些用一般的方法根本無法在短時間內掌握的課程他是不是可以通過捷徑在幾個月內就擷其精華。校長這樣回答到：「當創建者想把內容擠壓到一起時，他可以在 6 個月內創建起來，但當他想得到一個棟樹時，他會花費 100 年」。

某家大百貨公司的境外採購員是世界上報酬最高的僱員之一，在談及她在這個職位上獲得的報酬時，她更多地把它歸結於她為此而接受的全面訓練，而不是其他任何事情。把薪水和傭金加在一塊兒，她一年的收入高達 3 萬美元。談到她在這個公司的職位，該公司的一位高級官員對作者說：「我們更多地把布蘭克小姐看成是朋友，而不是僱員；她到我們公司剛好 20 年了，當時她還紮著辮子，用鞋帶繫著；她營養嚴重不良，穿得破破爛爛的，我們不得不趕緊找來我們的公司醫護人員，在讓她做收銀員之前，給她進行梳理和洗刷。如果沒有訓練，她很可能已經因不合格或者作為一個失敗者

而退回到貧民窟之中去了。而經過訓練，她已經成爲這個國家最有能力的商業女性之一。」

渺小的推銷員和偉大推銷員之間的比例幾乎是 1000：1；但是，如果你具有能推銷世界上任何一種產品的天賦，爲了使你成爲一個偉大的推銷員，你必須接受正確的訓練和擁有忠實工作的願望。有了這些成功的基礎，無論你是剛失業不久，還是一直都默默無聞，無論你走到那裏，無論世事多麼艱辛，你都會找到你的用武之地。

「推銷術」這個詞涵義非常廣泛，它涵蓋了很多領域。無論是一個靴子和鞋廠的駐外推銷員，還是保險代理人、經理、銀行家、經紀人，抑或是負責處理價值達數百萬美元的股票和債券的人都是「推銷員」，他們進行這種或者那種商品的交易——所有這些都構成了世界上有組織的龐大交易網路的一個部分。

在決定是否從事推銷或者任何其他職業時，有三個重要問題是必須考慮的，那就是：愛好、能力和訓練。從目前來看，第一個問題是最重要的，因爲無論什麼東西，只要我們愛好它，我們就會對它非常感興趣；如果我們真正對它非常感興趣，我們遲早會熱愛它，成功就是來自對我們自己工作的熱愛。

爲證明你能否成爲一個推銷員，你必須首先分析你的興趣和才能。然而，在這個問題上，必須牢記在心的是：人的個性，特別是在人的青年時代，是具有可塑性的。我們可能被別人塑造，也可以自我塑造。即使一個人天生沒有作爲推銷員的強烈愛好或明顯的才能，他也完全可以通過後天的學習獲得這些。特別是才能，就像愛好一樣，可以是天生的，也可能通過後天的學習獲得。通過適當的推銷技能的訓練，也就是讀一些有針對性的書、留心觀察並仔細聽取別人的意見，再加上適當的練習，我們就可以培養、提高我們的愛好和能力，從而成爲優秀的推銷員。

成功的推銷員必須具備的基本條件是：優雅的外在形象、有親和力的性格、禮貌、足智多謀、深入淺出的表達能力、誠實、堅定而不可動搖的自信、全面瞭解自己正在推銷的商品並對它充滿信心，以及達成協定的能力。真正友善的行爲必須通過智慧和隨時留意身邊有關的事物來進行強化。如果具備了這些素質，一個人是不愁成不了一個優秀的推銷員的——當誠摯和高尚的品格結合在一起的時候，他們在任何一種職業中都將無往而不勝。

這些作爲一個推銷員的基本條件是不可能在短時間內培養起來的。利用自己在學校裏的剩餘時間、休假期間和工作之餘來學習推銷藝術的青年人往往能取得良好的效果，從而在這個世界上取得成功，任何其他方式都不可能使之輕易地實現。

幸運屬於已經得到適當業務訓練的青年人。無論他的工作或者職業是什麼，這種訓練都將使他成爲一個更加有效率的工作者。有些青年人因有一個閱歷豐富的父親而可以從上輩人那裏獲得一些有價值的建議，也有一些人因早早進入了好的公司而獲益匪淺。因而，他們在成長的大部分時間都處於一種非常優越的環境之中，從而在成功訓練方面一直擁有一種別人無法企及的優勢。

很多人都認爲：幾乎每個人都可能成爲一個推銷員，而且推銷藝術不需要經過特殊的訓練。抱著這種假設，開始推銷商品的青年人很快就會發現自己錯了。如果推銷是你的職業的話，對它所要求的條件你就不能持這種膚淺的看法。你承受不起把自己的生活弄的一團糟的後果。如果做推銷員是一種無聊的職業，薪水很低而且前途渺茫，這樣的職業你可能會無法承受。如果推銷術能夠給你的生活帶來生機，還是值得進行非常認真、非常深刻和科學的準備和訓練的。

我認識一個內科醫師，他是一個非常優秀的人。他的專業知識是在一個小鄉村醫科學校學的，那裏物質條件極差，實際上根本沒有機會進入醫院實習。實際上，在他進入醫科學校學習之前，他所

獲得的醫學書本之外的經驗是嚴重不足的。自從他拿到醫學博士學位之後，他工作一直都很勤奮，而且已經過上相當好的生活，但他幾乎沒有機會在他的專業方面出名。他是一個很聰明的人，如果他是在波士頓的哈佛醫學院，或者是到其他的一個著名醫學院學習的話——這裏的醫院和診所有充足的物質條件進行研究，也有足夠的設備用來實習——那麼，除了從書本和報告中獲得的知識以外，他還可以在6個月裏學到比他在鄉村醫學院裏很長時間學到的東西都多。貧乏的訓練註定他只能取得非常普通的成績，如果他天生的能力得到全面訓練的話，或許他會成爲一個著名的內科醫生。

你必須適當的訓練，而不能只是作爲一個業餘愛好者來從事你一生中的工作。你希望成爲一個專家、一個有地位的人、一個被尊奉爲權威的人、一個在自己領域中的專門醫師。三心二意的準備和不充分的訓練就開始你一生的工作，就像一個人未經普通學校的學習，對數字都一竅不通，就進入實業界做生意一樣。無論一個人天生的能力有多強，他都有可能被別人利用的缺陷，他可能會受制於他的記賬員和其他的僱員，並受制於那些寡廉鮮恥的商人。如果他要彌補他早期訓練或教育貧乏的話，就必須付出更多的時間和精力。

要把東西推銷出去不但需要適當的特殊訓練，而且需要良好的教育和敏銳的洞察人性的能力，以及足夠的智謀、獨創能力和原創力。實際上，一個推銷員要想在他的領域裏取得成功，必須把他的智力品質和推銷藝術結合起來。然而，在推銷中，就像在其他的任何一種職業中一樣，對任何一個能力和智力一般的青年人進行訓練都可以使他成爲一個合格的人。推銷中的成功就像其他任何一種行業和職業中的成功一樣，不過是普通優點和一般能力的成功而已。就像在戰爭中一樣，在推銷中也有進攻和防禦。經過訓練的推銷員知道如何進行攻擊，在他受到攻擊時也知道如何進行防禦。

儘管不同的人對推銷員應該學習的東西的方式分類不同，但有一點他們的看法是一致的：要想成爲優秀的推銷員，必須學習和認識一些東西。例如，亞瑟・F・謝爾登先生在它的課程中把有關科學推銷的知識分成四個方面：推銷員、商品、顧客、銷售。

「紡織品經濟學家」開了些非常好的關於推銷的課程，他們在這些課程中採用的分類方法幾乎與此完全一樣，亦即：推銷員、商品、顧客、售後服務。

查理斯・L・胡夫先生又給推銷增加了一些有價值的數據，他列出了 5 個在推銷過程中應該考慮的因素：價格、品質、售後服務、友誼、贈與。

每一個推銷員實際上都是在給顧客講授關於商品的某些知識。也可以說，他是一個有重要作用的老師。或者，如果你願意的話，也可以把他看成「一個商業傳教士」。要講述得很好，他就應該具備以下這些有價值的品質：

・與顧客接觸的恰當方式。

・對自身、商品和條件的全面認識。

・面對現實的和想像中的競爭的能力。

・良好的習慣。

・極強的創新能力和計畫能力。

・行銷談話，或者某些值得說的東西。

・適當地表達感情，這將會加強他所說的那些東西的影響力。

在一本關於推銷的簡明教科書中，提到了一份名爲《體制》的商業雜誌，該雜誌著重詳細論述了 5 種購買動機的價值：金錢、實用、安全、自尊心、無所謂，或在所提供的商品與服務尙存的缺點面前的退卻。

如果一個推銷員能夠牢記這 5 點，而且能深刻領會它們所體現的人類品質，他就能做成任何一筆買賣。就像杜恩和布拉德斯特裏特給公司劃分等級一樣，現在人們用了很多重要的方法來劃分僱員

的等級。據羅傑・W・芭布森說，明尼阿波利斯市有一位霍爾納先生，他把推銷員分成若干個等級，並根據下面這些原則進行培訓：

工作習慣

理想主義。

智力：對商業的理解、根據申請者的年齡和條件選擇方案、自我修養。

積極向上。

保持樂觀。

一貫謙遜：對客戶、管理人員、同級代理。

每天談話的多少。

對工作的關注，工作效率、時間和精力的耗費。

忠誠：對公司、時組織、同級代理。

對舊政策堅持者的關注。

熱情。

應該考慮的最後一點，也是最重要的一點是：推銷員爲什麼會受到刁難？胡佛先生在他一本關於推銷的非常實用且有意義的書中，把顧客刁難的原因大體分成了 6 個方面。它們是：先前的不滿、一般性的偏見、購買者的心情、守舊性、不良交易、個人對推銷員的討厭。

推銷員應該認真分析顧客，以確定到底是這 6 種中的那一種原因導致了顧客的刁難，從而使他在業務上遭到了失敗。只有在他確定了產生困擾的確切因素，並以適當的方式克服它之後，他才能取得最初看來似乎絕對不可能的成功。

導致顧客刁難的這 6 種因素中的任何一種都不可能難倒高明的推銷員，但是平庸的或平凡的推銷員只要遇到其中的任何一種因素都一定會失敗的。如果他不提高自己在面對和克服這種刁難方面的能力，他是註定會失敗的，或者最終只能取得非常可憐的成績——這種成績根本不值的一提。

尊敬的推銷員，這些你一定要記住。發展你的智力，並把它用在值得用的地方。

2 留下良好的印象

推銷之神的傳世技巧

◆一個推銷員的個性是他最大的資本。

◆勇敢地前進，沉著地前進，有尊嚴地前進，誰能抵檔得住你!

◆沉著冷靜是一個推銷員不可或缺的品質。對於一個充滿自信的人來說，保持沉著冷靜是自然而然的事情；沒有自信是很難表現出尊嚴的，其他人也很難相信你。

不久前，一位華盛頓的政府官員來拜訪我，在他來到我的辦公室之前我就知道他是一個重要的人物，並肩負重要的任務。從他的外表可以看出他是一個自信的人，我也看得出來他是受到行政部門的支持的——在這裏，行政部門是指美國政府——他的外表顯示出的自信和他的行爲方式立刻引起了我對他的尊重和注意。

你在進入一位潛在的顧客的辦公室時給他留下的印象在很大程度上會直接決定你受到的待遇。留下一種良好的第一印象是非常必要的，否則，以後要改變你潛在顧客對你的評價，你就不得不付出更多寶貴的時間和精力，並遭遇許許多多尷尬的局面。因爲，除非你給他留下了美好的印象，否則他是不會和你做生意的。

有些推銷員在和他們潛在的顧客洽談時，往往會帶著歉意，其表情就像在奉承顧客一樣，比如，像「對不起，佔用您寶貴的時間」這樣的表情，他們這幅表情會給顧客一種印象：他們沒有什麼重要的事情，他們對自己缺乏自信，他們對自己所代表的公司或者他們正在推銷的商品沒有多少信心。

在接近潛在的顧客時，不要有任何疑慮和特別的奉承之詞，也不要表現得縮手縮腳、畏首畏尾的。就像那位華盛頓的政府官員進入我的辦公室一樣進入他的辦公室，就像一個上層人士會見另一個上層人士一樣。如果你也像他一樣，你就會受到注意，並立刻贏得尊重。

你的自我介紹是一個開端，是你成功的第一步。如果你開始能給人留下一種非常滿意的印象，你獲得成功的可能性就會大得多。這就要求你在奉承和過分勇敢之間選擇一種最好的方式。如果你在接近一個人時戴著帽子，嘴裏叼著雪茄或者香煙，或者手裏的香煙還冒著煙，呼吸時滿嘴酒氣，表現出身體的不適，大搖大擺，或者表現出缺乏起碼的尊重，所有這些表現都會讓你吃到苦頭的。如果你給人留下一種不好的印象：比如吵吵鬧鬧，或者缺乏尊嚴，你目光不是直視他，表現出懷疑，或者擔心，或者對自己缺乏信心，他可能馬上就會對你產生偏見。一旦他對你有了偏見，他就會對你所講的理由產生懷疑，進而以一種懷疑的態度對待你正在極力推銷的商品。

一位推銷員在進入一位商人的辦公室時嘴裏還叼著一根牙籤，你可能認爲這是微不足道的事情，但是這一開始就使這位潛在的顧客對他產生了嚴重的偏見，以至於使他很難得到展示其樣品的機會。我們所說的這位商人對各種行爲的細節是特別挑剔的，他就

是一個行爲堪稱典範的人。

我還認識一位推銷員，他給人留下的第一印象是最不合時宜的，因爲他沒有表現出一點點的自尊；他很羞怯，甚至有些病態的神經過敏，當遇到陌生人時，要過好幾分鐘他才能慢慢平靜下來。

在瞭解他的人看來，他是一個非常善良和非常可愛的人，但是在初次自我介紹時他卻表現不出這些優點。他是一個大學畢業生，他在班裏很受歡迎，表現特別突出，因此，在畢業典禮上他被推選爲他們班級的代表。然而，他在公開場合給人的印象卻是很糟糕的，這不能不說是一個巨大的失敗。他根本不適合作班級的代表。

沉著冷靜是一個推銷員不可或缺的品質。對於一個充滿自信的人來說，保持沉著冷靜是自然而然的事情，沒有自信是很難表現出尊嚴的，其他人也很難相信你。

你對自己的看法與一個潛在的顧客對你的看法在很大程度上是相互關聯的，因爲你會隨時向對方暗示你對自己的評價。如果你認爲你是一個五大三粗的人，你潛在的顧客也會在心目中對你產生這種印象。在接近一位潛在的顧客時，走路、說話和行動不但都要表現出你是一個自信的人，而且還要表現出你是一個相信並完全瞭解自己業務的人。當家裏有人生了病，請來內科醫生的時候，無論男主人有多麼強的能力，也無論母親和孩子受過多麼好的教育，除醫生以外的其他人都應該站在旁邊。他們應該知道醫生才是這種場合的主導者，只有他一個人知道應該做什麼，他們都應該尊重他的意見。每個人都應該毫無保留地遵循著他的指示。

你在接近一個潛在的客戶時，你的行爲方式應該體現出這種職業性的特點，表現出充分的自信，那是對你的能力、你的誠實和正直以及對你在業務知識方面的自信。單純職業性的自尊就可能幫助你留下美好的印象，並贏得別人的尊重。它至少可以保證你聽到禮貌的言詞，並使你有機會以一種巧妙的方式發揮你的作用。

一位在各地都有許多圖書代理的出版商，要求他的員工在給代理商開門時，應該給他們留下這樣的印象：他們是本公司期望見到並熱烈歡迎的。他告訴員工，如果正在下著雨，就幫代理商脫下雨衣；如果屋外面道路泥濘，或者沙塵四起，就幫代理商擦去鞋子上的汙跡，總之，要表現出期望他們到來的姿態。

也就是說，要給這位代理商留下良好的第一印象。如果公司的員工表現出對本公司能否被接受沒有把握，和對他們引起的諸多麻煩感到抱歉，並希望能得到幫助，他們實際上就是在向該代理商表達他們的不自信，從而也不可能得到該代理商的認可，更不要說如果遇到那些霸氣十足的顧客了。總之，要在心理上持一種積極、必勝的態度等，以及表現出希望傾聽意見的強烈願望，這將使你取得成功。

如果一個代理商在按響門鈴時表現得忐忑不安，內心對自己是否應該這樣做充滿了懷疑，並且開門時也表現得就像是偷走了某個人大量寶貴的時間一樣，似乎他根本沒有權力呆在這裏，那麼，在他開口講話之前，就可能已經蒙受了非常嚴重的損害。當他有機會解釋他的目的時，他很可能會發現門已經在他面前關上了。

你在拜訪一個潛在的顧客時，應該表現得就像一個好消息的遞送者，使人相信你會爲這個家庭帶來好消息。如果你能使他們對你推銷的東西產生興趣，這表明你正在給他們帶來實際利益。

無論你推銷的是什麼東西，是書籍還是鋼琴，五金器具還是紡織品，你的行爲方式都將在很大程度上決定你推銷的多寡。有些推銷員在接近潛在的顧客時，其表現似乎並不是希望得到訂單，而是希望不要被踢出去，至少是有禮貌地要求他們走開。

最近我到一位商人的辦公室，其時正好有一個帶有這種特徵的人走了進來，他臉上帶著羞怯的表情，走路鑷手鑷腳，那勁頭就好像是在說，「我知道我沒有權力來到這裏，但是我已經來了，請您賞

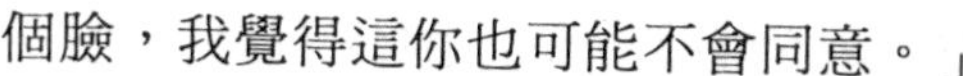

個臉，我覺得這你也可能不會同意。」

「我估計你今天可能沒有給我的訂單，是嗎？」他說。那個人當然會毫不猶豫地說：「是」。那位推銷員灰溜溜地走了出去，似乎來到商人的辦公室本身幾乎就是一個巨大的錯誤。

現在，幾乎每一個果斷的人都非常輕視這種自我貶低的態度，這種錯誤的自我退避，畏首畏尾、奉承、抱歉的態度，會使人失去尊嚴和能力。如果你在接近人們時，表現得就好像是期望被瑞上一腳一樣，你的期望可能會得到應驗。它可能以生硬的拒絕，冷落怠慢，或者禮貌地請你走開的形式出現，但是你的行為會讓你吃閉門羹這樣的結果卻是註定的。

如果你必須要和某個人接近，你就要在他面前表現出你的勇敢、魄力和果斷、不要在開始的時候就給他留下一種卑賤的印象，從而毀掉了你的目標。至少應該讓他認識到你是自重的、果斷的、而不是一個懦夫。即使他拒絕給你訂單，也要迫使他尊重你，因你高貴而剛健的外表而佩服你。沒有人會願意和一個他打心眼裏看不起的人做生意，但如果一個人能夠給人留下美好的印象的話，他至少可以獲得一個聽取意見的機會。

我們最近問過一個大公司的代表，他是如何與那些很少有推銷員能夠接近的人作成那麼多生意的。

「好，」他說，「我告訴你，有一個原因是我從不接近我看上去無權接近的人。我走進他的辦公室時不會攝手攝腳，也不會做出期望被踢出去或者被拒絕的表情。我會盡可能以最果斷和威嚴的方式，直接走到他面前，因為我深信我一定能夠給他留下良好的印象，這樣他就能夠愉快地記住我，即使是我不能得到他的訂單。結果，那些很難接近的人經常會把他們拒絕別人的那些業務給我，因為我不害怕接近他們，並且能夠很愉快地說出我想說的話，而無需裝腔作勢、奉承或者道歉。」

這個人說他在進入大多數高級的商人、銀行總裁、大金融家、鐵路公司的高級官員和其他「大公司」的代表的私人辦公室時，都沒有什麼困難，他們都是他最好的客戶。

總之，你的態度，你流露出的精神狀態以及你的個性，與你的推銷藝術都會有很大的關係。你給人的印象將成爲影響你推銷的一個非常重要的因素。

3 贏得友誼和獲得業務

推銷之神的傳世技巧

◆策略可以減輕震撼，融洽關係，打開別人無法打開的大門，打動別人無法打動的顧客和攻克別人無法攻克的難關。

◆無論你是否得到訂單，你都要給你潛在的顧客留下美好的印象，以便他對你有一個長久的回憶。

有位男士和他妻子到東部一個城市的一家大百貨公司去買枝形吊燈，這個愛發牢騷的男士堅持要看一個體現文藝復興時期古典藝術的枝形吊燈。他對售貨員說：「咳！一定要給我拿一個小的、能夠真正體現文藝復興時代古典藝術的，而且不要太昂貴的枝形吊燈。」這位售貨員馬上意識到他遇到了一個難以對付和固執己見的顧客。作爲一個非常機智的人，他知道他的任務首先是迎合顧客，然後再盡可能地判斷出他心中的固定看法到底是什麼樣的。通過對一般性問題的誠懇交談，這位售貨員使這個人平靜了下來，又通過一系列巧妙的問題，他終於準確地判斷出了這位顧客想要的枝形吊燈。他因讓一位顧客明確地說出了自己想要的物品而感到高興。對這個售貨員來說，這樣做更容易滿足顧客的要求。

要把這個人爭取過來，並滿足他的想法僅有策略是不夠的。

策略是成功的助推器，一個人如果要想贏得友誼和獲得業務，策略的作用是無法估量的。優秀的商人往往把策略看成他成功訣竅中最重要的一個，其他三個是：熱情、關於商品的知識和裝飾。

我認識一個人，他的工作是為一家雜誌促銷，他用一種非常巧妙的方式迎合其他人，一般平均每 10 個人中他能夠爭取到 9 個訂閱者。在你認識到以前，他可能已經用非常策略的方法把你爭取過去了，對你來說，拒絕你不想要的東西甚至比接受它還困難。

策略能夠使你通過哨兵、大門和護欄，進入神聖的私人處所，這是無策略的人永遠也無法進入的地方。使用策略可以得到聽取意見的機會，而單憑天才卻不能做到這些；依靠才能被拒絕時，使用策略則可能被接受；沒有策略，單靠能力也不能得到聽取意見的機會。

「八仙過海，各顯神通」，無論一個人多麼古怪、特殊或者怪癖，一個有足夠策略的人仍然有可能選擇一個適當的時候接近他。

這樣的奇蹟創造者是如何看待策略的呢？

策略通常被定義為「根據周圍環境的需要，或者為了適應周圍的環境，在說話或行動中所表現出來的特殊技巧」；「緊要時刻激發起所有精神力量的能力」；「它是迅速、堅定、良好的準備狀態、和善和熟練等各種特點的結合」。韋氏大詞典對策略的解釋是「善於處理對方的感情；敏感地判斷並做出在當時條件下最合適的舉動」。

在處理顧客感情的過程中，有策略的人就可以取得令人矚目的成效。理解他的情緒和願望，把他放在一個平等的位置上，設身處地地為他考慮，這樣他就能「敏銳地意識到在一種環境中最好應該

怎麼做，並做出得體的舉動。」

培養一種有策略的行爲方式一個最好的辦法是，設身處地地爲你潛在的顧客考慮，然後爲他做在同樣的情況下你希望別人爲你做的一些事情。

你可能非常繁忙，深受大量事情的困擾；你可能缺少資金；你手頭的巨額支票也許就要到期了；你的業務可能很蕭條；你可能遇到了很多問題；你可能由於家庭的煩惱而帶著沮喪的心情來到辦公室；儘管你看起來好像很健康，但你的身體狀況可能並不好；或許，昨天被各種各樣的干擾弄得支離破碎；你在上午就已決定今天一定要幹得漂亮一些，希望自己不要受到拜訪者的干擾；或許，你不喜歡討論業務問題；你心中可能有很多讓你感到困惑的、難以解決的問題；今天上午放到你桌子上的業務報告可能絲毫不能使人感到振奮。

實際上，你覺得「心情煩躁」，希望整天不遇到任何人。當推銷員到來的時候，你可能渴望有一點屬於自己的時間來認真思考自己的事情。你可能不想見到他，並盡一切努力擺脫他，儘管他很可能有一些你喜歡的東西，但在那個特殊時刻，你確實不希望見到他。

你會問自己：「這個人爲什麼不能在另外一個時間來呢？」與你本來的意願相反，你可能會說：好吧，讓他進來。」你可能心懷不滿、脾氣暴躁，甚至不願意熱情地歡迎他，只是咆哮似的喊道「上午好。」

那個推銷員坐下了，你在心理上與他完全對立，根本不願意看到他，也不願和他談話。每個人都對推銷員抱有一種排斥情緒，人們經常喜歡給他們設置一些障礙。你不但沒有讓訪問你的人感到輕鬆自然，反而讓他更不自在了。即使能夠提供某些方便，你可能也不會做出讓步。你的這種做法，使他爲贏得你的好感而歷經周折。

有策略的人立刻就能看出你的情緒狀態，知道擺在自己面前的是一場艱苦鬥爭，必須一點一點地爭取你。他在顧客面前會一直保持著一種愉快的心理狀態。無論他感到多麼煩惱，也無論他上午收到的關於他生病的妻子的信給他帶來多麼不幸的消息，或者孩子躺在床上，幾乎接近了死亡之門，他都不能表現出一絲煩惱的跡象。

推銷員可能也和其顧客一樣不幸，處於困境之中，甚至比顧客處境更糟，但他不得不掩飾自己的感情，必須不惜代價地取得成功。

有策略的推銷員是「八面玲瓏的人」。他並不是不誠實或無誠意，而是能夠理解不同的性格、不同的脾氣、不同的心境，並能夠迅速調整自己，應付各種情況。他對潛在顧客保持著一種感情，也明瞭他內心的態度。例如，他知道在一個潛在的顧客表現出煩惱的時候，推銷員應該退出來，以後再來拜訪，否則他將給自己造成極大的危害，以至於下一次他再提出這個令人厭煩的建議時，又會讓這位顧客想起上次那段不快的經歷，如果出現這種情況，他可能會拒絕見你。

最近有一個朋友給我講了他的一段經歷。他說：「如果一個推銷員不瞭解我的業務，他就是在浪費他的寶貴時間，因爲他在試圖向我推銷一些我確實不想要的物品。」他說：「這個人沒有清楚地認識到他並沒有給我留下深刻的印象，因此他也沒有能力說服我。儘管我曾數次拿出我的手錶，非常煩躁地在椅子旁邊轉了幾圈，不斷地整理著桌子上的信函，向這位推銷員做出各種讓他走開的暗示和建議，但他仍在試圖推銷他的商品。他唯一可取的品質就是鍥而不捨」

現在，不合時宜的鍥而不捨就是缺乏策略，對此，沒有什麼值得讚揚的。你應該能夠從你潛在顧客的眼神中看出你是否已經真的讓他感興趣了。如果你沒有做到這一點，你就不能使他相信他需要你推銷的東西。

贏得一個潛在顧客的信任，給他留下一個美好的印象，打開他

的心扉，就像向一個女孩求愛一樣。你不能聲色俱厲地威脅，也不能隨心所食慾或顯得氣急敗壞。只有溫文爾雅、富有吸引力，而且有策略的方法才能贏得成功。你的任何失誤都可能永遠地把大門關閉，這時任何東西都於事無補，這實際上就是吸引力和信任的問題。在他被說服之前，任何一個頭腦清醒的人都不會購買，策略是世界上最有影響力的說服者。

策略絕不是進攻性的，它往往是一種安慰物，可以減少懷疑，讓人更加平和。使人心情愉悅，它是非常有價值的，它看上去是花言巧語，但還是誠實的。沒有策略的推銷員往往會無意中在自己前進的道路上放置一些絆腳石。他們經常會「把自己的腳撞在上面」。在鍥而不捨已變得不合時宜時，他們仍然堅持不動搖。他們可能會說出一些不受歡迎的話，或做出一些不受歡迎的暗示。他們不是對人性深有研究的好學生，他們會發表一些拙劣的評論，對有不同成見、不同年齡和不同傾向的人都說同樣的話。換句話說，他們沒有策略，實際上一直是在使自己走向失敗，並犯一些會使他們失去業務的大錯誤。

有人說：「好的幽默幾乎總是策略運用的一部分，可以減輕工作的壓力。我們時常會被一種非常巧妙的方式說服，去做我們後來發現是正確也是最好的事情，也因此情不自禁地感到高興。」在運用策略時不需要欺騙，只需要進行正常的、能最有效地使一個猶豫不決的人產生興趣的說服工作。

一個公立學校的教師因一位 8 歲的愛爾蘭小學生的惡作劇而責備了他。當這位老師說「我看見你了，傑爾」時，這個小孩並沒有準備承認錯誤，他迅速地回答說：「是的，我告訴他們沒有什麼能夠逃過你那雙烏黑美麗的眼睛。」這個小孩的天才會使他成爲一個很好的推銷員。我們不知道這是否平息了老師的憤怒，但這肯定表現出了一種迅速做出判斷並處理事態發展的能力。

下面這段文字是從一個商人發給他的顧客的信中摘錄出來的，這充分體現了精明的商業策略：「歡迎您就以前與我們的交易中存在的不滿提出意見，我們將迅速採取補救措施。」

我們應該認真考慮一下由於推銷員缺乏策略而被大公司趕走的那些富有的顧客。一個成功的商人最近和我談到他在紐約城最大的服裝商店買衣服的經歷。他說：「接待我的售貨員向我展示了各種顏色和款式不同的衣服，他沒有用任何一種特殊的衣服吸引我的注意，他轉移了我的注意力，做出一種漠不關心的姿態，似乎對我買與不買都不關心。過了大約一個小時，我帶著厭惡的情緒離開了這個地方。我在心裏想商店裏有數千件衣服，一個好的銷售員肯定能賣一件給我。」我來到另外一家商店。此後，購物對我來說就成爲了對推銷藝術的研究，研究不同的銷售員是如何應付顧客的。另外一個地方的銷售員一開始就贏得了我的信任，他只是向我展示了 3 件衣服，用其中比較特殊的一件引起我的興趣，向我說明我應該買那件的理由，用了 18 分鐘我就付款買了衣服，現在我還很願意穿著那件衣服。」

這表明，除非由一個盡責的、有策略的銷售員來推銷，否則，即使是品質最好的商品也不得不重新放回貨架。

實際上，每一個大公司經常會碰到某些難以說服的顧客，他們心中充滿了懷疑，難以和他們達成一致，也難以交往，但他們的光顧本身就是很有價值的，如果銷售員能夠應付這種難以對付的顧客，能夠使他們高興，並使他們成爲公司的朋友而不是敵人，任何一個僱主都會爲擁有這樣的銷售員而感到自豪。

必須記住，推銷藝術的真正檢驗是應付難以對付的顧客，大多數人是不知道什麼是他們最應該買的。沒有銷售員的幫助，他們根本無法自己做出決定。

許多女人在購物時總是在大商場中轉來轉去，或許，連要買什麼都沒有一點想法，這已經成爲她們的一種確定的習慣。對她們中的一些人來說，優柔寡斷或許已經成爲她們的習慣了。在決定買下自己需要的東西之前，她們可能會在商店裏轉上幾個星期的時間。在她們經過盡可能長時間的拖延買下自己期望已久的物品之後，她們非常擔心會遇到一些更廉價、更符合其需要的商品。如果她們想買一雙鞋子、一件衣服、一頂帽子，或其他某種物品，購買之前她們可能會到城裏所有商店去轉一轉、看一看，就像她們所說的「逛街」。

我認識一個在一家大商店工作的非常聰明的女售貨員，她驚人的技巧和策略使她可以接近這些「觀望者」或者「購物者」，並把她們轉變成顧客。她開始時會問，是否已經有人爲這位小姐提供服務？這位小姐需要她提供那些服務？於是，這位小姐就面帶微笑，用悅耳的聲音開始了與她的談話，在這位習慣性的「觀望者」發現問題時，她已經成爲一名購物者了。

知道在恰當的時間應該做什麼、應該說什麼是比金錢資本的價值要高出 1000 倍的資本，因爲一個擁有不同尋常的策略的人可以在身無分文的情況下開始自己的事業，而且可能會比擁有大量財富但沒有策略的人取得更大的成功。今天，在這個國家有多少人把她們的成功和財富更多地歸因於對策略的掌握，而不是能力呢？策略所起到的作用幾乎可以遠遠地超過能力。

一個一直和一幫朋友一起釣魚的人變得非常生氣，因爲當其他人都捕到帶有斑點的鯉魚時，他卻什麼也沒釣到。過了一會兒，他發現魚鉤上沒有魚餌。他可能一直在那裏釣魚，但從沒有釣到過。

很多毫無策略的人在生活中可能會一直拖著空空釣魚鉤，他們不知道爲什麼魚兒都不上鉤，他們不知道如何調整自己以適應周圍的環境，他們是與環境不相適應的人，他們似乎適合更粗糙的環境，好像很偶然地就陷入了完全與他們不適應的環境中了。

沒有策略的推銷員是不稱職的，他必須要麼學會如何恰當地在他的魚鉤上裝上魚餌，要麼就去從事另外某種更適合他的工作。

4 如何發揮暗示的作用

推銷之神的傳世技巧

◆影響或者勸說人們購買你推銷的東西的能力，是一種需要培養的藝術。

◆推銷就是向其他人出售他需要但是不知道的東西的一門藝術。

我曾在華盛頓聽說有這樣一個傳教士，他在對他的會眾講話時非常富有煽動性和說服力，以至於所有人都被他的情緒完全感染，達到高潮時，即使是一個知識非常淵博的人也會成爲他狂熱的支持者。

心理學的簡單研究表明，必須通過接近和獲取偏離中心的資訊，來激起意志活動。我們通過感覺引起注意，通過智力來增加興趣，通過感情來把興趣轉變成強烈的意願，最後做出決定，把意願轉化爲行動。當然，不會有絕對的分界線，也不會有建築學意義上明顯的發展步驟。而且，真正的推銷員應該是能夠非常好地意識到顧客心理的不同發展階段的，他應該能夠非常輕鬆自然地引導著顧客從一個階段走向另一個階段。《商業思想家》一書的作者在該書中強調了這一點在推銷中的重要性，他寫道：「不經過最初的 3 個步驟——引起注意、產生興趣、形成願望，而期望你潛在的顧客做出

你所期盼的決定，就像是期望水從低處嚮往高處流一樣不合情理。」

一場交易就是一個心理過程，在很大程度上取決於精神上的暗示的品質和強度，以及讓可能的購買者在心裏產生的信任。

當暗示是審慎的，而不是華而不實的、傲慢的、粗魯的干擾者的催眠辦法時，它是可以恰當地用於推銷行爲之中的。暗示應該是「誠實的，而且要有很好的針對性」。它應該對顧客的心理起到幫助作用，並激起他們的信任。給顧客進行暗示的目的「不是戰勝或者消除一個人的意願，而應僅僅是引導或者影響它」。催眠術本身包含著對人的意願的清除，它「完全排除了客觀的心理」。每一個推銷員都應該學習心理學。他應該能夠理解他潛在的顧客行爲中所體現的心理活動規律，以便讀懂他的心理活動。

個性很大程度上是由暗示組成的，生命在很大程度上以它爲基礎。推銷幾乎就是所有暗示過程的努力。

推銷員應時時牢記這一偉大的真理──「最偉大的藝術是隱藏藝術」。

就其本質而言，如果得到恰當的運用，暗示是非常微妙的。

能夠非常熟練地暗示的推銷員，能夠影響顧客的心理，而不會讓對方感到自己正在被施加任何影響。他引導顧客買下某種商品，其方式與教皇暗示的教化人們應該採取的方式是一樣的：

「應該像教育人們不要做什麼一樣來教育人們必須做什麼，不知道的東西就當成被忘記的東西提出來。」

要讓顧客覺得是他自己在買東西，而不是你向他推銷東西。

門斯特伯格教授在一篇關於推銷心理的文章中說：「如果顧客清楚地知道自己需要什麼，並且已經做出自己的決定，就不需要再提出任何暗示。」讓事情順其自然的發展就好了。就像下面的例子一樣，不合時宜、無益的暗示可能會破壞一個交易。

有一個農民曾經到城裏去買自動割捆機，他看到一種割捆機，感到非常滿意，準備買下它。這時，推銷員說：「告訴你，這種割捆機從未給我們帶來麻煩。」這個農民不會找一種可能會給他帶來那怕是一丁點麻煩的割捆機。他自己的割捆機給他帶來了麻煩，那個暗示把他嚇走了。他走開後，從一個說「我們對這種割捆機非常滿意」的推銷員那裏買了一台。

在紐約一家商業公司的辦公室裏，有一幅裝裱起來的標語，它表明了非常有效的暗示的目的。這家公司正在做紙張業務，自然，它們希望給所有的購買者留下好的印象，使他們注意到使用品質優良的紙張的好處。我確信，這就是標語向顧客提出的暗示，購買品質優良的紙張是明智的：「一個印刷商最近表達了這一事實：『印刷本身對紙張不能有任何提高，但有一點是可以肯定的，好的紙張可以大大提高印刷的外觀價值。』」

推銷中的心理學實際上不過是優秀的商人、傑出的推銷員一直在運用的原則的一個新的名字而已。外交、策略、熱情、友善的習慣以及對暗示的信任——所有這些構成了商業心理學的一個非常重要的部分。

5 幫助顧客下決策

推銷之神的傳世技巧

- ◆滿意的顧客是永久的面對面的廣告。
- ◆幫助你的顧客買東西，不要僅僅向它出售東西。
- ◆對商店裏的售貨員來說，他們與走上街頭的推銷員具有同樣的、甚至更強的能力，這是事實。

一個商人，在利物浦發了大財，當問及他如何發財的時候，他回答到:「通過買賣一種商品獲得成功，在這一過程中任何人都可能會與其他人買賣令人高興的東西──禮貌。」

這種與自身相同的「商品交易」已經成爲巴黎著名的波一馬奇公司成功的基礎。這家著名的公司要求所有店員對人們，無論他們是不是顧客，都要表現出對他們可能的關心。在巴黎的陌生人會被邀請參觀波一馬奇公司，他們一進入商店，就有能夠說他們的語言的那些人來提供服務，帶領他們參觀這個公司，他們可能會受到各方面可能的注意，而不會向他們施加任何細微的影響，以使他們購買某些東西。類似這種殷勤的舉動也表現在許多美國公司當中。

人們非常看重的服務我們是沒有責任不提供的。每個人都知道，推銷員對待顧客的態度至少應該是端正的，但是，周到的服務、足夠的真誠和友善、精神上施惠、樂於助人的意願、在試圖提供盡可能的服務時表現出的耐心和作用等等，這些都是顧客特別看重的和把顧客與某一家公司連接在一起的東西。

無論你是一個旅行推銷員，還是一個站在櫃檯後面賣東西的售貨員，有益的、由感情支配的而不是由理性或者僅僅是慣例支配的殷勤舉動，比任何其他的東西對你的成功起到的作用都大。

讓顧客發生一個大的轉變已經成為許多職業的轉捩點。任何事情都不會像一個僱員殷勤的舉動那樣能夠給僱主留下深刻的印象，他非常深入地迎合了顧客的心理，使自己受到他們的喜愛，以至於他們總是希望找到他，等待著買他的東西，即使對他們自己來說非常不方便。每一個僱主都知道一個能夠吸引生意的店員的價值是一個可能趕走生意的店員的價值的10倍。

據說，在約翰・沃納梅克開始經商時，他第一年給一個推銷員的月薪是1300美元，這等於他其餘的所有資金的數額。他這樣做是因為這個推銷員令人愉快的個性以及他吸引交易、使顧客高興並能抓住顧客心理，使他們再次光顧的能力。

我認識一個人，他已經建立起一家大公司，這很大程度上是因為他一直在不斷地努力為他的顧客提供服務，使他們節省開支，或者幫助他們購買他沒有帶的東西。

現在，我們的大商業公司非常注重使顧客滿意、施惠於他們並以各種可能的方式迎合他們對舒適的追求。它們當中的許多公司裝備了等候室，配備有文具、服務員，甚至還配備了有音樂和其他的娛樂方式的閱覽室。

任何地方，殷勤的舉動和禮貌的言行都會有額外的獎賞。他們在僱傭僱員時會把這些作為一種基本的能力考慮進去。大的商業公司發現，如果沒有殷勤的舉動，要想進行大規模的交易是不可能的，為確保所有的部門都能僱到非常和善、非常樂於助人的僱員，他們互相之間要進行競爭。他們把僱員看成是在業務中代表他們的大使。他們知道，人們無法承受令人不愉快的、漠不關心的店員給他們的利益造成的危害。他們知道，建立一個很有吸引力的商店，為

他們的商品做廣告並展示它們，盡可能地把顧客吸引過來，而被不稱職的、令人反感的店員給推開，這是非常不值得的。

許多年輕人開始經商時似乎認爲價格和品質是進入競爭的唯一的因素。爲什麼顧客湧向一個商店而不光顧他們在途中經過的一打顧客稀少的商店，對此，可能還會有一打其他的原因。很多人根本沒學會依靠自己的判斷購物，他們不相信自己的判斷，但他們相信給他們提供服務的店員。一個熟悉自己業務的店員能夠以非常細緻的方式，通過提出暗示、運用他對商品、品質、結構及其耐用性的瞭解，爲顧客提供很大的幫助。

在一個商店中，店員的殷勤、親切的舉動可能會吸引成千上萬的顧客，使他們路過自己的競爭對手的店門時而不入，那裏的店員不是那麼親切、殷勤，或者不是那麼願意提供幫助。所有的人都很看重殷勤的舉動和樂於助人的性格，個人的興趣可能會在吸引和抓住顧客方面發揮很大的作用。我們中的大多數人都願意不怕麻煩，去光顧那些表現出樂於助人的、能給我們提供真正服務的那些商店。

對商店裏的售貨員來說，他們與走上街頭的推銷員具有同樣的、甚至更強的能力，這是事實。

一個非常有名的推銷員的「幫助你的顧客買東西，不要僅僅向它推銷東西」這句座右銘是每一個推銷員都應該採納的。要把自己放在顧客的位置上，利用你所知道的、他確實需要的知識幫助他；把同情、友善和有益的幫助與你的推銷活動結合起來；你可以給他提供許多有價值的暗示。你一直在遊蕩，並不時地接觸一些新思想，從另外一個商人的角度給他提供一些暗示。

精明、進步的推銷員，能夠在不削弱顧客信任的情況下，通過不斷向他們傳遞有關自己的競爭對手的最新消息，包括他們在做什麼、最新的思想以及新的和原創性的方法等，給顧客提供極大的幫助。你可能知道一些新奇的、有吸引力的辦法，可以用來吸引公眾、展示商品和管理商店的櫥窗，或者通過地方性獨特廣告來接觸公眾。要盡你所能，給你的顧客提出暗示。你可能會發現，從很多方面看，他是一個優秀的商人，但卻嚴重缺乏你能夠幫助他補充的東西。如果他意識到你一直在試圖幫助他，你每次到訪都會給他提出一些好的暗示，你的競爭對手就很難從他人那裏得到訂單。人們會尊重一個給他提出有益暗示的人。

例如，我認識的一個爲一家餐具和五金器具公司跑推銷的推銷員，他專門不斷地向顧客傳遞關於如何在櫥窗以最佳的方式展示商品的資訊。他一直在追蹤自己業內的最新思想和最新方法，並把它們的好處帶給顧客。如果他們發現他們中的那一個人正在陷入舊的規則之中，或者他們沒有好的商業制度，在不冒犯他們的情況下，他會非常策略地建議他們選購某種新的器具，它可以節省開支，簡化商業辦法，提供關於檔案櫥櫃的新思想，或者建議他們選擇另外某種可以省力省時、一旦他們選用就能夠給他們帶來便利的器具。通過這種友善、不冒昧的方式，這個推銷員用鋼鐵般的紐帶把顧客和自己聯結在一起了，其他任何推銷員都不可能有機會向他們展示任何東西，把他們從他那裏拉走。他已經爲他的公司引來大量的顧客，那些與之競爭的公司正試圖給他一些條件，爭取他爲他們公司效力。

沒有得到任何報酬的額外服務在幫助這個人贏得和保持顧客方面發揮的作用，比他爲獲得薪水而作的例行服務所起的作用要大得多。這種額外的服務對遠離大的貿易中心的商人意味著什麼，他們對此是有充分的認識的，他們願意與有益的、最新的推銷員保持聯繫。

我認識一個非常成功的人，他特別擔心他的公司會落入陳套，以至於他的標準會逐步損壞他與周圍環境的密切關係，因此，他幾乎每時每刻都會邀請朋友來仔細檢查他的公司，以充分利用他們新

鮮的印象、他們的批評和建議。

推銷員應該時時記住，他是有機會獲得大量新的、進步的思想的，而這正是那些被限定在他們的工作之中，或者沒有時間出去轉轉的顧客不可能知道的，他通過給他們傳遞最新的消息，可以讓他們還有自己，得到更好的服務。旅行中的推銷員也是旅行中的商業教師。

我知道，沒有任何一種品質能夠像樂於助人的精神，能像願意為他們提供有益的服務、幫助購買者那樣，對一個推銷員起到這麼大的幫助。

大的投機公司認識到，照顧他們的顧客的利益，以任何可能的方式幫助顧客，也是對他們自己有利的。比如，在制做廣告方面給他們提出有吸引力的建議，對他們的商品的最佳擺放，提出新的看法，在其他重要問題上給他們提出建議等。

很多大公司還從財政上幫助他們的顧客。漢丁堡先生，馬歇爾•菲爾德公司著名的信用調查員，因幫助顧客而出名，特別是當顧客在財政上遇到困難的時候，他經常幫助他們獲得抵押和貸款，而且會很快地給他的公司的顧客弄到個人貸款。當然，這種事情只有信用調查員才能做成，然而，推銷員可能會把這個話題引向他們，從而減輕顧客的困難。

不久前，一家大公司經理對我說，他用自己的財產幫助一個顧客獲得一個 30 萬美元的抵押，而按照嚴格的商業規範，這位顧客在銀行是不可能得到這些的。很多小公司，特別是在西方，已經開始把與自己進行交易的經營小額批發或者大規模批發的公司看成真正的朋友，一旦他們在資金問題上遇到緊急情況，這些小公司就會首先向他們尋求幫助。

成百上千的西方公司，把他們今天的繁榮歸因於小額批發公司的幫助，這種幫助使他們度過了困難時期。當他們不能得到他們純粹商業活動所需要的現金時，通過一個推銷員的努力他們就能獲得大公司的幫助，這樣，他們也就成了這個大公司活生生的顧客和永久性的廣告，在任何時候他們都可能爲它說好話。

批發和零售推銷員有很多種完成他們交易的簡單辦法。有些個人利益雖不太重要，但仍要牢記於心，它們對你的交易有著重要的影響，這幾乎是用不著考慮的事實。

要注意做出承諾的語言。要努力避免做出你不能兌現的承諾。例如，在你熱情地幫助顧客的時候，不要承諾提供近乎不可能或者對你的公司來說非常困難的交貨服務。否則，你會因而傷害你自己、你的顧客和你的公司。要樂於提供幫助，但一般要利用常識判斷你能否兌現。你的顧客可能會忘記你給他說過的許多事情，但是，他不會忘記你是如何花費時間和精力向他展示可能對他真正有利的東西的；也不會忘記你給他提供新思想、向他表明他怎樣才可以變得更加現代的努力；他也不會忘記你向他就其他進步人士如何處理他們自己的業務而做出的解釋。使人高興和提供服務的無私努力能夠給一個男人或者一個女人留下更加美好的印象，其他任何東西都無法與之比擬，而社會對能夠努力這樣做的推銷員或各種僱員的需求是不斷增長的。他們擁有商品並能夠傳遞它們，貪婪的人也會這樣做，但是商品的傳遞在現今社會已經發生了很大變化；今天，世界得以發展的藝術在很大程度上就是讓人興的藝術。

6 應對顧客的拒絕

推銷之神的傳世技巧

◆反對就是做出決定的行為。你必須對自己的說服能力有信心，如果你有一套理論的話，你應該能夠把它們付諸於實踐的檢驗。

◆不要過多地用你的腿去遊說——要用你的大腦。

◆總的看來，抵制僅僅是藉口。在絕大多數情況下，它們並不是顧客不買的真正理由。因此，不要太把顧客的抵制當回事兒。

推銷員遇到的抵制有兩種——正當的和不正當的。當然，克服正當的抵制是不可能的。如果推銷員試圖克服它們的話，那將是錯誤的。對他來說，重要的是承認它們是正當的，尊重潛在的顧客做出的決定。

然而，表面上看起來似乎正當的抵制，往往又只是藉口。一定不要把藉口看成真正的抵制。不要非常直接地告訴一個顧客，說他只是在尋找藉口，或者是不願意做出明確的回答，而是要把關於推銷的話題轉移到有點不同的問題上，以使他認識到他所堅持的立場是沒有理由的。

對付像——「這些商品不符合我們的需要」,「價格過高」，或者「我們現在沒有錢買這些」，這樣的拒絕並不是一件容易的事。但在一些情況下，這種抵制可能不是正當的，往往只是拒絕購買的藉口。這時是推銷員必須展示他的說服和勸說能力的時候，他應該明確地向他的顧客說明，乍一想，這些好像是正當的抵制，但實際上，只要他稍加考慮這些看法和理由，他就會發現他是應該買的。

無疑，在這一點上引起的麻煩比應該出現的要多得多，因爲推銷員不可能逐步地把顧客的心理狀態引導到使他忘掉所有抵制的程度。抵制、挑剔和尋找缺點是人的本性，推銷員必須準備應付真正的或者正當的抵制和不真實的或者不合理的抵制。首先，他必須提前準備清楚而合乎邏輯地回答許多非常普通的抵制，這些抵制都是與他的商品聯繫在一起的。

年長的、經驗更加豐富的推銷員和銷售經理，通常會爲一般可能做出的抵制想出最有效的應對措施。年輕而缺乏經驗的推銷員應當向他們徵求意見。如果可能，他必須一開始就要爲在他推銷過程中聽說的 10 種最一般的抵制，準備好恰當的應對措施。

美國一個最成功的人壽保險公司經理，對於這種非常普通的抵制，已經爲他的員工準備了一個標準答案，以此來滿足正在努力推銷人壽保險的推銷員的需要──「我正在考慮讓我的妻子也參與這件事」。

推銷員應該學會使用不抵抗法則，說：「這是一個非常好的主意，布萊克先生。這是個很重要的問題，你當然應該讓你的妻子表達看法；但是請允許我向你提出如下建議，在與你的妻子討論這件事情之前，你最好事先讓我們的醫生給你檢查一下，以保證你能通過體檢，因爲，如果你告訴你的妻子你準備參加入壽保險，而你卻未能通過這個體檢的話，只要她還活著，她就會非常擔心你。」這個潛在的顧客幾乎總是會說：「是的，你對此的看法是正確的，我應該採取那種預防措施。」不用說，在醫生進行了體檢之後，結束交易十有八九是非常容易的。然而，如果先在家裏討論這個問題，出

現這樣的結局則是不大可能的，或者是非常困難的，因為在推銷員還沒有出現之前抵制就已經出現了。

有人說，你不應該違反不抵抗法，否則可能有顧客抵制的風險。一般而言，這邏輯是正確的，但是，就像所有的規律都有例外一樣，當然也會有某些人，他們不喜歡模棱兩可，或者認為「要麼接受，要麼拒絕的」態度是最有效的。

任何地方都有著各種各樣的人、情緒和時機，只有很好地瞭解人的本質，並全面地估量一個顧客，才能使推銷員得到他所追求的東西；還有一些情況，即使是最老練的推銷員一也至少會遇到暫時性的失敗。

只要與你潛在的顧客說上幾句話，你就能很準確地對他做出評價。你要很好地研究你所面臨的對象，直至引起他的興趣，改變他的思想，消除他對任何推銷東西的人、特別是對你的天生的偏見，你看，你面臨的任務是多麼艱巨。在這種情況下，相遇的兩種人之間有一種天生的屏障，要打破這種屏障，在很大程度上取決於你，你的談話，你展示的人性。你要展示自己最好的、有吸引力的、受歡迎的、崇高的一面，無論你能不能逐步地引導你的潛在顧客，你要把他的抵制變成漠不關心，把漠不關心變成感興趣，再把他的興趣變成期望擁有你所推銷的商品。

不要像吵架一樣地和顧客爭論，除非你必須與他據理力爭以證明他是錯誤的。但是，不要讓顧客感到「很卑賤」，或者有羞辱感，也不要因反對而惹惱了他，特別是不要在你業務範圍以外的問題上惹惱了他。

我記得，一個推銷員在間接提到政治形勢的時候，他實際上已經與顧客簽訂了一個大訂單。他談到了政治形勢，潛在的顧客站起來，憤怒得直跳，以至於差點兒就拒絕與他簽訂單。

現在，這個推銷員不會在顧客面前談論政治了，或者向潛在顧客表明他在任何公開問題上都是站在錯誤的一方了。他的任務是推銷自己的商品，而不是談論政治。無論發生了什麼事情，一定不要驚惶失措，在任何情況下都不要表現出憎恨或失望，或者讓自己捲入一場爭論之中。尋找機會結束你們的談話，而且你說出的話要給人一種非常誠懇的印象。否則，當你再來時，他們一旦想起你令人不快的經歷，就可能把你堵在外面了。

有的銷售經理認爲，沒有太大的必要去注意這些抵制。他們說，最好是讓推銷員熟悉自己的商品，對顧客表現出熱情，這樣，他就可以提前避免所有的抵制，或者駁回它們從而征服它們。這也就意味著如果抵制出現的話，他將不會努力去應對它們，他不會去說或者去做，好像壓根兒就沒這回事兒。這種態度中包含著一些正確的思想，但我認爲，推銷員應該對自己有更多的信心，對許多突發情況應該有更好的準備，如果他已經經過全面的訓練，用好的、適當的答案應付最普通的抵制就非常容易了。

通過降價在潛在的顧客心目中形成偏見是世界上最容易的事情。他會認爲你這樣做是爲了得到他的第一個訂單，下一次你還會這樣做，他將會完全用「他的眼光」來觀察你。他敏銳的感受能力中保持著警惕，準備抓住你任何不夠謹慎的話，找出矛盾，估量你的言語中的不可能性。換句話說，他在努力從你的陳述中找出漏洞』努力抵制一個新的推銷員，並試圖用抵制來擊倒他，這是人的本性，不要在開始時就因降價而破壞了你的信譽。

記住，總的看來，抵制僅僅是藉口，在絕大多數情況下，它們並不是顧客不買的真正理由。因此，不要太把顧客的抵制當回事兒。要知道如何令人滿意地回答它們，但千萬不要誇大它們的重要性。

7 當你遇到挫折的時候

推銷之神的傳世技巧

◆一個人如果學會了始終讓自己的大腦充滿積極、進取、樂觀、愉快和有希望的想法，那麼他就已經解決了人生的一大奧秘。

◆精神的力量是巨大的，無論是好是壞。一個人一旦失去了勇氣，也就失去了理解力，從而也就開始走下坡路了。

一個學會了控制自己、從而也掌握了成功秘訣的年輕推銷從銷售第一線寫來信說：

「昨天事事看上去都在和我作對，無論到那裏，似乎總是不斷。儘管我已盡了全力，但是失敗還是接踵而至，直到今天晚上晚些時候情況還是這樣。那時，我還沒收到一份訂單，但是我已下定決心，如果今天不做成一樁漂亮的生意，我決不回我住宿的地方。正是這個決定拯救了這一天，因爲在我 9 點鐘回家之前，得到了 15 張訂單。如果我當時洩氣了，我會對自己說：『那有用？今天已經過去了，最好還是回家吧，不要著急，盡力而爲吧。』但是我說：『不，年輕人，若不把今天的工作幹好了，晚上你不能睡覺。』」

「好多次，這樣的決定都拯救了我，要不然，那幾次我會表現得很糟糕。我剛才還下定決心，不管有什麼樣的誘惑，也不管會遇到什麼令人沮喪的事，在夜幕降臨之前，我都必須克服之，否則，一晚上我都不會睡覺。我發現這樣的決定常常能帶來成功。」

潛在的顧客能感覺到推銷者的這種決心所產生的影響，我們的情緒，不管是沮喪還是激昂，都是會輻射的。我們是怎麼想的，和我們打交道的人是感覺得到的，因此，當我們與人打交道時我們都要力求避免表現出盛氣淩人，或者趾高氣揚。

有一個取得過非凡成就的推銷員說，他曾一度因丟掉了他的職位而萎靡不振，但是他很快就重新站了起來，並因此取得了他的第一個大成就。後來他又得到了一個新職位，他說，在第一天早上出門的時候，他腦子裏一直回蕩著一個詞──「決心」。他決定得不到訂單決不回家，他決心要讓那一天成爲他人生中值得紀念的日子，向他的新東家展示他的才能，和說服他潛在的顧客。那一天，他在和每個人打交道的時候，腦子裏充滿了必勝的信念。

「後來有人告訴我，」他說，「我用我的真心誠意征服了他，用我的決心贏得了他。」

精神的力量是巨大的，無論是好是壞。一個人一旦失去了勇氣，也就失去了理解力，從而也就開始走下坡路了。由於各種事情，他的精力似乎在下降，正如他所預料的那樣，事事都和他過不去。在思想上，他老是把自己和各種有關不幸、貧窮和失敗的思想潮流聯繫在一起。他總是碰得到那些事情，因爲失敗招致失敗、沮喪引起更大的沮喪、貧窮產生更深的貧窮是一條規律。對一個推銷員來說，氣餒是致命的，因爲一個人一旦灰心喪氣，事事只想到失敗，他就會失去力量和魅力；在他的體內，沒有什麼東西能讓他打起精神；他不僅會失去自信，而且會失去同伴對他的信心。你會發現，一個滿腦子沮喪、悲觀和失敗情緒的人，幾乎是不可能推銷出一件東西的。

要控制我們的情緒，就必須化沮喪、消沉爲激昂和希望，而要做到這一點，只要發揮一點點意志的力量就夠了。

我們都知道，一個有痙攣毛病的小孩僅僅因爲缺乏毅力就能使

痙攣加劇。他越是自我憐憫，就叫喊得越是厲害，一直到神智徹底混亂和變得歇斯底里爲止。

當心情灰暗沮喪的時候，無論是男人還是女人都會變得像孩子一樣。面對考驗，我們會開始退縮。然後，我們的思維會變得越加遲鈍，直到我們智力全部消失殆盡。在開始感到灰心喪氣的時候，通過完全扭轉我們的思維方向來避免繼續消沉下去並不十分困難。自憐只會使我們更加消沉。相反，正確的做法應該是扯掉我們想像中的黑旗、討厭的畫面和憂鬱的念頭，把它們從我們的頭腦中徹底清除出去，讓陽光和歡樂、平和和愉悅住進來，它們將迅速驅走陰暗和沮喪；只要我們願意給它們留出空間，它們就會完全像它們的對立面那樣隨時進入我們的大腦，並和我們共存。

當你感到心灰意冷和意志消沉的時候，當你因生意不景氣而開始擔心會賣不出一件東西的時候，你可以找個沒人的地方自言自語，借此來自我調節一下。如果沒有這個條件，那麼就讓自己安靜一下或者在腦子裏自我反思一下。但是，自言自語的調節方式一般來說更有效，因爲通過嘴巴說出來的話比僅僅在腦子裏想的或者只在大腦裏過了一遍的話留下的印象更深。

只要你的腦子裏充滿好的、愉快的和積極向上的想法，你就會發現，你的情緒將隨著你的心理迅速發生轉變。經過短時間的自我暗示性調節，你會爲你見解的徹底轉變驚訝不已。我們如何能自我暗示，有愉快、奮進和樂觀的想法代替憂傷、陰鬱和沮喪的想法來使我們自己振奮起來是一件令人驚奇的事。

有一些人在平時十分冷靜，但是一旦喪失勇氣或者患上「憂鬱症」，一貫清晰、活躍和穩定的思維突然中斷了，因而出現了混亂、偏差和猶豫，他們就會做出最愚蠢的事情。

沮喪會影響判斷。無論你在什麼時候看到一個在任何領域都能取得成功的人，記住他通常都把自己想像成一個成功人士；他的心理和能量造就了他的成功；他在他那個社區裏的形象來自於他對生活、對朋友、對工作和對自己的態度。最重要的是，這是他自信和他內心自我設想的結果，以及他對自己力量和可能性估計的結果。

自我貶抑是患上「憂鬱症」的人共有的特徵之一。我們絕大多數人都沒有充分利用樂觀想法和自我暗示來自我激勵。

如果你是一個很容易受壞情緒左右的人，就請直接投入到事情的洪流中去吧！不僅要對你身邊發生的事真正感興趣，而且要積極投身其中。多多與周圍的人保持往來，保持高興和愉快的心態，使自己對他人感興趣。不要只考慮自己，走出你封閉的心，我滿懷熱情地參與家庭計畫或者別人組織的跟你有關的活動，或者真誠地體會一下你和別人的快樂。

相反的感情所釋放出來的力量對心理有著很大的影響，擺脫壞情緒的目的是為了用好情緒取代它們在我們觀念中的位置，並從而把它們從我們的觀念中驅除出去。我認識一位女士，她也經常感到鬱鬱不安，但是每當她感到心情不佳的時候，她就強迫自己唱一些歡快、高興的歌曲和在鋼琴上彈幾支輕鬆活潑、振奮人心的曲子，從而擺脫「憂鬱症」的困擾。

你要相信你有能力征服鎮定和快樂的敵人，你也繼承了人類所有的優點，不要讓任何人或任何事動搖了你的這種信念。

如果我們接受過有關大腦反應的心理學的適當訓練，我們就能像換衣服一樣迅速改變我們的心理狀態。然而，兩種對立的想法或感情在同一瞬間無法並存這一個簡單的事實給我們揭示了整個問題的關鍵。每一個心智健全的人都能控制和駕馭自己的心理，他可以選擇自己的想法，好的積極的想法能夠抵消壞的消極的想法，這需要時時把折磨我們、剝奪我們自然權利、成功和快樂的想法的解毒劑保留在大腦裏。

8 面對拒絕

推銷之神的傳世技巧

◆你性格中的每一處弱點、每一個不利的特點和每一種不良的習性都會成為你推銷的絆腳石和你成功的攔路虎。

◆付推銷員來說，過敏是一個巨大的障礙。一個人如果不能笑對不愉快的事，或者不能對付粗暴、愛吵鬧、性子急或者說話尖酸刻薄的顧客，那麼他在推銷這一行中是找不到位置的。

承認失敗的人只是一時失敗，不要自認爲你是一個弱者。

沒有成功氣質的人是一個儒夫，因爲他不知道他能贏；他不知道他的力量，因爲他從來沒想到過它會給他帶來勝利，因而也就從來沒有充分檢驗過它。

前不久，一家大保險公司的經理問我，能不能推薦一本書，教會一個因遭人直接拒絕而萎靡不振的推銷員獲取毅力。

他寫道：「我們公司有一個舉止優雅、受過良好教育、並且智商很高的僱員，我們已教會了他在業務方面的種種技巧，爲了能使他成爲一個優秀的推銷員，我們已盡了我們的最大努力，但是，他沒能獲得我們相信他應該獲得的成功。他的弱點是，當對方直截了當地表明他對人身保險沒有興趣時，他就無法把談話繼續下去了。他說，有好多次在這種情況下他都說不出一句話，他的喉嚨都幹了。從上面的描述你也許已經看出，這個人缺乏的是勇氣。但是，我們不相信這會是事實，因爲從他以前的記錄得不出這樣的結論。」

面對拒絕，你會如何使場面維持下去？你會喪失勇氣嗎？你的興致會蹤影全無嗎？此時此地你會被擊垮嗎？或者它只會激起你更大的決心？它是使你奮起直面反對意見，鼓起你的勇氣，還是使你偃旗息鼓？

蘇格拉底說過：「如果萬能之神右手拿著已經取得的成功，左手拿著成功所需的不懈的奮鬥要我選擇的話，我將選擇左手。」只有經過奮鬥，經過勇敢地面對和克服障礙，我們才能發現自己和增強我們的力量。

有一個成功的生意人告訴我，在他漫長的商業生涯中，他所取得的每一次成功都是努力打拼的結果，因此現在他實際上很害怕輕易得來的成果。一他認爲，不通過奮鬥就能獲得有價值的東西，此中必定有問題。通過拼搏達到成功，克服障礙，給他帶來了無窮的快樂。對他來說，困難是興奮劑，他喜歡做困難的事，因爲它可以檢驗他的力量和能力。他不喜歡做容易的事，因爲它不能給他帶來興奮和快樂，這一切只有在勝利之後才能感覺得到。

有些人的本性在他們遭遇反對或失敗之前是永遠也表現不出來和發現不了它們真正的力量的。他們的潛力在他們體內埋藏得如此之深，以至於一般的刺激都不能把它激發出來。但是，當他們遇到困難，遭到嘲弄、「痛斥」，或者受到侮辱和指責的時候，一股新的力量似乎就在他們體內產生了，借此他們能做成在此之前看上去似乎絕無可能的事情。

無論什麼時候，只要我們懷揣的動機、所面臨的緊急事態和所肩負的責任要求發揮我們的潛質，令我們吃驚的潛能就會迸發出來。臉皮薄、感情脆弱的推銷員往往遭到第一次拒絕或挫折就洩氣了。

給了顧客說「不」的機會是不幸的，但是不要讓一個「不」字

把你擊垮了。記住：這是對你的一次考驗，如果你堅守陣地，不露懼色，別人的拒絕就會使你本性中最優秀的一面顯露出來。無論什麼時候你遭到別人的拒絕，就想一想像拿破崙和格蘭特這樣的人，他們都是從反對和拒絕中崛起的英雄。

要找到能應付各種對抗行爲的推銷員並不是一件容易的事。但是，他們是必需的，要說服這種人是不容易的──他們能對各種反對意見進行不屈不撓的鬥爭。脆弱的推銷員在遭受挫折後會選擇退卻，有勇氣和毅力的人卻只會再接再厲。他不會讓一兩次拒絕就把自己擊垮了。有一些推銷員是如此的脆弱，以至於在個性突出的顧客面前連自己的個性也丟掉了，他三言兩語就可以把它駁倒，還在對手猛攻之前他們就已經倒下了。他們會說：「是的，我估計你大概是對的，布蘭克先生。我以前並不這麼認爲，但是我想你瞭解得最清楚。」他們不能堅持自己的立場，捍衛自己的觀點，因爲他們給了對方左右他們思維和用更突出的個性抑制他們的個性的機會。

我認識兩個推銷員，他們分別來自兩個不同的公司，但推銷的產品和活動的區域是一樣的。一年下來，其中一個比另一個賣出的東西要多 3-4 倍。在出發時，其中一個人滿懷著希望和決心，後來，因爲他出色的推銷能力，理所當然地獲得了豐厚的報酬。另一個人得到的報酬很少，少得只夠維持他的工作之用，因爲在他看來，困難似乎太大了。他經常因完不成規定的銷售額而抱歉地回到公司，他沒有戰勝困難和克服其他人也會遇到的障礙的能力，他帶回公司的訂單很少，甚或沒有，因爲他不能克服他顧客的反對，不能讓他們相信他們需要他所推銷的東西。

我曾經看到過一家大型公司招聘經理的廣告，廣告在描述了公司所需人才的類型和提示不符合要求的人勿擾後，最後附上了這麼一句話：「這個人必須能應付反對意見。」現在，對我所談論的不成功的推銷員來說，最大麻煩是：他不能夠應付反對意見，一和敵人遭遇，他就樹起了白旗。他骨子裏缺乏鬥志，因此，一彈未發，他已經投降了。當潛在的顧客或顧客提出反對意見時，他就倒戈了。「嗯，我想你也許是對的，」他說，「對你來說，現在不買也許更好。」這種推銷員缺乏毅力，他的脊骨裏鈣質不足，血液裏鐵質不夠。他有一個誠實的靈魂，但卻缺乏一個偉大的推銷員所必須：具備的大丈夫氣概。

記住：你性格中的每一處弱點、每一個不利的特點和每一種不良的習性都會成爲你推銷的絆腳石和你成功的攔路虎。過敏、怯懦、羞怯、缺乏勇氣或膽量，所有這些弱點都會從根本上削弱你的推銷能力。怯懦、羞怯或過敏的人多數都有一種不正常的自我意識。他們總是審視和剖析自己，擔心他們的形象和人們會怎麼看他們。這些東西會使你的心思偏離真正的目標和使得你集中不起精神和力量。

對推銷員來說，過敏是一個巨大的障礙。一個人如果不能笑對不愉快的事或者不能對付粗暴、愛吵鬧、性子急或者說話尖酸刻薄的顧客，那麼他在推銷這一行中是找不到位置的。換句話說，一個偉大的推銷員必須能夠在普通推銷員失敗了的地方開展他的推銷業務。爲了做到這一點，他絕不能是一個薄臉皮的人，他必須能經受得住各種非難，而過敏的、感情過於脆弱的推銷員在面對這些時會不寒而慄。他必須隨時準備以飽滿的熱情投入到那些缺乏勇氣的推銷員沒幹成或幹不成的工作中去。即使有人在他的痛處灑上辣椒和鹽，他也必須毫不退縮。他應該始終在腦子裏記住一件事：他的職業是不惜一切代價把東西賣出去。

這並不意味著一個優秀的推銷員必須有一張犀牛皮——它可以使他變得沒有感情和同情心——和應該拋棄人性——相反，人性是推銷員最重要的品質，也不是說他應該好鬥或者富於侵略性，只是說他必須能化解和抵消顧客的挑剔，不管有多麼苛刻的挑釁。簡而言之，只要能很好地控制住自己，自始至終保持一種愉快和宜人的心態，他就必定能百折不撓，威嚴而不失人情。這樣，他就可以完全駕馭局勢。

這正是怯懦或過敏的推銷員所缺乏的。如果碰上一個滔滔不絕、性格粗暴和精力充沛的生意人，他就會被對方的雄辯和批評徹底擊敗，只要稍稍考慮一下他的能力，他的誠實和他產品或公司的特點，他就會感覺受到了傷害。我認識一個這樣的推銷員，他永遠也不會取得成功。無論什麼時候，只要觸碰到他敏感的痛處，他就會勃然大怒，用他們的話來說就是「使他發火。」他缺乏一個推銷員應有的抵禦指責或反對所必需的專橫和充分的自信。自信的人是不會為蔑視或低毀所動的。蔑視和低毀只會使敏感的人畏縮不前。自信的人把自己的尊嚴看得很重，但絕不讓它們妨礙他的業務。自慚形穢和愛發脾氣或病態的人則認為他必須捍衛他的「榮譽」，即使他會失去一樁買賣。自信和寬宏大量的人知道，除了他自己，沒有人能傷害他的名譽。他還知道，如果對方實際上不是故意要侮辱他，只要他不認為那是中傷或侮辱，他的榮譽就得到了最好的保護。

會對怯懦或敏感的推銷員造成極大不利的另一種情況是：他害怕做所謂的「陌生」或「直接」的推銷，也就是如果沒人「牽線」或介紹他就不願和人打交道。這是一個致命的弱點。其實在它的背後掩藏著的常常是虛假的驕傲。這種人考慮得更多的不是他自己的責任。另外，對產品或推銷規律的無知會使人缺乏自信，自然而然地會感到怯懦和害怕，因為當他拜訪顧客時他就預感到他會失敗。無知等於怯懦，知識就是膽量和勇氣。如果你沒有權利，也就是你壓根兒沒接受過初步的推銷培訓，僅有你一個活人是不夠的。因此，歸根結底，如果你對你的業務和你本身持一種正確的態度，就沒有什麼東西能阻止你成功。

拋棄你的羞怯、過敏和怯懦，克服你缺乏信心和勇氣的弱點。

堅信你將成爲一個偉大和出色的推銷員，一個有個性、創造力和革新能力的推銷員和一個有智謀和有力量的人。決不能放任自己想像所有和你有關的或你希望是另一個樣子的事情都是真的，因爲你腦子裏所想的就是你未來生活的模型。想一想信心，想一想勇氣，想一想力量，你就能培養起這些品質。

爲什麼我們許多人的人生會建設得如此之慢又如此之差呢？其原因就在於我們在不斷地改變我們的模型，從而把我們的人生大廈給毀了。第一天，我們滿懷自信，心中的模型也充滿了勇氣、希望和期許，因此我們那天的生活也會建成那個樣子。第二天，我們站在了垃圾堆裏，沒了自信和勇氣，當然，這些就是我們那天建築的模型，前一天的建築也就因此給毀了，所以，我們許多人一生中都在幹這種建了拆、拆了建的蠢事。

如果你一直鬥志昂揚、滿懷希望，並對你自己和造物主把你造就成你渴望的那個樣子的力量充滿信心，在這個世界上就沒有任何人和任何東西能夠打敗你。

拿出充足的自信和必勝的信念就能贏得一切。排除你腦子裏所有的懷疑、畏懼和焦慮，你就能滿懷成功希望地走近每一個潛在顧客。

愛默生說：「勇氣來自於過去的成功。」你的每一次成功都將給你下一步的行動提供前進的動力。每一次成功都會增加我們的自信，而自信又是我們其他才能得以發揮的導火線。如果信心沒有增加，我們的其他才能也不可能繼續發揮出來。

你在你所從事的職業上所取得的每一次成功都會大大增加你所擁有的才能。正如從山坡上滾下的雪球越滾越大一樣，伴隨著每一次經歷，我們的生活會變得更加豐富和富有。我們已取得的東西不會有絲毫減少。這就是加在我們生活之上的一切。

不久前，我問過一位成功人士——一位真正「天生的推銷員」，

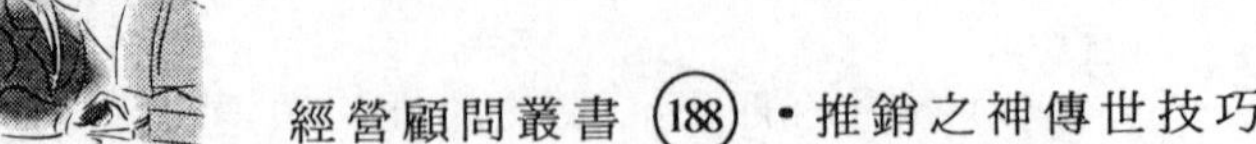

他認爲對一個優秀的推銷員來說最重要的是：對你的產品、你的公司和你自己的信心，加上熱情、認真、恒心、努力工作和對你的工作的熱愛。關於商品的一般知識也很重要，但他認爲是第二位的。他放在第三位的條件是個性。在個性這個題目之下，他認爲又包括了誠實、外表的整潔、信心、禮貌、真誠和自製。他說，天生的推銷員除了擁有上述這些條件外，還要具備機智、精明和對人性的理解力。

好了，在這個目錄中，沒有那個條件是那些誠實聰明的年輕人達不到的，只要他擁有足夠的毅力和使人生獲得成功的意志力。作爲一個人，你有義務堅持你的立場，保持你的獨立、自主、尊嚴和抵禦各種攻擊。成爲畢生工作中的榜樣和生意場上不可忽視的人物是你的責任。如果你被一個小流氓，或者一位戰士，或者其他任何人——也許是一位偉人，也可能是一位地位卑賤的人——拉離了你自己的人生軌道，那是你自己的錯。推銷貨真價實的商品是一項光榮的工作。發揮你天賜的力量，提高你的才能，使你的工作和生活富有意義。不要抱歉、不要害怕，面對反對也不要退縮或洩氣。認識到你工作的重要性和高貴性，並讓其他人也認識到你已認識到了這一點。告訴自己：「我也是上帝的兒子，我們都是平等的，我要堅持我的沉著、個性和自信，而不管他說些什麼。我和其他任何人一樣自立、自主和自強，任何夫都嚇不倒我，也沒有任何困難可以難倒我。」

你會發現，在工作中你無論做什麼事情都以一種勝利者和成功者的姿態對待之，將大大有助於你克服困難。如果你在人前人後都哭喪著臉，給人一種你並不是一個什麼了不起的人物，生活過得不盡如人意和你從不指望取得任何有價值的成功的印象，你當然不能指望別人會相信你，也永遠不會讓別人信任你。相反，如果你臉上始終洋溢著成功的喜悅，擺出一副成功者的姿態，走路昂首挺胸，儼然一個勝利者和凱旋者的樣子，你離成功就會越來越近。沒有什麼東西能阻止你獲得成功，因爲——不要忘了這一點——成功只垂青於有準備的頭腦。

9 品格和毅力是成功的資本

推銷之神的傳世技巧

- ◆品格是世界上最偉大的力量，沒有什麼東西能取代它的位置。
- ◆世界上有兩種廢物：一種是沒有什麼東西獻給社會，另一種是不知怎樣把他們已有的東西展示出來。

簡單的真實和透明的品格將贏得顧客的信任，不管他是否懷有偏見，而購買者的信任則是成交的一半；因爲無論推銷員的言辭或舉止如何討人喜歡，如果他不真實，如果他說的是假話，如果他不能取得人們的信任，如果顧客看到了他眼睛裏不光彩的一面，顧客是不可能買的。

缺乏絕對的誠實常常使推銷員處於不利的地位，以一個服裝零售店的普通推銷員爲例，一個顧客在試穿一件外套，「它看上去怎麼樣？」他用一種高興的、口吻問那位推銷員。

「不錯，很好。」那位老兄回答到。

然後，這位顧客又試了一件裁剪樣式全然不同的衣服。如果他表現出對它感興趣的樣子，那位推銷員就會附和他的觀點，它就是他應該買的那件外套。

很快這位顧客就意識到了那位推銷員的建議是沒有價值的，這件衣服究竟看上去如何，合身與否，他是不會對他說真話的，他唯一的目的是把東西賣出去。當顧客明白了這一點的時候，自然而然地，他是不會在那兒買的。他會去另一家服裝店，或者去找一個跟他說實話和誠實對他的推銷員。

真誠、真實和透明對我們每個人都具有非常重要的影響。試想：讓每個人都信任你，讓每個曾經和你打過交道的人都認爲這裏有一個人不閃爍其詞，不鬼鬼祟祟，不讓人失望，在他誠實的品性中沒有任何瑕疵，你可以永遠相信他的話。這兒有一個沒有什麼東西需要隱瞞的年輕人，除了說出真話以外他沒有別的動機，他無需隱藏他的行蹤，因爲他撒過一次謊。他必須使他今後的言行保持一致，他知道誠實是無需設防和解釋的，他的品格是透明的。人們無需處處防備他，這一切將意味著什麼？

我們都知道，和這樣一個人，一個不能被收買和認爲僅僅是暗示或任何影響力都能使他放棄正確的立場對他都是一種侮辱的人做生意是一件多麼愜意的事情。世界上還有什麼東西比頂天立地的漢子和愛惜他的名譽甚於愛金錢或權力，寧願堅持真理而不願做總統的人更高貴呢？

不管對僱主還是對顧客來說，一個贏得了這樣的名譽，從來不王婆賣瓜，自賣自誇；從來不欺騙顧客；從來不試圖以甜言蜜語哄騙人或者向顧客施加過分的影響的美譽；和從來不試圖把他知道顧客不需要或對顧客沒有什麼好處的東西賣給顧客；不試圖用欺騙的方式把「過季的」東西賣給顧客或掩蓋產品缺陷的推銷員無疑是一筆財富。

對推銷員來說，無需因害怕有人會洩露他此前的一些騙局而每走一步都得小心在意和每說一句話都得謹小慎微是多麼舒服和滿足啊！和不得不總是對自己談話中前後不一致的地方小心翼翼和被迫不停隱蔽自己的蹤跡相比，做一個誠實的人又是何等的容易和美好啊！

一個優秀的推銷員不會認識不到和他打交道的人已經上過許多次當了，一條上過鉤的縛魚是不會輕易去碰新的魚餌的。他不會忘記，很想買他東西的顧客也許有過許多次不幸的經歷，他們可能買過許多的金磚，他們的信心已經被違約的事情動搖過許多次，因此他們做事會時刻小心，在一開始他們會把每一個接近他們的推銷員都看成是巧舌如簧的騙子。有經驗的人都知道，幼稚的商業行為是會讓商家自食其果的。一項不誠實的舉措，任何欺騙的買賣和任何欺騙的企圖對公司來說無疑都是一把會傷及自身的飛鏢，它只是一個時間的問題。每一次不實的描述和卑鄙的交易或早或遲都會讓公司付出慘重的代價。

記住：你做的每一筆買賣都是一個廣告，它既會幫助你做成下一筆買賣，也會斷了你今後的銷路，它是你們公司名譽和總體政策的廣告。你們整個公司是公平、誠實，還是狡猾、奸詐，都會通過它宣揚出去。換言之，和你打交道的人會通過你給他留下的印象對你們的公司有一個清楚的瞭解——你們的政策和做生意的方法。他能夠非常清楚地分辨出他是不是在和一群高素質的人打交道；他能否絕對信賴公司的話；他是不是會受到保護；或者在這家公司每做一筆商業交易的時候是不是必須通過處處設防和時時小心來保護自己。他能夠分辨出他能否絕對相信這家公司為他做的事情是公平的。「一個公司是根據它所僱用的人來判斷的。」

如今，最優秀的推銷員除了要研究他們的業務，還要研究他們的顧客和顧客的需要。許多顧客都把這種推銷員當作他們買東西時的顧問，他們充分信任他們，因為他們知道會從他們那裏得到「純潔的」待遇，他們只會把有利的東西賣給他們。

在獲得了顧客的信任之後，對推銷員來說，背信棄義和不顧顧

客的利益只管把東西賣出去就容易多了。但是現代的推銷員都知道，這是一種非常短視的商業行爲。那種老式的、通過敲詐顧客來從他身上賺以鈔票和迫使他以盡可能高的價格買盡可能多的東西的勒索顧客的方法已經一去不復返了。「當其他人都準備放棄的時候，我們卻正好在準備重新投入戰鬥。」這是紐約一家商行的座右銘，也是渴望成功者的最好的座右銘。

艾爾伯特‧哈伯德曾經說過：「世界上的廢物有兩種，一種是沒有什麼東西貢獻給社會，另一種是不知道如何把他們已有的東西展示出來。」成功的推銷方法是把你的東西展示出來，從而獲得所有你應該獲得的東西。努力工作和勇往直前將爲你們公司打開通往成功的大門。

兩個大學生出去推銷同一本書。幾個星期之後，其中的一個大學生從外面寫信給公司總部說：「最近發生的每件事情都很使我懊惱。」他這是在爲他糟糕的業績找藉口。天氣很不好，使得他沒有大量的時間出去活動；每個人都在說「時勢很難」，沒有錢和在找各種各樣的不買的藉口。他說他感到很厭倦和失望，因此除了放棄推銷這件苦差事外他看不到任何前途。大約在同一時候，另一個也在同一地區推銷的年輕人也送來了他的報告書。在報告書中他這樣寫道：「儘管天氣不好和由於戰時匱乏和商業的整體不景氣，人們都不願意直接說買與不買，但是這一周我還是取得了不錯的銷售業績，我已賣出了 80 美元的產品。我已習慣了『時勢艱難，沒有錢』和『買不起』這類的託辭。我只管努力地說服他們和用我的理由來打消他們的各種顧慮。我讓和我談話的人相信，讓擁有這樣一本曾經成倍地提高過無數的男人和女人的工作效率和扭轉過千百個職業的讀物的機會擦肩而過幾乎是一種犯罪。我已經使他們相信，這本書無論賣多少錢都不爲過，因此，當我在努力說服他們買下這本催人奮進的書時，我是在幫他們的大忙。」在這周之內，這位年輕人所拜訪過的人十之七八都買了他的書。

一家大公司的一位推銷員認為他所在的整個西部的地區已經沒落，他得到的訂單越來越少，於是他告訴他們僱主，那個地區已無利可圖，繼續呆在那裏沒有什麼用處。然而，他的銷售經理對那一地區很瞭解，因此他懷疑此君華而不實的說詞是假的。他派了一個年輕人去替換他，這個年輕人沒有什麼經驗，但卻是一個天生的推銷員。他精力充沛，野心勃勃，熱情四溢。第一次出去推銷他就完成了兩倍於他前任的銷售量。他說他沒有看到任何沒落的跡象，並且相信如果他進一步熟悉了那一地區，交易額還會進一步增加。

事實是，不是那個地區，而是那個人沒落了。年齡較大的那個推銷員不願為了生意而放棄他的舒適，他不願意為了某個小鎮上的一份訂單而頂風冒雨地在鄉間奔走。他寧願呆在臥鋪車廂裏，或者到大城鎮去舒舒服服地坐在飯店的接待室裏，或者不緊不慢地做事情，或者到戲院去看戲，而不願去為公司爭取新的客戶和交朋友。他希望他所在的那個「垂死的」地區得到改變，因為他不想去為那一地區的改變而積極努力。他的繼任者在那個「沒落的」軌跡中沒有看到任何生命的缺陷，因為他是「一個精力充沛有生氣的人」。問題不在於那個地區，而在於那個人。

在一次農業會議上，大家都在討論有關最適合種植某種果樹的土地差異的問題，一個老農民也應邀參加了討論。他站起來說道：「土地的差異是小，人的差異是大。」在推銷過程中，考慮更多的應該是推銷員的差異而不是地區的差異，那才是最重要的事情。無論那個行當，最深層次的問題始終是由那種人來擔此重任的問題。考慮最多的應是人本身的差異：包括他的勇氣和他的毅力。

無論你掌握的推銷技巧如何完善，也無論你在各種有效程序規則中處於何種有利的位置，如果你缺乏一定的素質：你永遠也不可能成為一個一流的推銷員。如果你缺乏勇氣、勤奮、努力和毅力，

你就會慢慢地消失掉。

我認識一位身材很矮的推銷員，爲了得到一份訂單，他對一位潛在的顧客發動了強大的推銷攻勢，憑著他堅強的毅力，他最終獲得了成功。並且他得到的這份訂單是外表好的普通推銷員所得不到的。

這位仁兄說，毅力是他今生唯一的資本，當他發現他的身材和醜陋的外表給他造成如此大的障礙以至於他很可能成爲一個失敗者和在世界上找不到立身之地的時候，他只是下定決心不僅要克服他所有的缺陷，而且要成爲同行中的佼佼者。他做到了他決心做的每一件事情，憑藉毅力，他最終「獲得了成功」。他爲成功付出了代價，並壯志得酬，正如每一個願意付出這種代價的人後來所得到的那樣。

只有弱者才會老是談論「運氣」、「照顧」或「偏愛」，或者其他一些通往成功的旁門左道。你的成功和運氣是由你自己而不是別人來決定的，我們是我們命運的掌握者，我們只得我們想要的東西。誠然，我們都想要很多東西，我們很想得到它們，但我們並不真正需要它們，或者我們會立即行動起來，並盡我們所能地把它們據爲已有。我們中的許多人都想得到一個年薪從 1 萬-10 萬美元不等的職位，但是我們想不費多大努力就得它，還想費更小的努力來保住它。我們真正想要的是無需努力的成功，一份簡單而又報酬豐厚的工作，就像最近一部卡通片中所講述的那位申請某一職位的廚師一樣。她的第一個問題是：「薪水多少，嗯？」「哦，那得看你值得給多少錢了。」那位僱主回答道。「算了，謝謝，再見，這麼點兒薪水我是不會幹的。」那位討厭的急於想找到工作的僱員回應到。

讓我們記住，無論在何種行業或職業中，都沒有通往成功的坦途。我們來了就是爲了充分地發掘我們的潛能和盡可能地把我們自己培養成豁達、能幹和有用的男人和女人，而這一切只有通過努力提高我們的能力才能獲得。我們只有通過自我發展才能成長和進步。靠外力獲得發展的男人或女人至今還沒有發現專屬他們的方法。

亞伯拉罕‧林肯告訴我們：「對年輕人來說，上升的途徑是盡可能地完善他自己，絕不要懷疑任何人都希望阻擋他。」著名發明家哈德森‧馬克沁總結了 10 條成功的規律，其中最重要的兩條是：學習和工作。他提出了兩條重要的論斷：

1. 絕不要無的放矢；決心得到每一件東西，還要記住機會是唯一無需你付出任何道德代價和蒙受任何傷害他人就可以給你的東西。
2. 人們必須拋棄天生我才必有用的觀念。

在各行各業中，凡是出類拔萃的人都一致認爲工作和毅力是取得成功的兩個最基本的要素。湯瑪斯‧普賴爾‧戈爾是奧克拉荷馬州的一位參議員，他從小雙目失明，家境貧寒，他能成爲一位有影響的美國參議院議員是和他自身的努力分不開的。在談到成功的秘訣時，他這樣說道：「一個堅定而不可更改的目標，不顧一切地去追求它，無論逢時與否都絕不輕言放棄，是一個人所能擁有的最好的動力。我已經在物質的黑暗中呆了 27 年，如果我學到了什麼東西的話，那就是人類意志的動力將能夠克服任何困難。」

的確，在這塊充滿機會的大陸不乏鼓舞年輕人的事蹟。想想一個家境貧寒、雙目失明的男孩沒有他人的幫助卻獲得了像戈爾那樣卓越成就！想想失明的彌爾頓寫出了世界文學史上最偉大的史詩！想想貝多芬雖然雙耳完全失聰，卻克服了一個作曲家所能遇到的最大障礙而成爲聞名世界的最偉大的作曲家之一！這位了不起的人物有一句話是很值得每一個正在與困難抗爭的年輕人銘記的，那就是「我會抓住命運，它永遠也阻止不了我前進的步伐。」

這條真理也很值得記住：「培養天才所需的工作往往 10 倍於普通平凡的成功所需的工作。」爲了獲得非凡的成績，生就聰明或者具有某些出眾的天賦的人必須付出非常辛勤的勞動。沒有不懈的堅

持、勤奮、毅力和在經歷了反復的失敗以後還能振作起來繼續戰鬥的勇氣，世界歷史上那些取得過偉大成就的人是絕不可能在他們的事業上取得成功的。

哥倫布說，正是他堅持再走 3 天使他發現了新大陸，也就是說，在即使最堅強的人都已打算返回之後他仍堅持再走 3 天，而正是在 3 天之後他看到了大陸。咬住目標不放鬆是所有取得過偉大成就的人所具有的共同特徵。他們也許缺乏其他優良的品質，也許有各種各樣的怪癖、弱點，但是堅持不懈和勇往直前的品質在這些幹事業的人身上是從來都不缺乏的。辛勞不能惰其行，勞作不能乏其身，艱苦不能墜其志。無論遇到了或失去了什麼，他都會堅持下去，因爲堅持是他本性的一部分

生活中以勇氣作爲創業資本的年輕人往往比以金錢作爲創業資本的年輕人更容易獲得成功。以往人們成功的經驗表明，毅力甚至可以克服最可怕的貧窮，更不要說終身的殘疾了。

畢竟，如果一個人缺乏驅動的機輪，也就是驅動人這部機器的勇氣，所有其他的成就和個人榮譽又有什麼困難呢？一個人必須要擁有這種發射力，否則他永遠也不可能在這個世界上走得很遠。勇氣是當其他所有品質都退卻和消失時一個人還能持有的一種品質。

對缺乏勇氣的人來說，每一次失敗都是一次「滑鐵盧」，但是對勇往直前、意志堅強和永不言敗的人來說，人生是沒有「滑鐵盧」的。那些不勝不甘休的人從來都不把失敗看做是最後的結局，每一次失敗之後，他們都會以新的決心振作起來，和以更堅決的意志繼續戰鬥下去，直到最後勝利。

有一種人，他從不輕言放棄，無論發生什麼事情他都能咬住青山不放鬆，每一次失敗都只能激起他更大的前進的勇氣。你以前見識過這種人嗎？還有一種人，他從來都不知道失敗爲何物。像格蘭特一樣，他從來都不知道他什麼時候會失敗，在他的辭彙裏，剔除

了「不能」和「不可能」這樣的詞語；沒有什麼障礙能擊倒他，沒有什麼困難能阻止他；他也不會因任何不幸和災禍而喪失信心。你以前見識過這種人嗎？如果你見識過，那麼你就看到了一個真正的人，一個征服者，一個人中的國王。

當你環顧四周，看到其他的人正在享受著生活中的美好事物、沐浴著成功的陽光的時候，請不要忘了他們得以身處順境並不是因爲他們有了這種希望和渴望，惰性的道路是不會把他們帶到舒適的大街的。當你想嫉妒那些人和希望得到「提攜」或者有人「抬舉」你的時候，請想想下面這幾句詩句：

你必須振作、戰鬥和工作，
而不要去在乎一次的失敗；
因爲如果你漫不經心，
你將到不了舒適的大街。
不要在忌妒上浪費時間，
也絕不要說你被打敗了，
因爲如果你漫不經心，
你將到不了舒適的大街。

沒有通往值得擁有的東西的捷徑，只有工作和毅力才能使你到達目的地。正如丁・皮埃爾邦德・摩根所說的那樣：「苦幹、實幹和巧幹能把任何年輕人送上成功的頂峰。」

各個商家總是在尋找能比上一次做得更好，能不負所望，能完成得好一些，更精明、更懂技術、更精確和更徹底的人，他們總是在追求腦瓜子更好使和接受過更好的專門培訓的人。

由於我們不斷擴展的民族利益，由於我們迅速擴大的貿易，對高級推銷員的需求在與日俱增。不甘平凡的年輕人需要具備一定的推銷技巧，但是除此之外還能熟練地運用現代語言（尤其是在商業往來中最常朔的德語、法語和西班牙語等）的人將更容易獲得成功。

人生的榮辱全由你自己決定，成功在世界的每個地方都有售，所有願意支付代價的人都能買得到它。說一千，道一萬，歸根結底，和其他任何東西一樣，推銷上的成功只不過是一個「支付代價」的問題。

第五篇

你也能成為推銷贏家

布萊恩・崔西

布萊恩・崔西　美國首屈一指的個人成長權威人士，當今世界個人職業發展方面最成功的演說家和諮詢家之一，在成功學、潛能開發、銷售策略及個人實力發揮等各方面擁有獨樹一幟的心得。

1　一個令人驕傲的職業

推銷之神的傳世技巧

◆醫生治好病人的病，牙醫專治牙痛，律師幫人排解糾紛，而身為推銷員的我們，則為世人帶來舒適、幸福和適當的服務。

◆推銷員永遠不能忘記，他們必須不間斷地工作，日復一日，月複一月。

◆真正的自由是做想做的事，與喜愛的人相處，到你樂意去的地方。做一個專業推銷員的最大收穫，就是擁有這種無可取代的獨立自主。

在決定辭去工程師之前，我必須承認，當時我實在也很猶豫。即使到了今天，許多親密的朋友和親人，還是不明白我爲什麼硬要換掉工作。大家總是問：「怎麼搞的，你就這樣 180 度改變自己的生活？」老實說，我一直誠實招認，我最初唯一的動機是「錢」。

我想賺更多的錢。

在逆轉生涯的那一年，引我進入新行業的那位顧問，不斷讓我看見他從總公司收到的一張又一張的傭金支票。我這位朋友的收入顯然相當可觀。

眼見如此，我不禁自問，改變工作對我有什麼損失呢？爲什麼不試一試？即使失敗了，也還可以回老本行幹活啊！

整個思考過程費了相當長一段時間，因爲想轉行做一個專業推銷員，還有許多障礙沒有消除。在我到處演講、推銷的旅程中，處處可見這樣的暗示：別做要求人的工作，推銷員最會耍嘴皮扯爲您服務的那一套了等等。

人們改變觀念的速度如此之慢，不過總算有進展，今天，專業推銷逐漸爲大眾接受，而且稱得上報酬豐厚的職業之一。

我最近在歐洲主持研習會和講授推銷課程時，最大的困擾是人們對推銷員的認知極低，對銷售工作或推銷員似乎不夠尊重，而在世界其他許多國家，同樣也很瞧不起這項專業工作或專業人員。

令人慚愧的是，世界各地有我們的許多同行，至今仍羞於承認他們的工作，而另外使用各種頭銜來掩飾「推銷員」的身分，像是代表、顧問、AE、仲介、助理、行銷專家、經理人、律師、零售商、業務執行、經紀人等等花樣。他們一直不願公開承認，其實我們都是推銷員！

但我相信情況正逐漸好轉，請容我大聲又驕傲地宣佈：「各位先生、各位女士，恭喜大家，你和我已經克服了人們對銷售從業者的偏見和敵意，我們所從事的工作，是世界上最高貴、最有趣的工作，我們是精英團體的成員，我們是最棒的推銷員！」

請跟隨我，我會向你、也向世界說明，我們的活動絕對是娛人自娛的好工作！不要害羞，大膽承認我們的職業！告訴身邊所有的人，這一職業其實給了我們一個幫助他人的好機會。

醫生治好病人的病，牙醫專治牙痛，律師幫人排解糾紛，而身爲推銷員的我們，則爲世人帶來舒適、幸福和適當的服務。

推銷員足值得驕傲的人

所有成功的推銷員對自我的成就通常都很滿意，大多數推銷員在待人處事上也很成功。他們樂意聽取朋友的意見和忠告，但本身

滿懷的自信也協助他們克服許多困難，他們非常重視自己的聲譽。

當然不免有些人會過於驕傲，不願正面承認或談論失敗的例子，但推銷員總會接受錯誤，繼續面帶微笑回到工作一線，隨時準備戰鬥。成功的推銷員極少抱怨，更別說因工作傷心哭泣了，他們既自負、又自尊。

我建議你仔細觀察周圍環境，找到一個可以作爲榜樣的成功推銷員。這個典範可幫助你提升自己，並抗拒家人、親友對你加入推銷行業的不滿和阻力。試著和這個行業的名人打交道，你會發現，他們對自我和成就的「驕傲」，一如我所描述的，跟隨他們，學習他們，要做得和他們一樣好。

當你做成一筆生意時，感覺多麼暢快啊！如果你對自己很滿意，千萬不要羞於承認。告訴全世界的人，你很驕傲自己的勝利，並且要立刻出門去，再談另一筆生意！

曾有一位極成功的銷售典範說過這樣的話：「世界上比和所愛的人在一起還快樂的事，莫過於離開客戶家時，帶走一張簽名支票！」你相信嗎？我確信如此！

推銷員都是值得驕傲的人，希望你也覺得驕傲！

推銷工作的成就感

在我達到經濟獨立的目的之後，推銷工作的另一種成就感出現了。我發現一個全新的世界，遇見許多有趣的人物。

我服務的對象從建築工人、工程師，到銀行經理人，各色人等都有。很幸運的，我結交了許多新朋友，而且大多數人對我都很和善。新工作每天都充滿樂趣，而且帶有某種自由度。

我可以自由選擇我想做的事、想交談的人，或者賣東西給什麼人；我有自由選擇我喜歡的工作場所，甚至還能自由選擇工作時間。

這真是人生所能擁有的真正自由。推銷工作允許我可以在任何時間裏與家人相處，到處去旅行，如果我願意，也可以到國外做推銷工作。

在我抓住這把成功的鑰匙後，我深刻理解了「安全感」的真義。

想想看，如果你是個很自由的人，卻無法在經濟上獨立，這種自由是有限的。有很多事情都需要經濟實力做後盾，同樣的道理，光是賺錢而不能自由支配時間，也不會快樂。

真正的自由是做想做的事，與喜愛的人相處，到你樂意去的地方。做一個專業推銷員的最大收穫，就是擁有這種無可取代的獨立自主。

另一個專業推銷的成就感是爲人服務。初入這一行的新人往往體會不到這種好處，就拿我來說，也是等到前輩指點時，才明白個中滋味。

有一位原本與我一樣推銷自動化機器的前輩說，有一個親近的朋友非常興奮地告訴他，我所推薦的理財規劃獲利甚豐，他一直不知道我也做這類推銷工作，所以想多聊聊相關的事。我當天就和他敲定隔天約會的時間。

跟他做完簡短的介紹後，我的這位客戶當即下了一個叫我永難忘懷的評語：「我真後悔沒讓你早點來，每天浪費這麼多時間和金錢，卻還不知道你能幫助我們。」

那一天，我確實知道，我有能力幫助別人。從此以後，我總是毫不遲疑地告訴別人，我在賣些什麼。

進入推銷生涯後，我們原先所擁有的知識，對發掘個人潛能有極大幫助，這些知識的來源大致是：

- 早年的教育。
- 與同事、同行交換心得。
- 自己本身的觀察。

•實際的經驗。

想要儘早超越競爭者，取得較好的進展，我建議所有入門的推銷員儘快養成下列工作習慣：

•保持樂觀積極的態度。

•增加自信。

•詳細擬定工作流程，確實執行。

•努力工作，但要小心別沖過頭。

樂觀進取的態度

樂觀、積極進取的態度和良好的工作習慣，幾乎是一件事情的兩面。個人的人生態度和習慣，源自於早年的生活經驗。如果你過去具有消極、負面的態度和工作習慣，那麼現在就得轉換成樂觀地期待成功、樂觀地思考與處事。態度一旦樂觀，就有了動力去改變自己的行爲。我早期做推銷員時，曾利用五個基本步驟去改進工作習慣：

1. 主動要求承擔自己能力所及的責任與任務。

2. 總是取得優先、採取主動，不要等別人走到面前，告訴我下一步該做什麼。不斷向自己的極限挑戰，努力刷新自己的紀錄。

3. 隨時留意機會，把握任何有可能抓住的機會。

4. 學會快速做出決策。做事遲疑不決的人總是喪失機會，不管對錯，強迫自己學習當機立斷。

5. 不斷堅持學習，增廣見聞；不斷發問、閱讀、學習、觀察，周而復始。

一個人只要有意願、有決心，一定能把自己變成心目中的理想之人。人的言行都是自己塑造而成的，但通常只有真正成功的人才肯承認這點。成功之鑰永遠不會藏在書籍、課程或講演會中，而就

在你的表現中。

當有人表示，他能夠幫你激勵士氣時，千萬不要相信，依靠他人的刺激終究是無效的。世界上真正能激勵你的，只有你自己！你的上司、訓練師或許能教人如何自我激勵，但他們無法取代每個人自己接下來的工作。

讓我們靜下心來，認真反思一下，到底有什麼事能刺激你的成功慾望？你又如何自我激發潛能？有些人可能做得到，有些人卻無能爲力。試想一下，那些做得到的人真的比別人聰明嗎？樂觀、健康的態度會有助益嗎？努力工作、持續不懈、學習和自我節制能發揮多少作用呢？依我之見，成功人士的最大特徵，就是健康、積極，求知食慾特別旺盛。聰明、天賦和運氣的影響對一個人的成功來說其實十分有限。

樂觀與悲觀

有人做過這麼一個試驗：在一個杯子裏裝了半杯水後，讓不同的人去觀察，有人見了會說：「杯子空了一半」，而有人卻認爲：「杯子裝滿了一半水」。這是完全不同的兩個觀點，雖然他們描述的是同一個事實。前者總是以負面態度看待世事，後者則是充滿希望。

我們可以再用更有趣的比喻來說明悲觀與樂觀的差別，這個比喻是多年前一位朋友告訴我的，至今令人難忘。這個比喻是這麼說的：「樂觀者在每次困境中都可以看見轉機，而悲觀者總在每次機會中發現困境」。你覺得那種人更加容易接近成功呢？

想要激勵自己，擁有豐富的人生，必須做到：

1. 遠離恐懼，充滿自信、勇氣和膽識。
2. 不要當盲從者，爭當領袖和開風氣之先。
3. 避談虛幻、空想，追求事實和真理。

4. 打破枯燥與一成不變，自動挑起責任，接受挑戰。

起床後，記得帶著微笑

我們如何從悲觀變成樂觀呢？唯一而又簡單的辦法是，學會微笑，並且保持這種狀態！常常看看鏡子裏的自己，練習自然的微笑。

人開始工作後，我相信肯定會有一段非常開心而充實的階段，離家上班時，總是面帶微笑，因爲你的心裏很踏實，早晨的陽光使你的心情充滿愉悅。假設因爲某種原因，你已經很久沒有這種感覺了，那麼現在必須重新找到這種感覺。唯有如此，我們在攀登成功之峰時才能比較容易。每天應該輕鬆而開心地起床，並且帶著信心。不要留戀過去的事情，自信和微笑會幫助我們輕鬆度過每一天。

你還記得小時候迎接新年的心情嗎？從前一天晚上起就騷動不安，根本難以入眠，只想著快快天亮。那種歡樂之情慍暖地充滿心頭，每一個時刻都令人留戀。

我們有可能一年 365 天都帶著這種歡樂的心情嗎？可以的！作爲一名推銷員，是有機會如此，每天都像過年。一天 86400 秒對你而言，有可能都很快樂，因爲你不斷爲別人服務，滿足了人們的需要。現在就改變自己的心態吧！每天起床都要帶著微笑，就好像今天又要過新年似的。

有一個故事很可能是老生常談，但爲了提醒你，我還是要再說一遍。有三個石匠忙著修建教堂，有人問他們正在做什麼，石匠甲很無所謂地說：「我在敲開這些石頭。」乙則面無表情地回答：「我在砌一道牆。」至於丙，卻很開心地說：「我在蓋教堂！」

這個樂觀、開朗、滿面笑容的石匠告訴我們，他做的是一件偉大的事。同樣的，當你開始每天面帶微笑時，就是使自己的生活和工作完全改觀的契機！

我提供一個自己改變的方法給各位參考。當你下一次聽見電話響時，拿起聽筒之前開始微笑，而且在開口說「喂」時就保持這個狀態。當對方從你的聲音裏感受到開朗、和善時，會留下深刻的印象。接下來換成你打電話給別人時，也試著這麼做，只要不斷練習，你會明顯察覺進步的速度。

所有的電話往來將因此而充滿樂趣，與對方約定見面時間也較容易，客戶也會更願意給你機會表達意見，甚至因此更開心。

請保持微笑，未來就掌握在你自己的手中！

增強自信

成功永遠追隨著充滿自信的人。我發現增強自信最簡單的方法，就是公開對多數人說話。許多推銷員之所以在我們這一行當中慘敗，就是不會表達自己，或是條理分明提出辦法。如果你不能有效表現自己，即使有滿腹知識也是枉然。好的口才與表達習慣是推銷員必備的工具。

有許多俱樂部、聯誼會和組織，會邀請會員在午餐會、晚會上發表演說，我慎重建議大家加入這種團體以增長能力。向專家求教也是一種辦法，有些專門的課程教授公開演講和增加自信的技巧，對個人應該有幫助。

我發現許多新人之所以缺乏自信是因爲他們：有心理障礙，缺乏知識，工作習慣太差。有這些毛病當然缺乏自信。另有一種人則更加需要訓練，他們懶惰，不瞭解自己，穿著品味太差。

自信是成就之鑰，只要你想，你就做得到！

擬定工作流程，並切實執行

如果你想增加銷售量，就要養成逐條記載工作程序的習慣。所有專業而成功的推銷員都有自己的工作流程，你也要盡可能愈早做到這點愈好。詳細而明確的工作流程會使你工作得更加輕鬆。

早上離家前，你應明確知道自己應該去往何處。如果計畫周詳、明確，推銷效率會明顯提升。如果你所銷售或提供的產品較爲適合到家庭推銷，那麼在和客戶約時間時，最好約傍晚時分；假如你想將產品賣給已婚夫婦，那麼夫妻同時在場是較好的時機。傍晚的約會可以在前一天或當天早上約定。

當計畫制定以後，一定要遵照時間表來工作，如果你能事先規劃每週、每月甚至每季的工作，其中的好處是不可勝數的。

「平時多準備」，這句話也適用於專業推銷員。每天都要做筆記，把筆記放在固定的地方，當你結束拜訪離開客戶的辦公室或家中時，立刻將該記下的要點寫下來。將這些資訊留在身邊，可能會有益於將來的推銷。現代專業推銷員都用電腦儲存顧客、潛在客戶和拜訪家庭的資料，在我們這行當中，個人電腦幾乎是必備的工具。

要保持經常翻閱筆記的習慣，而且必須在早晨離家前做完檢查工作。這樣能協助你理清工作範圍、項目及對象。補充樣品數量或樣品種類也是很重要的步驟，因爲每次展示，可能需要留一些產品給顧客參考，如果漏了某一樣，都會顯得尷尬而不夠專業。

如果你必須進出交通擁擠的地區，要將交通狀況估算在工作時間表中。有計劃地規劃約會時間和地點，可以免去路上來回奔波的時間。同一地區的拜訪活動，最好一次完成，不要從東奔到西，又奔回來。如果工作區域範圍廣闊，也要把早上或下午要約訪的地點安排在同一方位。這樣不但可以節省許多時間，還能預防因趕路不

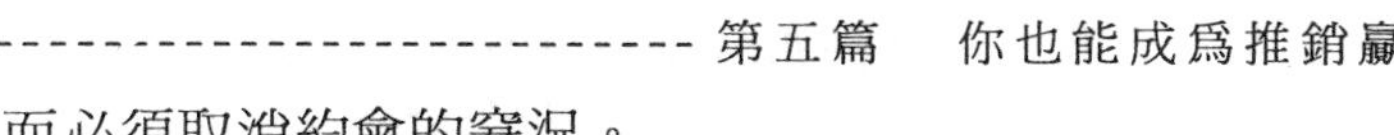

及而必須取消約會的窘況。

努力工作，但不要衝過頭

大約 25 年前，有人告訴我：「你一定要按照計畫行事，但也一定要先計畫一下該做的事。」對多數人而言，「工作」這個字眼代表著困頓、勞累、精疲力竭、消耗殆盡、厭倦或甚至是厭惡！但對推銷員來說，工作卻必須是進步、發展、成長、成果、歡欣、成就、財富和成功！

曾有一位我極尊敬的推銷前輩說：「這個世界上有許多早就做好準備的人，有人準備好要工作，有人卻準備就此錯過。」當你學著喜愛自己的工作時，工作壓力就會減輕，難度也會降低，甚至變得較有趣。

根據許多我曾與之共事的成功推銷員的意見，成功永遠和那些時時在工作的推銷員「粘」在一起，成就都偏向著持續不懈的推銷員，他們每天都在做展示，銷量愈多，展示的次數就愈多。

不過推銷員應把腳步調到適當的速度，適當運用時間和精力。一天之內不要赴太多約，工作 8 小時，睡眠 8 小時，放鬆 8 小時。放鬆時，可以閱讀、做計畫、研究、修訂資料，或者乾脆痛痛快快地玩一番。

2 友善親切的態度

推銷之神的傳世技巧

◆對推銷員來說，和買主面對面時，兩人間相互的印象也會對成交產生影響，而通常能不能談成生意往往取決於第一印象。

◆如果你能讓顧客或潛在客戶感覺到你真心喜歡他們，也很敬重他們，那麼你的推銷生涯將會無往不利。

◆與別人和諧相處，是做一個成功推銷員的先決條件。

當你經過商店的櫥窗時，曾經注意過裏面有你喜歡的商品嗎？但因爲這家店的店員曾經對你很不禮貌，所以你毫不猶豫地放棄購買慾望，轉身就走。這家店當場損失了一筆生意！

對推銷員來說，和買主面對面時，兩人間相互的印象也會對成交產生影響，而通常能不能談成生意往往取決於第一印象。我們自己一向都喜歡跟友善和氣的人做生意，你一定不知道，很多家庭主婦之所以換購物地點、換洗衣店或改換其他服務點，是因爲她們找不到開心和氣的服務人員！

推銷員一定要學會在推銷產品之前，先製造一個好印象。一般人在初見面幾分鐘之內，就會給人形成第一印象，而這正是推銷工作順利與否的關鍵。推銷員一定要留給客戶積極正面的印象，這是硬碰硬的工作，沒有人能逃避。想要產生一個好印象，推銷員一開始首先就要考慮顧客的需要。你的好處、利益、心情高興與否，全退居第二位。當我們自己是顧客身分時，同樣也希望對方對我們的存在感興趣，在必要時願意照顧、配合我們。所有的專業推銷員都應該以這種心情工作，一言一行都要真心誠意，不能稍有虛假，或心存狡猾。

一個好的推銷員天性喜愛他人，也一直在試圖讓別人快樂。如果你能讓顧客或潛在客戶感覺到，你真心喜歡他們，也很敬重他們，那麼你的推銷生涯將會無往不利。雖然要一個人一直表現得不自私、不顯出無聊是很困難的事，但愈早改變想法、愈早抱定這種態度，對推銷工作就愈有利。

在我早期的推銷工作中，有位先生曾經堅持要買兩份同樣的投資標的，一份是他的名下，另一份給他太太。我遵從他的要求，但在當天晚上輸人客戶資料時，卻發現兩份分開投資計畫合計的費用，比以同樣金額投資成一份計畫的費用高出許多。第二天一早，我立刻跟客戶說明，如果這二份投資能合成一份的話，至少可以省下 20%的費用。他很感激我，並且接受了這項建議。很顯然，他並不知道我的傭金因此而大減。多年以來，他對我的好感依然沒變，而我的傭金損失，早就通過他所介紹的客戶得到了更多補償。

即使不是全部，但大多數推銷員都知道，應該將顧客需要擺在第一位，但我們總是有意無意地忘記此事。爲了一直保持和氣快樂而友善的心境，請想一想，你想別人怎樣對待你，就應怎樣待人。

別挑對方的毛病

沒有人喜歡被人挑剔。同樣的道理，別挑客戶的毛病，或是試圖糾正對方。我有一次面試一個服裝推銷員，他說：「雖然有些人的打扮實在讓人不敢恭維，但我從不挑剔任何走進店裏來的顧客的衣著。因爲他會這樣穿，表示他自己一定很喜歡。如果我糾正他，無

疑是一種侮辱，很可能他當下就會一走了之。所以我總在不需提到他的穿著品味的情況下，展示我店裏的衣飾。」

這個原則可以適用於所有的推銷類型。比如說，你是保險推銷員，千萬別告訴客戶，他手上已簽有的保險合約根本一文不值。這等於是告訴他：「先生，過去 12 年來你簡直是笨透了，遇到我是你的福氣，你變聰明了！」即使你沒說得這麼難聽，不過效果同樣糟。挑剔他現有的保險合約是很敏感的事，顧客會變得易怒，你也會錯失機會。

不要與對方爭辯

不管何時何地，儘量不要辯論、反潔或爭辯。請把表達、爭辯意見的習慣留在你個人的生活裏，別用在推銷中。當然每個人對事物都可以有自己的看法，切記，要永遠讓顧客親自告訴你他自己的感覺和看法。推銷員心裏只能有一個念頭：「我來此就是要賣出東西。」只要你一開始爭辯，不是很難說服顧客購買產品，就是完全丟掉生意。推銷員不一定要和顧客有同樣的看法，但對顧客的每項意見都要表示尊重。如果你能做成生意，和客戶想法相同又何妨呢！

與別人和諧相處，是做一個成功推銷員的先決條件。如果你暴躁易怒，經常生氣或情緒失控，那麼你只能單獨工作，不能和其他人合作。像這樣的工作實在很難找！推銷員要給各式各樣的人提供產品或服務。有些顧客和善、有氣質，有些人很頑固，甚至粗魯。不管顧客態度如何，專業的推銷員要永遠保持冷靜、有禮，即使沒有結果也要有耐心。如果你的表現很令人開心，那麼雙方就容易交流，顧客的對抗心理也會降至最低。缺乏幽默感、悶悶不樂的人總是圍繞在笑臉的旁邊，就像打哈欠一樣，微笑也可感染他人。

3 握手的奧妙

推銷之神的傳世技巧

◆第一次和別人見面時，就對方握手的方式去推斷他的個人特質。

◆推銷員可以根據對象握手的類型來決定與其接觸的方法。

當你見到這一章的標題時，很可能會發出笑聲。你會說：我那裏需要知道握手的奧妙呢？其實以北美和歐洲國家相比較，握手所代表的意義並不相同。在歐洲和美國，握手的禮儀都是一件重要的事，而對法國人而言，一天至少要和人握四次手，在義大利也是如此。

當我第一次到歐洲時，才發現握手的學問很大。我很驚訝地發現，大多數人在早上到辦公室時會握手，中午吃午餐要握手，吃完午飯要握手，連傍晚下班也要握手。而在加拿大，一般人只在第一次見面，或有一段時間未碰面時才會握手。至此，我開始留意這件事。當我第一次和別人見面時，都會就對方握手的方式去推斷他的個人特質，原先只是想著好玩，後來竟認真做起研究來。

不同特質的人有不同的握手法，以下是我觀察到不同特質的人會使用的不同握手方法，相信對推銷員會有幫助。

1. **鬆軟無力的手**——如果和你握手的人有氣無力，手掌軟綿綿的，這種人通常比較悲觀，對未來也沒啥特殊期望。我碰見過態度

很消極的人，握起手來都是這副德性。比較年輕、沒有經驗的人，握手時也會有這種表現。

2. **握手時很猶豫**——這種人通常都不太確定到底與他人握手時應如何表現。很多時候他們根本就等著你先伸出手來招呼他。換句話說，他們在等你採取主動。這類人不太瞭解人生的方向，也不知道該做那些事。

3. **擠壓式握手法**——像個老虎鉗一樣握手的人，看起來似乎挺享受折磨人的樂趣。這種人通常是男人，總喜歡擺出幹練、有權勢的樣子，也很可能只是想展現一下自己的臂力。事實上這種人很不安全，經常要控制自己自覺陷於劣勢的情結。這種人當中，甚至有人積極鍛鍊體魄，以此彌補生活上的缺失。

4. **貼身式握手**——我在歐洲看電視新聞時才發現這種握手法。通常是政治人物或黨派領導人使用的類型。他們握手時，前臂和手肘是彎的，而交握的手都貼近右邊的西裝口袋。使用這種手法的人總是很謹慎，很小心注意自己的一言一行，保守而不願冒風險。

5. **急切型握手**——有些人握起手來急得不得了，總怕會錯失機會握不到手似的。他們一遇見人，立刻伸出手來，逼得人非回應不可。專家認爲這種人缺乏安全感，很害怕不爲人接納。

6. **「抓不緊」法**——這種握手法和鬆軟無力的手不太一樣，這種方式根本稱不上握手。這種人雖然伸出手了，卻是僵直的，手指頭幾乎不動，根本沒抓住對方的手。我發現會這樣握手的人等於是在傳達:「我一點都不想和你有瓜葛」的資訊。用這種方式握手的女性多於男性。

7. **機器手**——「機器人」總是自動伸出手，快速完成握手儀式，你甚至沒有感覺他已經和你握過手了。這種人既不關心也不在意對方，他最關心的是自己。他們經常與人見面卻不相識，因爲握過手後就忘了。

8. **過動手**——你聽過「過動兒」嗎？「過動手」的道理也相同，這種人就像鑽孔機一樣，抓著你的手拚命晃，上上下下扯，活像轉動速度過快的機器一樣。通常這種人意志力很強，但他們的生活方式也同樣放鬆不下來。

9. **監牢手**——「監牢手」一旦握住人，一點都不想把手還給人家，甩都甩不開。除非他確定已經抓住你所有的注意力，否則你休想鬆手。小心這種人不是機會主義者，就是想影響你的決策。

10. **有禮的握手**——開放、友善、誠實是這類型的感覺。你不會忘記這雙手的主人，也不會疏忽他。

根據握手類型決定接觸方法

如果熟悉握手方式所透露的資訊的話，推銷員在工作上可能會有極大進展。推銷員可以根據對象握手的類型來決定與其接觸的方法。比如：

- 面對機會主義者，你可以大談你對時局的看法，並且告訴他，使用你的產品有何好處。
- 遇見果敢的人，最好的辦法就是表現得比他們還堅定。
- 如果你能將產品說得絕對不可或缺，對那些只關心自己的人會很受用。
- 幫優柔寡斷的人進行決定比較快！（但很難）
- 你可以幫助那些對產品沒信心的人，缺乏自信並不代表他們不買你的東西，不過你要比平常還堅持。
- 碰見很悲觀的人要給他多一點肯定，這樣說起話來會比較容易。
- 有些人很愛阿諛餡媚那一套，你就得這麼做。顧客會很開心，你也做得成生意。

4 打破僵局

推銷之神的傳世技巧

- ◆你必須找出打破僵局的最佳時刻，別操之過急，但也不要閒扯太久。
- ◆想打破僵局，必須完全掌握顧客的注意力。
- ◆有效打破僵局、取悅顧客的方法，就是善用人類疑慮、好奇、驕傲、趨利的個性。

與顧客會談時，推銷員永遠都在嘗試何時應該打破僵局，將話題導入推銷的正途；何時該停止閒話家常，談點正經事。很多新來的人員一開始就無法抓住顧客全部的注意力，最後只有搞砸生意。太早或太慢進入銷售主題都不恰當。

銷售專家對何時應該談銷售主題有許多不同的意見。雖然推銷員不必一見面就和客戶談生意，但還是要一開始就能引起客戶的興趣，這樣才有利於打破僵局。

打破僵局的方法

以下介紹四種打破僵局的方法。

1. 疑慮

很多推銷員使用疑慮法來吸引顧客進入銷售主題。

比如：

- 先生，你可別讓機會溜走，否則你會後悔。
- 貨款利息最近會再升高，你得趕在這之前投資房地產才不會吃虧。
- 我想報紙上已經登出你的競爭對手工廠失火的消息了，損失可真驚人。
- 這是最後一個，我可能沒辦法再拿到了。
- 把汽油擺在倉庫裏多危險，這具電動割草機就很安全，對家人、鄰居都有安全保障，而且噪音又小。

2. **好奇心**。如果我一碰見你就說：「趕快買這東西，你的收入會增加一倍以上」。你可能會因此心動，但還不至於有所行動。如果我說的是：「猜猜我背後藏的是什麼？」你的注意力就會完全集中，好奇心大起。

當然推銷員不會走進顧客辦公室去問這樣的問題，要利用你所銷售的產品特點製造一個懸疑的開場，引發顧客一探究竟的心理。不過我要提醒大家的是，別問那種顧客鐵定會答「不」的問題。如果這麼做，根本就在浪費時間，還是趕快赴下一個約吧！

3. **驕傲**。很多推銷員用自重和驕傲感來取悅他的顧客，這聽起來有點難，不過下面有幾個例子：

- 先生，以您的地位，一定需要這樣的西裝來搭配，要不要試試這件？
- 我可以感覺出您對令郎很滿意，孩子需要受好的教育，我們學校提供……
- 因爲今天的捐獻，後人世世代代會永記不忘您的名字。
- 想想看，您如果買了這麼一輛車，您夫人一定會很以您爲榮的……

4. **利益**。只要是人，都喜歡討價還價。即使有錢人也會因打折省錢而興致盎然，比如：

‧你已經買了這麼多東西了，可是如果再加這一樣，你可以得到……

‧這種保險一年約可以省下××錢，一簽約立刻可以享受保障。

‧這種聽寫器可以處理很多資料，你可以因此少僱一個人。

如果你已經抓住顧客的吸引力，千萬別讓他由心生疑，趕快進入銷售主題，簡短、清楚而有說服力地交談。

5 深入瞭解顧客

推銷之神的傳世技巧

◆為顧客著想，激起客戶對產品的需求與渴望。

◆如果我沒辦法將產品推銷給某位顧客，競爭對手立刻就會跟進；如果我的產品能滿足顧客的需求，做成買賣的幾率就會大增。

◆巧妙問出顧客的嗜好，讓顧客自己告訴你他喜歡什麼。

前些日子，我的一個好朋友問我：「你有什麼辦法將小貓仔賣給從來不養貓的人？」我想了一下這個問題，然後說：「我從來沒賣過家庭寵物……」但是這位朋友打斷我的話，他興奮地說：「我很容易就做到了。我要我的兒子把小貓賣給周圍的鄰居，先建議每戶人家留一隻小貓過夜，如果他們不願付 20 塊錢買，隔天早上可以把貓送回來。結果這些鄰居花了一夜跟這樣可愛的小動物相處後，竟沒有人要『退貨』！」

我這位律師朋友一點都不知道，他所使用的是最有效的一種銷售法——爲顧客著想，激起客戶對產品的需求與渴望。有很多生意在雙方會面的 30 秒內就搞砸了。回想看看，你是不是曾拒絕過某些推銷員？很可能他們都未激起你的興趣。過去的事實已經證明，如果一樁交易失敗，可能是因爲推銷員的銷售知識不夠，如果十樁交易都失手，就表示推銷員根本不能引起顧客的購買食慾！推銷商務機器的推銷員都知道，做完示範後該把一些產品留給顧客試用，顧客一定會因爲這些產品的奇妙功能而心動不已，而下一步就是準備一手交錢、一手交貨了。

不久以前，有人到我家來，想推銷地區足球賽的門票。大家都知道足球賽是令人難以抗拒的運動項目，我個人則比較喜歡網球。但這個推銷員居然一點都不想轉變我的喜好，他根本就是在浪費時間。

沒有人會隱藏他對運動的愛好，這應該是很容易討論的話題。希望你好好做點家庭作業，在與顧客見面之前，先查清楚顧客的嗜好，或者向推薦這名顧客給你的人打聽也行。如果你對顧客瞭若指掌，做成生意的幾率當然大很多。

激起顧客的需求與慾望

早期當推銷員時，我問自己：「找出顧客的弱點並加以利用，以達成我的希望是對的嗎？」很快我就發現，如果我沒辦法將產品推銷給某位顧客，競爭對手立刻就會跟進；如果我的產品能滿足顧客的需求，做成買賣的幾率就會大增。

一般來說，想瞭解人們慾望何在，可以利用下列的觀察法：

• 休閒時的活動。
• 你的產品爲什麼能吸引他們。
• 你的產品能爲他們提供什麼樣的服務。

•你的產品如何降低他們的工作負擔，或讓他們的生活更方便。

•能讓你的顧客興奮的方面是那些？或者他平常活動的動機是什麼？是家人、子女、家庭活動、汽車、汽船、寵物、網球、高爾夫、橋牌、談生意等等。

持續關心這些事項，顧客和你的關係會愈來愈親近。

所有動物都會保護初生的孩子，人類對自己的孩子更是疼愛有加，如果你所銷售的東西對小朋友有幫助，成功的幾率很大。如果顧客有把最好的東西留給孩子的傾向，那麼他們對汽車、電視、百科全書、度假小屋、假期用品、休閒器材等對家人有好處的產品，接受度都很高。

很多夫妻的感情都很好，如果你的產品能增進配偶關係，那你的推銷工作幾乎是無往不利。不過有時候也要視顧客的情況而異。

多年前，我的弟弟也開始跟著我做推銷員，要求我幫他賣保險給鄰居一對夫妻。當我們做成生意後，女主人到廚房去煮咖啡，我弟弟將保險契約遞給男主人，並且問他：「您的受益人應該是您太太，您能告訴我她的尊姓大名嗎？」沒想到這位先生竟然說：「我的受益人不是我太太，是我的女兒。」我弟弟只好趁女主人出來前，趕緊讓這個顧客簽完所有文件。

知道了吧！人並不是無時無刻非保護配偶不可的，對孩子的愛通常更堅定，別再重蹈覆轍了！

瞭解顧客的工作心態

人們一星期花五六十個小時工作，如果你的顧客很喜歡這種生活，或者工作根本就是他的生活重心，那麼你和這種客戶見面時，要特別注意說話的題材。你可以和他談他的工作，讓他們發表工作上的相關意見。

通常大企業會與他們的買主常接觸的推銷員買東西，推銷員永遠有機會和買主的行業一起成長，但大多數推銷員常忽略這一點。

我有一次帶一位推銷新手與一家帳篷製造廠的總經理談生意。依照我們的訓練法則，我讓這個新人主導所有的談話、展示產品和交易細節。一直到我們該離開時，這位年輕朋友仍無法達成任務。我覺得遊戲還不到結束的時候，由我接手的話應該還有機會。

我開口說：「前不久報上報導有無數年輕人喜歡戶外活動，而且經常在野地露營，不知道是不是真的。」總經理立刻轉向我，並且極熱心向我解釋過去兩年來，他們已經在市場上如何發展這些用具。我們極有興趣地聽了大約 20 分鐘，當他一停止說話後，我們用關心他工作的立場巧妙將話題引入我們的產品，最後我們帶著一張新合約離開了。

瞭解顧客的嗜好

嗜好有許多種形態，休閒活動是最好的代表，推銷員要好好利用這一點。集郵、收藏、滑雪、打網球、玩滑翔機、小帆船、高爾夫、打獵、釣魚……這些活動愈來愈流行，更有數不清的人喜愛音樂、藝術和戲劇。

巧妙問出顧客的嗜好，讓顧客自己告訴你他喜歡什麼，或正在培養那種嗜好。你會發現，當人們興致盎然地談他所喜愛的事物時，是最無戒心的時刻，也較易忘記麻煩事，壓力相對減輕。多加善用這種情勢吧！

解釋產品時要能引起對方的興趣

我總是對新來的推銷員說：「如果我要你們出去賣檸檬，你一

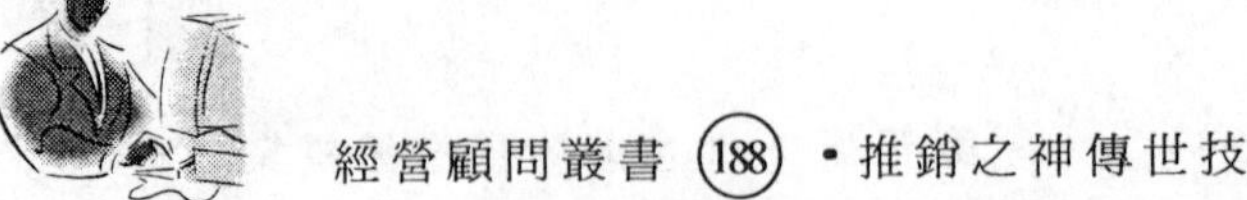

開始可能會說，買我的檸檬吧！或是檸檬大拍賣！一旦你工作一段時間後，你就會說，又大又漂亮的檸檬呀！或是說香醇檸檬正當時！當你是個老練的推銷員時，你會說，看看這些漂亮的檸檬，把它帶回家，一切開，就會看到陽光的影子，你可享用最新鮮、充滿維生素的檸檬汁！」

你不得不承認，聽到最後一種說法時，就像親自嘗到檸檬汁的感覺。這就是要引起顧客的需求和慾望的原因。好好找一找對銷售有益的要點吧！

如果我們向人介紹森林度假小屋的好處，對方只有耳朵能接收資訊。但如果畫一張一棟精緻木屋的圖片，則會讓人對這個地方產生若干想像，並能保持一段時間的記憶。要將產品的理念或服務項目推銷出去就要學會使用筆，用一支可愛的筆傳遞出的任何資訊，都會跟著產品聯結在一起。

我所知道最棒的推銷員是一個黎巴嫩人，他是中東地區的人，販賣許多阿拉伯人用的東西，他介紹產品時，借助他在倫敦買的精緻的黃金筆。當顧客準備簽訂單時，他總是看著顧客的眼睛，把那支筆送到顧客手上，並且說：「您要用自己的筆還是我的？」「毫無例外，他們總是拿我的筆，」他告訴我，「因爲他們在整個展示過程中都注意到它。」我這位朋友經常把筆送給客戶，他並不在意筆的價錢，因爲他所收到的傭金絕對值得如此做。

小心使用你的筆，也會有這樣的功用，當顧客看起來失去興趣，開始環顧左右時，就自然地在他眼前移動筆，並落在工作單上。你會發現他的視線會跟著回到你的解說上。這種方法很少失靈，既精巧又專業。

我們都知道公司通常願意花大筆廣告費在電視上作廣告，以提高知名度。因爲人們「看到」某種產品時，購買意願會比較強烈。爲什麼每個主要城市都會有那麼多商展、發佈會呢？就是要讓買主看得見、摸得著、嘗嘗看，並比較一下新舊產品的差異。在這種時刻學習如何展示、說明，會比任何時刻快。如果你的產品不能精確展示，學會用筆解說吧！這會使工作進展得較爲順利。

當我還是助理工程師時，曾遇見一位卡車推銷員。他用錄影帶介紹新車型，那時錄放影機還不普遍，當然他沒辦法隨時帶著錄放影機到處跑，但這比產品目錄好多了，可以增加成交的機會。不論是那種產品，試著利用圖片、錄影帶、幻燈片等做解說，有助於提高銷售量。我經常看見懶惰、健忘的推銷員，拿了公司提供的很多經費，卻不會運用任何道具，真是浪費時間、生命。

別忘了一句俗話：眼見爲實。這也是推銷的至理名言。

6　學會表達熱誠和展示技巧

推銷之神的傳世技巧

- ◆如果推銷員太有攻擊性，或講得太多、聲調太高，顧客會嚇跑的。相反，如果解說過程太慢或缺乏熱誠與感染力，顧客也會覺得興趣索然。
- ◆推銷員還必須是個表演高手，僅靠姿勢和手勢是不夠的，以我們這行來說，聲音比手勢還重要，你一定要善用這一點。
- ◆當你表現出熱誠時，一定要真心誠意。

有一位推銷員曾來找我，向我推銷公司贈品和公關品。人家都說，專業推銷員能「製造」聰明買主，看到這個推銷員後，我完全

同意這句話。在他開口說話不久後，我就知道我不會向他買任何東西，他說話速度很慢，又懶洋洋地缺乏熱誠，一點都不關心我真正的需要。

一場成功的推銷應該像一個好的電視節目，有好畫面和好音響，如果電視機的音響不好，觀眾的聽覺享受就不佳。電視聲控不佳，音響效果就不好，音量可能會太大。這就像推銷時，如果推銷員太有攻擊性，或講得太多、聲調太高，顧客會嚇跑的。相反，如果解說過程太慢或缺乏熱誠與感染力，顧客也會覺得興趣索然。

跟笑聲一樣，熱誠也會有傳染性。你說的話語、表情，以及你對自己所做事情的感覺，也會影響客戶；你對僱主、自己的工作或產品的熱誠都能通過語調傳遞給他人。

如果推銷員表現得很熱誠，充滿吸引力和活力，即使是一次普通的展示也會變成很有趣的表演，顧客的興趣也隨之增大。推銷員的熱誠可以感動顧客，使他們禮貌地回應我們，並且注意到我們所銷售的產品。

我發現我所碰見的推銷員都知道熱誠的重要性，卻不懂得善用這種情緒，有些人則因爲個性的關係，總傾向於隱藏熱情。這裏突顯了一個問題：「如果你天生就不是很熱情的人，能改變這種情勢嗎？」我的答案是肯定的，愈早強迫自己表達熱情，就能愈早養成這種習慣。

我剛開始推銷產品時也很恐懼，事實上我是個很害羞的人。當一個人既害羞又害怕時，實在不可能表現得太熱情。但我克服了這一點，因爲「我要」！我的進展很慢，我訓練自己忘記恐懼和怯意，不斷想著自己所做的服務可以爲顧客帶來某些好處。由於有這樣的念頭，我強迫自己不斷行動，而且是帶著熱情活動。

發自內心地表達真誠

除了熱誠，推銷員還必須是個表演高手，僅靠姿勢和手勢是不夠的，以我們這行來說，聲音比手勢還重要，你一定要善用這一點。如果要使聲音有表情，說話時就應保持抑揚頓挫，在說明產品的過程中，還要刻意強調一些關鍵字眼，即使只是回答顧客最簡單的問題，也要讓聲音傳出熱情。

有一次，我和太太出門逛街，想買一個窗式冷氣機，在第一家店，店員只是告訴我們許多品牌和型號，也說明不同的價錢。我們問他其中極相似的兩款究竟有何不同，他說其實這兩款功能完全相同，只是其中一部是有名品牌，所以比較貴。過了幾分鐘，這個店員說了聲抱歉就只顧和另一位同伴說話，把我們留在現場。我從來不跟無趣的人買東西，所以我們離開到另一家店去。

另一家店的店員滿臉笑容問我們裝冷氣機的房間是個什麼樣子。他說這點很重要，因爲不同機型，噪音程度不一樣，同一種機型不能又擺廚房又擺臥室。接著他又問房間有多大，這樣才能決定要買多大功率的機型。

我太太問道：「如果附近有火，這個機型承受得住嗎？」我相信他一定很少碰到這樣的問題，但他不要任何專有名詞，很快地、有技巧地回答我們的問題說：「太太，當你晚上出門忘了關燈時，這個機型都不會出問題。」他是個既熱情又懂得顧客心理的推銷員，似乎一切都在他的掌握之中。雖然他賣的東西比前一家稍貴，我們還是跟他達成交易。

當你表現出熱誠時，一定要真心誠意。

在解說產品的過程中，要強調若干字眼，才會顯得有說服力，而且同樣字眼在不同情況下也會有不同效果。

比如「我們保證服務一年」這句話，大聲說這句話時，如果強調「我們」這兩個字，就表示：你可以從我的公司得到最好的服務，但我可不知道其他廠商會不會這麼做。

現在再說一遍這句話，然後強調「保證」這兩個字。這表示你一定能負責到底。如果你希望顧客可以整晚安睡，不用擔心修車問題，那麼一定要強調「服務」兩字。如果你要強調保證服務的期限，就要肯定說出「一年」的字眼。

這個例子可以應用在推銷的工作上，如果你學會「強調」的技巧，就會是個善於做產品展示的人。

培養滿腔的熱情

我能要求你每天都問自己這樣的問題嗎？

1. 我看起來快樂嗎？這並不表示你得強迫自己從早微笑到晚。只要讓你的眼睛發光，並且自然消除渾身冷冰冰的感覺。

2. 我的聲音聽起來悅耳嗎？感覺得到人們是否用快樂的心情聽你說話嗎？用答錄機錄下自己所說的話，加以分析，幫助自己改變說話的聲調和速度。

3. 我說話的音量適當嗎？深沉、沉穩的聲音有時比大聲說話有用。刺耳的聲音是不會有吸引力的，要隨時調整說話的音量。

4. 我說話時很活潑嗎？你不一定要又快又大聲地解說產品。我所認識的最好的推銷員，大多是聲音低沉者。因爲他們說話的音量很低，所以人們得集中精神去聽清楚他所說的每句話。許多人都承認這個招數很成功。

5. 我很用心注視顧客嗎？你的熱情可以用專注、深沉的注視傳達出來。

6. 我的姿勢合適嗎？如果你賴在椅子上，表示連你自己都對產品沒興趣。要儘量往顧客的方向前傾，顯出很認真的樣子。

7. 我的說明夠簡潔嗎？通常連我們自己也不確定在說些什麼時，就會有說多話的傾向，要儘量簡短、清楚地說明各類細節，吸引顧客的注意力。

8. 我的行爲合宜嗎？略帶戲劇化的舉止的確有助於推銷，但不能太誇張。當顧客不專心時，我經常會突然站起來。試試看，絕對管用。

7 站在顧客的立場做推銷

推銷之神的傳世技巧

- ◆站在顧客立場設想問題。
- ◆真正專業的推銷員會先搜集顧客的詳細資料，經過研判與規劃後對顧客說：「先生，如果我是你，你知道我會怎麼做嗎？」

你是否曾自問，假設你是自己的顧客，會不會跟自己做生意？這個問題的答案經常能解答大部分顧客的問題。在我的推銷生涯中，曾有一兩次必須拒絕賣東西給特定的顧客。在展示過程中，我瞭解到他們有財務上的束縛，不能輕易訂契約。在這種情況下，我就不能勉強他們，或自己承受風險。但我同樣在這些失去的客戶身上學到很多做生意的道理。

我學到一個首要原則，就是以顧客立場設想。當我第一次推銷時，我不斷思考到底該如何著手開始，而當初賣給我們第一棟房子

的房地產經紀人給了我很大啓示。這個經紀人很有組織力，當大家都還不知道什麼是複式檔案系統時，他的檔案裏就有每一棟他所經手的建築物的資料卡了。他列下所有顧客需要知道或希望知道的資料，包括當地學校、商店、停車場、圖書館、教堂及建築物相關的細節。

以今天的眼光來看，房地產經紀商帶那麼多卡片在身上似乎很蠢，但在當年這個人可是個超級組織家。我對他所提供的豐富資料印象深刻，所以決定用在我們的金融服務系統上。這個卓越的資料系統是我成功的因素之一，也是爲顧客的需要著想的起點。

在做不成生意時，我回到家就寫一張顧客卡，描述我剛見過的顧客，這時候我腦中的印象還很清晰。當我再次拜訪同一位顧客時，我會記得他個人、家庭、工作、做過的投資項目和保險契約等資料，這種「表演」通常令顧客難忘。有了這些秘密卡片的協助，當我再次以電話聯繫客戶時，幾乎有 70%的成功率，我只要將顧客的資料攤在他們面前，簡單地說：「先生，如果我是你，我會這樣做的。」只要我的提議合乎邏輯，這種方法從未失靈過。

現在這些卡片已變成檔案，我只要和顧客見過面，將資料填進固定的表格，就能列印出來使用。往後我的業務又增加了個人財務規劃項目，我就利用這些資料爲顧客設計理財方案，印出樣張留給顧客參考。

我知道不少推銷員都對顧客說：「先生，我很努力站在你的立場去考慮怎樣決定這件事，爲了做正確的建議，我需要更多個人資料，」而在聽過顧客所提供的資料後，他們卻只是說：「這種情況下，我會建議您應該……」真正專業的推銷員反而會先搜集顧客的詳細資料，經過研判與規劃後對顧客說：「先生，如果我是你，你知道我會怎麼做嗎？」很明顯，顧客就會問：「你要怎麼辦？」這時推銷員就可以說明以顧客立場精確考慮的建議，協助他做決定。

你也可以用其他顧客的例子來提示顧客。如果顧客對花大錢買昂貴機器的效果持有疑慮，推銷員就要舉例說明有那些人買了機器後大賺其錢的故事。如果有人懷疑你所說的售後服務的真實性，更要提出其他顧客滿意的例子作爲「見證」；你可以說：「某某先生以前也這麼想，但上周他還告訴我，他很滿意我們的服務。」但有很多人不認爲這種方法適用於金融性產品或服務，在這種情形下，除非顧客同意你提到他的名字，否則不可隨便舉用。

8　如何做成交易

推銷之神的傳世技巧

- 十次有九次顧客不會主動買東西，推銷才是主要的動力。
- 生意成不成當然視產品或服務的品質而定，但推銷員的性情和個人特質也是關健因素。無論如何，會要求顧客買東西才是要務。
- 每一次推銷都要視顧客與情況的不同而改進，但切記：一定要要求顧客下訂單。如果不這麼做，顧客反而會覺得推銷員不夠專業，東拉西扯半天，完全不知所為為何。

大多數推銷員在各方面能力都很強，唯獨不知如何開口要求顧客填訂單。很多人拿不到訂單，是因爲他們不知如何開口要求，或者沒有勇氣這麼做；只要推銷員不開口，他們就永遠也做不成生意。

有些推銷員很猶豫要不要請顧客訂貨，有些人則根本是害怕開口。他們心裏希望或祈求客戶會自動說：「好吧，我跟你買東西，給我一份吧！」他們知道自己已經傳達了產品所有的資訊，也克服了顧客的抗拒心理，所以他們開始等待……他們就這樣一直等待下去！等顧客自己開口買東西！統計數字告訴我們，十次有九次顧客不會主動買東西，推銷才是主要的動力。

生意成不成當然視產品或服務的品質而定，但推銷員的性情和個人特質也是關鍵因素。無論如何，會要求顧客買東西才是要務。

舉個例子來說，推銷割草機的推銷員可以對顧客說：「李先生，這個割草機的速度絕對比別人的速度快，因爲它的引擎比較大，而且是半自動推進的，你希望我們這個星期六送過來呢？還是您願意到批發商那兒提貨？」這種話術才是促動顧客下決心買東西的標準方式。

我認識很多在敲定訂單時刻顯得很自在的推銷員，他們很冷靜，動作很專業。有些人卻很笨拙、不機警、不會察言觀色，他們只會「哀求」顧客下訂單，一旦氣氛弄僵，顧客和推銷員都很不舒服，生意就可能搞砸。

每一次推銷都要視顧客與情況的不同而改進，但切記：一定要要求顧客下訂單，如果不這麼做，顧客反而會覺得推銷員不夠專業，東扯西扯半天，完全不知所爲爲何。

一開始就將訂單攞出來

當我開始推銷工作時，從未有人跟我解釋，與顧客會面時，一開始就將訂單攞出來會有助於銷售。經過一段時間後，我發現一旦到了該決定買不買的時候，只要我一把訂單拿出來，顧客就會有退縮的傾向。甚至有人會說：「等一下，這是什麼？我還沒決定買不買啊！我需要再仔細考慮一下……」

訂單種類繁多，客戶未必很瞭解，當顧客要簽約時總是會問：

「為什麼要列這些條文？這到底是什麼東西？為什麼我得填這些資料？我的律師應該先過目才對……」

所以我學會在一見面時儘快把訂單拿出來，利用各種合約來回答顧客一些特定的問題，或向顧客解釋產品的優點：我會讓顧客瞭解，我所說的一切都會列在訂單裏，這不但讓顧客覺得安心，而訂單也逐漸變成產品展示的一部分。所以到了完成交易我開始填表時，不會有人受到「驚嚇」。

當我向業界人士介紹這個方法時，總會聽到反對意見。「反方」說：「這好像強迫推銷嘛，我們不能這麼做。」我對這種意見只有一個回答，如果你遵守我的建議，銷售量起碼可以增加四分之一！一開始就將訂單拿出來不是強迫推銷，這是一種專業的銷售手法。

越早做完生意越好

對所有剛開始從事推銷的人來說，大多數人都傾向於在產品展示結束時，再和顧客談買不買的問題，因為許多前輩都這麼教他們。相反，有經驗的專業人士卻會將這個時機提早。到底什麼時候提出買賣要求比較好呢？依我的經驗，從與客戶一見面起，任何時刻都是簽訂單的最佳時機，而且時間愈提早愈好。

比如有人來問暖氣機的價錢，你可能會說：「這種暖氣機起碼比以前的機型省 10%的用電量，李太太，你對這應該有興趣吧？」你只是在解說過程中提到一個重點，但其實已經試圖要完成交易了。李太太若覺得這省下的 10%用電費對她很重要，那麼她也早已準備好掏腰包了。

下面我再舉兩個具體的例子：

「現在你已經知道這種中央空調系統能省下這麼多錢，你一定會想換掉窗式空調了。」推銷員在這裏已經提到省錢的話題，正試

圖完成交易。

「這棟公寓視野非常好，而且空間足夠讓您的小孩和朋友來這邊玩，維修費卻非常少。我想你應該對抵押擔保的細節有興趣，我們可以坐下來看看這些條件。」在這樣簡短的介紹後，推銷員其實已經企圖要完成交易了。

推銷員要隨時掌握顧客的心理狀態或暗示，還在學習階段時，比較難抓住這種時機。有時一個簡單的動作，像身體往前傾等，都可能透露出「我想買」的資訊。

當你聽到、感覺到或見到這樣的暗示時，就要立刻停止解說，嘗試與顧客完成交易。不要等待！這就是推銷員想要的最佳時刻！推銷員瞭解，顧客也瞭解，推銷員只要簡單地說：「我知道你做了最正確的決定」，或是「你未來一定會因爲這樣的決定而獲利無窮的」。說完這些就夠了，快樂地離開吧！顧客喜歡你的產品而且買了下來！

拒絕和購買訊號

有人會抱怨顧客心理很難捉摸，事實上有些簡單的訊息正顯示顧客的購買食慾。

- 對，我想這真是好主意，但……
- 我很想買一個，但價錢這麼貴……
- 我想再隔一陣子也許比較好……
- 對我們來說這好像貴了一點……

缺乏經驗的推銷員可能覺得以上的反應是一種拒絕。別誤會！這是購買信號呢！專業人士會趕緊加強顧客的決心，告訴顧客愈早買，愈快獲利，很多生意就是這麼做成的。

成功來自一次又一次的嘗試，推銷員要學會分辨拒絕和購買信號之間的差異，這兩者的差距通常很小，很可能只是一句簡單的話或是音調不同。如果顧客的回答包括「我想、我認爲、我相信、我應該」等一類的話，通常就是購買信號而不是拒絕。

但當顧客一直說不，就表示他還沒準備好，你必須提供更多的產品細節，或是要對他所提及的問題進一步說明，才能再試探顧客的購買意願！

繁瑣的展示過程常讓顧客覺得無聊，尤其是你的產品已見諸廣告或知名度很高時，更無須做長時間的展示，爲什麼不早點談買賣細節呢？從今天起試著縮短展示的時間，效果可能更好。

當我在說明會或課堂上教這個方法時，總是有人跟我說：「如果我沒做完展示，顧客可能不知道產品所有的好處！我必須一一告訴他才行！」我完全同意這個觀點，推銷員應該這麼做，但拜託，等其他時間再做這些事吧！先談成生意再回頭解釋其他細節。比如你可以說：「先生，這種產品的優點一時也說不完，找機會我再一一向你解釋，下星期你提貨時我們再碰面好了，星期二可不可以……」這類說詞會讓顧客很受用，因爲推銷員會帶來更多的產品資訊。

早一步完成交易的好處有：

‧節省時間——你的時間和顧客的時間。

‧不會有說得太多以致損失交易的風險。

‧促使顧客說購買的機會增加，如果要等到展示完畢才提，就只有一個做決定的機會。

9 顧客永遠是對的

推銷之神的傳世技巧

◆當你面對顧客時必須經常訓練控制自己的情緒。
◆每當我瀕臨失控邊緣時，就試著換成顧客的角度來思考。
◆千萬不要嘲笑顧客，要車重他的信仰和出身，不能有厭惡的情緒，更不能輕視對方。

你曾見過從未失去耐心或冷靜的人嗎？答案當然是不可能。每個人都有沮喪的時刻，專業人士都知道，當你面對顧客時必須經常訓練控制自己的情緒。如果不能控制脾氣，或在展示過程中和顧客爭辯，你的銀行存款恐怕要大受影響。贏了爭辯，也付出代價。

要保持冷靜或不說太多話並不容易，尤其是在客戶明明有錯時更難。無論如何，你必須控制自己。在我做推銷那幾年，每當我瀕臨失控邊緣時，就試著換成顧客的角度來思考。有句話說，消費者永遠是對的，遵循這樣的理念，我一次又一次避免失控，未曾與人結下仇怨。

專業推銷員不能隨便生氣，如果推銷員和顧客爭辯，最後會是贏家嗎？他會覺得贏得辯論很驕傲嗎？贏了爭辯，卻丟了生意，是最不合算的事。

切記，千萬不要嘲笑顧客，要尊重他的信仰和出身，不能有厭惡的情緒，更不能輕視對方，千萬不要對顧客的個人隱私做任何評論。身爲推銷員，有太多因素會讓你丟掉生意的。

如何面對好爭辯的客戶，應付好爭辯的顧客是一件不容易的事，必須要有耐心和經驗，而耐心是可以學習的。

當我感覺顧客開始要爭辯時，我就轉而利用他的反對意見，讓自己得利，這需要一點想像力和心理學的認知。

推銷員可以將自己的概念灌輸給顧客，並且讓顧客相信，這些看法是他自己思考出來的；當顧客有不同的意見時，推銷員可以說：「的確是這樣，李先生，大多數人都跟你有一樣的想法，你已經瞭解了最重要的部分……」說完後，推銷員可以繼續強調自己的想法。切記，「永遠不要」試圖糾正或對顧客的評斷說：「不對，小姐，我不同意」，或是說：「不對，先生，你錯了！」

將「不」字從你的字典中除去，看完這一章，你唯一要記住的就是：從你的銷售話術中，除去「不」這個字，同時用「對，但是……」來代替，這是增加銷售最聰明的方法。爲了幫大家記住這個要點，我要舉一個例子。

有一天顧客對你說：「你看，今晚月亮開始變綠了！」你該做的就是走到窗邊，望望月亮，然後走回來，帶著一貫的笑容對顧客說：「沒錯，先生，月亮是有點綠，但我們人在晚上多少都有點色盲！」

第六篇

決定成交的習慣

湯姆·霍普金斯

湯姆·霍普金斯　當今世界第一流推銷訓練大師，全球推銷員的典範，被譽為「世界上最偉大的推銷大師」，接受過其訓練的學生在全球超過 500 萬人。

1　處處表現出讓人信賴

推銷之神的傳世技巧

◆要贏得客戶的信賴，就必須表現出值得信賴的行為。

◆你要向客戶證明，無論大小事他都可以百分之百地信賴你。久而久之，一旦你養成信守承諾的美德，以及做的比說的多的美德，如此你就一定能同時底得客戶的信賴和訂單。

我曾經訓練過的推銷員不下 25 萬人，接觸的推銷員越多，就發掘到的「花招」越多，他們有時候會抄捷徑，以便取得暫時的優勢(起碼，他們如此盤算)。問題是，這些花招並不利於他們的主要工作目標，因此，他們必須不時地向客戶表現出「我是值得信賴的」，而且還要不斷強化這個資訊。我認識一位喜歡利用花招將客戶引誘上門的汽車推銷員。打開電話簿，找到一個姓名，他就打電話給人家：「喂，鐘先生，我是強森二手車公司的強森，恭喜你抽到本公司大獎，歡迎過來領你抽到的火雞。」他腦海裏所盤算的實際是，客戶只要前來，就會領走兩隻火雞：一隻送進烤箱，另外一隻開上路。事實上，根本沒有抽獎這回事，每一個上門的客戶都可以用極低的價錢買到火雞。

隨便抓一個人就打電話，而且自認爲只要引起他的注意力，然後展開推銷攻勢，就有希望取得訂單，這種推銷手法如何取信於人？

我無意貶低汽車推銷員，我所認識的一些頂尖推銷員就是從事

這個行業的。我以這個汽車推銷員作個例子是想說明，隨便打通電話告訴人家抽到一隻火雞，以此來展開推銷攻勢，這種手法實在不高明。這種吸引客戶上門的不老實伎倆，壞事傳千里，不久就會遭到唾棄的。如果你賣的是火雞，大可大談火雞；如果賣的是汽車，就只能說汽車，並讓客戶相信你，買你所推銷的汽車是穩當可靠的。你一定要小心運用這些伎倆，如果任它們毀了你的可信度，那可就得不償失了。

要贏得客戶的信賴，就必須表現出值得信賴的行爲。大多數推銷員只注意自己是否很值得客戶信賴，但這卻不是重點所在。所謂的「可信度」是靠著每件事情的兌現而點點滴滴建立起來的。例如，答應 9 點鐘打電話，就必須在這個時候打，而不是 8 點 50 分或者 9 點過 2 分。有些推銷員把依約行事視爲苦差事，有些推銷員則靠這種職業精神來建立自己的可信度，並因爲言行一致獲得肯定。

如果認爲這些「芝麻小事」對自己的可信度無足輕重，那我可不敢苟同。在你和客戶之間發展關係的過程中，客戶就靠著這些「芝麻小事」來觀察你，而此時你能和他建立信賴度的唯一途徑，就是兌現這些「芝麻小事」。向客戶做一些無法實現的承諾，將使你無法贏得信賴。向客戶說，你保證會在 5 分鐘內傳真一份報價單給他，會完全依照他的規格要求來估價，這儘管是些芝麻小事，但只要你認真做好這些芝麻小事，你將成爲百萬人中的頂尖推銷員。

關係建立於互信，互信建立於各種行爲表現。當然這並不表示你要對客戶卑躬屈膝，那相反只會起到相反的效果。你要向客戶證明，無論大小事他都可以百分之百地信賴你。久而久之，一旦你養成信守承諾的美德，以及做的比說的多的美德，如此你就一定能同時贏得客戶的信賴和訂單。

2　不可浪費客戶的時間

推銷之神的傳世技巧

◆大多數客戶會很感激你在短時間內直切正題，你大可在不傷害你們之間已經建立的這份關係的前提下，滿足客戶的這項期盼。

◆推銷員永遠無法掌握客戶在那個時候會做出採購決定。你切不可對客戶採取強硬的態度，就算你掌握了最新情況，還是必須耐心地和客戶循序漸進地通過每個推銷階段。

如何開始詢問關鍵的問題？建議你從一個簡單的問題問起。這個問題可能和銷售拜訪毫無關聯，但卻能大大提升你對這位客戶的洞察力。

「我很想知道，你是如何得到這份工作的？」

這個問題會引導你輕鬆自如地登堂入室，進入真正的銷售拜訪階段，它也會鼓勵客戶對你敞開心懷。客戶會憑他對你的第一印象，對這個問題做出不同程度的回答。

之後，你就可以直接進入問題的核心，解釋爲什麼來拜訪他，以及說明自己是如何進行推銷的。如此，稍後提出來的問題就會更加有意義了。

「艾小姐，我們公司代理銷售的是全國最暢銷的×產品，我想向您解釋一下我們的推銷程序。作爲第一次的拜訪，我只想瞭解貴

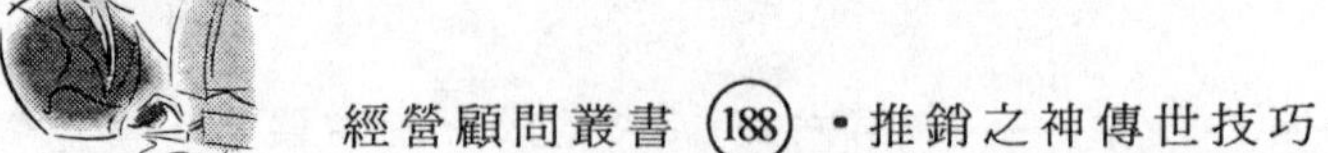

公司的需求所在，今天我不是來推銷產品的。之所以向您解釋這些，是因爲想詢問一些有關貴公司的情況，以瞭解是否能幫助您提升貴公司的業績。您是否有時間呢？」

假設得到肯定的答案(獲得這個答案的勝算很高)，就可以提出所謂的關鍵問題。

問題一——過去：「你們是否使用過本公司的產品？」(「如果使用過，覺得功效如何？」)

問題二——現在：「我很想知道，貴公司目前使用那個牌子的×產品？」(「您覺得這個牌子的產品如何？」)

問題三——未來：「您是否能告訴我，貴公司未來6個月對×產品的使用需求如何？」(「貴公司打算如何運用×產品來達成目標？」)

如果還是覺得不方便切入正題，提出該公司是否已使用或未來有可能使用自己產品之類的「嚴肅」問題，但要確信「避輕就重」的時機已經成熟，此時你可以拋開昨晚棒球賽的話題，透過一些中間問題，把自己帶進正題。以下是一些建議：

•「請問貴公司的客戶群是那些人？」

•「你們是否還有其他子公司？」或者「你們總公司設在那裏？」

•「你們通常利用那種推銷途徑？」

•「貴公司進入這個行業有多久了？」

•「在這個產品或產業領域，面臨何種挑戰？」

這類問題可能給你帶來重要情報，而且能爲你架起一座堅固的橋樑，直接進入銷售拜訪的正題。但是切忌過分依賴這類中間問題，因爲客戶就像大多數現代人一樣，總是恨不得一天有25小時。大多數客戶會很感激你在短時間內直切正題，你大可在不傷害你們之間已經建立的這份關係的前提下，滿足客戶的這項期盼。

第一次銷售拜訪的最後一個適當問題如下：

「謝謝您今天抽空和我談話，讓我對貴公司有了充分的瞭解。容我向您解釋一下，在這個階段，我們通常是如何進行的。我想，現在我們得約好下次見面的時間。在這之前，我會好好整理今天所搜集到的資訊，下次見面時，我將就如何協助貴公司提升業績一事提出報告。下星期二下午 3 點，您方便嗎？」

讓客戶知道彼此正處於推銷循環的那個階段

• 「先生，很感謝您今天抽空見我。我知道我們還有很多事要談，但是在這個階段的銷售拜訪，通常是讓客戶瞭解我們的公司及業務。本公司從××年開始……」

• 「先生，在這個階段，我想問您一些問題，以便瞭解本公司如何能爲您服務。」

• 「先生，我們已經談了不少了。我會根據今天所做的筆記，撰寫一份企劃書給您。我們下星期再見一次面，星期五下午 2 點，您有空嗎？」

• 「真高興和您再見面，先生，我們已經準備好一份企劃書，讓我花幾分鐘時間向您簡要地解釋一下這份企劃書，然後回答您提出的問題。」

• 「這是我們所寫的企劃書，先生，我們可以成功地爲貴公司執行這份計畫，而且越早執行對貴公司越有利。12 月 12 日星期六這天開始執行計畫，對你們方便嗎？」

有多少銷售拜訪，就因爲推銷員爲了避免「冒犯」客戶，無法提及自己登門拜訪的原因而泡湯了？要主動掌握場面的主動權提醒自己隨時告訴客戶，你們正處於推銷循環的那個階段。否則，每次的銷售拜訪，只會是一次冗長、「友善」的會談，其結局是了無結果的中間狀態，讓雙方對下個步驟該怎麼做不知所措。

我們並不是生存在一個完美的世界，而是一個包羅萬象的世界，每個人都有自己的思考模式，每個人的下一個動作都可能是我們所無法想像的。因此，讀者很可能會碰到下面的尷尬狀況──客戶攔住推銷員說：「等一下，你進行得太快了，我還沒準備好要說這個。」

那麼，該怎麼辦呢？

你所需要的是更充分的情報，必須瞭解在這個階段是否還有問題有待解決。不能掌握問題所在，就無法取得訂單。不時透過「掌握最新狀況」系統(我喜歡如此稱呼此一系統)，發掘問題所在，比起在最後一分鐘要求訂單，才發現一些早該注意卻被疏忽的問題，顯然是更有效的推銷手法。

有時候，通過「掌握最新狀況」，從客戶身上所獲得的回饋，會讓我們發掘到一些客戶本身尚未意識到的問題。很可能的情況是，我們上門向客戶推銷的是影印機 A，客戶對這項產品也似乎很感興趣，但是在推銷循環的運行過程中，我們發現只有影印機 B 才能迎合其需求。推銷員的使命就是解決問題，迎合需求，而不是讓客戶來迎合我們先人爲主的觀念，於是我們把目標轉移到 B 產品。要掌握客戶的實際需求，就得靠「掌握最新狀況」及傾聽客戶的回饋。

請注意，推銷循環因產業、客戶而異。簡而言之，推銷員永遠無法掌握客戶在那個時候會做出採購決定，你切不可對客戶採取強硬的態度，就算你掌握了最新情況，還是必須耐心地和客戶循序漸進地通過每個推銷階段。除非你和客戶都清楚你們正處於那個推銷階段，未來還會經歷那些階段，否則是無法做到的。

3　別讓大好機會亂了陣腳

推銷之神的傳世技巧

◆推銷是一種數字遊戲，推銷員的工作目標就是儘量利用各種方法。運用各種時機去提高自己的勝算。

◆如果你盤算著放長線釣大魚，小心自己可能要付出不出的代價。今推銷並不存在於真空狀態中，事實可能會超乎想像。

當你正在辦公室埋頭工作時，突然一個電話打進來要採購產品。這真是美夢成真！

大多數推銷員的第一個念頭是，趕快做成這筆生意。生意實在太難做了，天天都要忙著開發、建立、說服客戶，現在生意自動送上門來，絕對不能眼睜睜地看著這個大好機會溜走，於是迫不及待地迎向它。

千萬別這麼做。如果你真想讓這個電話爲你帶來一筆傭金收入，我向你保證，最穩當的方法是深呼吸，數到三，然後依以下幾個簡單步驟行事。

1. 退後一步，和他培養關係。如果打電話的人素昧平生，我們就無從把握單刀直入的推銷手法，如「讓我們好好談談」、「當然，我們能解決您的問題」，是否行得通？這種推銷手法，可能會讓客戶大爲退縮。所以，不妨和客戶談笑風生一番，感受一下電話那端是一個什麼樣的人。

2. 瞭解事實。「很高興您和我聯絡，不知道是否在意我請教您一個問題？」爲什麼會打電話給我呢？這是一個很重要的問題。你必須掌握自己所處的狀況。推銷並不存在於真空狀態中，事實可能會超乎想像。有時候，對方打電話來，大有馬上簽訂單的姿態；事實上，他們只是需要他人的大量關懷。瞭解自己所處的狀況；收集有關的情報；不要屈服於成交的念頭——現在也許爲時過早。

3. 爭取見面的機會。就算對方打算在電話中成交，也要對他提出見面的要求(除非，你所從事的是電話推銷)。你必須親自和客戶見次面。

煮熟的鴨子也會飛走，推銷是一種數字遊戲，推銷員的工作目標就是儘量利用各種方法，運用各種時機去提高自己的勝算，當然其中的一個大前提是儘量做到人性化。如果你盤算著放長線釣大魚，否則自己可能要付出不小的代價。

4　調整既有的產品或服務

推銷之神的傳世技巧

- ◆你的產品是否只有一種用途？或者你可以調整產品的用途？是否能將它使用於一種新用途、新功能？關鍵就在於以開放的心態去發掘其新的用途。
- ◆如果這個新用途大有市場前景，你會發現它所改變的不只是自己的推銷生涯，也可能是公司的命運。

我在主持推銷研討會當中，經常提到在產品或服務方面的「彈性」或「適應能力」。

牙醫利用金銀這兩種金屬來補牙，是因爲它們具有極佳的延展性，很容易處理，在蛀牙的表層或裏層提供一個完整、安全的接合。以此類推，推銷員自然可思考自己的產品或服務如何針對新客戶做出調整，以迎合其具體的需求。

以下是一個簡單的例子。假設產品是紙夾，你認爲它的使用法有多少種？顯然，你會把紙夾定位爲：一種金屬設計，用來將一大疊紙夾在一起。但是只要稍加思考，就會發現，我們可將紙夾廣泛使用在各種用途上。有些人把它扭成開尾栓；有些人用紙夾來清理事務機器的死角；有些人用它來鎖緊鏡框；有些人把紙夾串聯起來，充作裝飾品。我則把兩個紙夾當作鉤子用（極其小心地），當一張頑固的磁碟無法從磁碟機送出來時，我就得借助於它們。

除了夾住紙張外，紙夾的用途可能超過 100 種。你的產品或服

務是否具有你所未想像到的百種用途？在推翻這個可能性之前，請記住，產品並不需要 100 種用途才能創造佳績，你只需要一種新用途。

蘇打粉大都用於烹飪，我說得沒錯吧！但是卻有廠商大打廣告，宣傳蘇打粉可用作電冰箱除臭劑。對了，讀者朋友之中，是否有人還在冰箱裏擺蘇打粉除臭的？

食物不能當玩具玩，這是每個人都肯定的事實，但是生產果凍的廠商卻不這麼想。他們展開密集的廣告攻勢，鼓勵消費者利用果凍粉做成果凍鋸刀，讓小孩子在吃果凍之前，先把它們當玩具玩要一番。調查員混在等候結賬的隊伍中觀察發現，有不少人買果凍，而且一次就買 6 盒、8 盒，甚至 12 盒。

這就是產品的延展性。

你的產品是否只有一種用途？或者你可以調整產品的用途？是否能將它使用於一種新用途、新功能？是否能以不同的角度來展現產品，或者向不同的客戶群推銷產品，關鍵就在於以開放的心態去發掘其新的用途。

這並不表示你必須是亨利・福特第二或愛迪生第二才能勝任這項關鍵工作。從簡單的開始做起，剛開始只要變化一種用途就夠了。如果這個新用途大有市場前景，你會發現它所改變的不只是自己的推銷生涯，也可能是公司的命運。

5　初次拜訪時約好下次的時間

推銷之神的傳世技巧

◆你安排第一次的銷售拜訪，可不是為自己的健康著想，是受一個目標所驅使：以自己的產品或服務去協助客戶解決問題。

◆除非在第一次銷售拜訪時，就得到一個否定的答案，否則總是有機會創造第二次見面的機會。

這也許是我所提供的建議當中最簡單易行的一個建議，但是它卻被許多推銷員疏忽了，甚至有不少推銷員在獲悉這個習慣是成功的關鍵之一後，反而不敢放膽去要求客戶了。

一位年輕的推銷員曾向我表示：「那兒又不是我的地盤，而是客戶的辦公室，他接受我的第一次拜訪，已經算是很有禮貌的了。如果我打算再回去做第二次銷售拜訪，客戶一定會問我爲什麼？」

這真是荒謬極了。

是你先主動去和客戶聯絡的，在這個過程中的每個時間點，你已經清楚地向客戶解釋，你的主要工作就是要來幫助他解決問題的。而且你也對幫助他解決問題表示了高度的熱忱。所以，爲什麼不能要求客戶安排第二次的銷售拜訪，讓你有機會解說如何執行你的解決方案？

這對我來說是最基本的道理，不需要有力的論證來支援。但是，每當我提出這項建議時，總會有推銷員向我提出一些令人驚訝

的論點。以下是我所得到的一些實際反應：

- 「我沒辦法和他約下次見面的時間，我不知道自己什麼時候會再回到這個地區進行銷售拜訪。」
- 「我無法要求他讓我做第二次拜訪。不知道寫這份企劃書要花多少時間？」
- 「我不敢提出這個要求，因爲還沒有準備好相關的報價單。」
- 「我不敢向客戶提出再次拜訪的要求，因爲我怕他會拒絕。」

這是一些推銷員千真萬確的想法，你相信嗎？

如果你必須估計自己需要多少時間準備一份報價單，就好好估計吧！最糟的狀況是什麼呢？只不過是打電話到客戶辦公室，要求重新安排拜訪的時間罷了。

你安排第一次的銷售拜訪，可不是爲自己的健康著想，之所以如此做，是受一個目標所驅使：以自己的產品或服務去協助客戶解決問題。在第一次銷售拜訪結束時，這個目標還是存在的。因此，在離開前要求將推銷過程推進到下一個步驟，可說是順理成章的。

除非在第一次銷售拜訪時，就得到一個否定的答案，否則總是有機會創造第二次見面的機會。而約好進行下一個步驟的最恰當時機，就是第一次拜訪結束時。此時，你和客戶坐在一起，兩個人都有一份日曆在身邊，也都可以馬上找到一枝筆，還要選擇其他什麼時機來安排下次的見面？還有什麼因素能讓你沒有約好下次見面的時間，就離開客戶的辦公室？

「先生，我想今天已經談得夠多了，希望幾個星期後能和您再見一次面，屆時，我會向您解說本公司如何協助貴公司解決問題。25 日是星期五，可以嗎？」請傾聽客戶的回答(總會有一種答案的)，然後根據已獲得的資訊行事。

6　表現出自己的熱忱

推銷之神的傳世技巧

◆熱忱與笨拙的虛情假意會帶來截然不同的結果。前者能搭起溝通的橋樑，後者卻會毀掉這座橋樑。

◆當我們碰到陌生人時，通常會經過幾個階段。在你我之間存在著一個「試探」過程。

◆設法避免重覆、機械式的手勢或回答，否則，這將是一次生硬、冷淡的銷售拜訪。

推銷中的熱忱，並不是要你去擁抱客戶，和他握手時上下搖個 20 下，或者對他的衣著與外表大大讚美一番。

熱忱與笨拙的虛情假意會帶來截然不同的結果，前者能搭起溝通的橋樑，後者卻會毀掉這座橋樑。銷售拜訪就像其他推銷過程一樣，假以時日才能進入狀況。如果瞭解當自己和客戶做第一次接觸時，是什麼力量在推動事情的運轉，就會深深體會到，在你們之間的關係與日俱增時，仍須不時讓自己散發熱忱。

當我們碰到陌生人時，通常會經過幾個階段，在你我之間存在著一個「試探」過程，在這個階段，千萬不能大談如何解決客戶的問題，因爲你們彼此的瞭解還不夠深入。潛在客戶──就像大多數成年人一樣，需要一段時間，才能進入和陌生人交往的階段。因此在銷售拜訪一開始的時候，最好不要大力表現自己的熱忱。自信的談吐，合宜的視線接觸(千萬別讓客戶認爲你是在瞪著他)，一個有

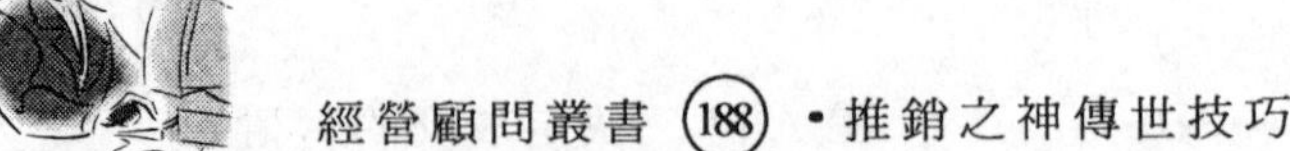

力的握手，和不顯得唐突、平穩的走動，這些就足以顯示你有心培養這份新關係的熱忱。

只有你自己才能掌握潛在客戶何時已經進入交往的第二個階段。請不用擔心，這種改變是顯而易見的。他們表現於更輕鬆、更開放的行爲舉止，通常是比較不拘束的身體語言。你所等待的時刻是，客戶傾聽你談話，不是因爲答應接受拜訪，而是因爲他有興趣聽你談。一旦察覺這種改變——這也許發生在第一次的拜訪或者下一次的拜訪——就可以改變自己產品解說的表述。

你可能會決定使用更多的手勢，或者更常用客戶偏愛的方式（「包先生」或者「比爾」）來稱呼他。也可能會更自在地使用一些比較不拘泥形式的句子、辭彙，如「您過來看看！」「怎麼樣？」「我想告訴您，我們通常是怎麼做的。」

設法避免重覆、機械式的手勢或回答。否則，這將是一次生硬、冷淡的銷售拜訪。如果談話對象不斷地點頭、答非所問，你會有什麼感受呢？

雖然我們可以提供幾個一般性準則，但是每天的客戶交流都必須依客戶的不同而調整自己的溝通方式。重點在於以適度的熱忱來支撐產品解說的場面。

7 對顧客講實話

推銷之神的傳世技巧

◆推銷是一份關係導向的工作，推銷員靠信任及個人接觸去培養關係，其成敗即決定於關係的穩固與否。

◆一旦你迎合每個人的期盼，只說他們想聽的話，最後不免會面臨一個嚴重的問題，陷入無法自圓其說的尷尬局面。

最近有人在一所大學裏做了一項研究，想要瞭解平均每個人在一天之內說了幾次「非惡意的謊言」(別問我：爲什麼會有人選擇研究這個主題，或者他如何說服別人贊助他一筆研究經費)。你是否猜得出這項研究的結果？

這項研究的結果是，平均每個人每天說了 200 個左右的非惡意謊言。接受調查者當中，一定有許多人說了謊，而且只是個平均數字而已。讓我們來弄清楚這份研究的目的何在，這些研究人員所謂的「非惡意謊言」，是當一個人並不樂意於見到某人時，還要對他說：「很高興今天你能抽空過來。」這種虛情假意對應酬性面談並不會造成傷害，它們不是我勸讀者對客戶說實話時，建議你避談的那種謊言。

推銷是一份關係導向的工作，推銷員靠信任及個人接觸去培養關係，其成敗即決定於關係的穩固與否。對推銷員來說，偶爾說些「非惡意謊言」無傷大雅，但不宜扯其他種類的謊言，讓我們來看

看一些實例。

「你的辦公室真不錯，我希望也能有一個像這樣的辦公室。」(事實上，你的辦公室比他的還氣派)

這只是一項雕蟲小技。一些推銷員認爲，尋求類似謊言，以緩和僵持的場面，可以讓拜訪輕鬆一些。如果你的「非惡意謊言」過度誇張，會造成什麼後果呢？就算這位客戶對「你擁有漂亮的辦公室」這項事實略有所知，這種技巧性的說辭是否會有負面影響？絕對不會！

「有關您所要求的送貨時間，雖然我在今天簽了訂單後，還需要再向技術部門求證，相信我們是辦得到的。」(事實上你很清楚，不管如何向生產部門人員哀求，你絕對無法準時交貨，起碼要遲兩個星期)

紅燈亮了！你企圖任意假造自己解決問題的能力，來和潛在客戶建立一份新關係。在事情搞砸的時候──十之八九會發生這種情形──客戶不會接受「生產部門沒有大力配合」的托詞，他們所在意的是，你沒有準時交貨，他們在約定日兩個星期之後才收到這批貨。屆時，客戶不會再將你視爲問題解決者，反而會將你視爲問題人物：一個無法達成承諾的推銷員。這種言而無信的行爲，如何能再取得第二張訂單？

如果你認爲以上的論點還不夠具有說服力，讓我再舉一個例證。一旦你迎合每個人的期盼，只說他們想聽的話，最後不免會面臨一個嚴重的問題，陷入無法自圓其說的尷尬局面：面對著幾個不同的客戶，每個人都接受了你不同的美麗謊言，你遲早將會陷入無法脫身、跌得鼻青臉腫的困境。

不要冒這個風險，說老實話吧！事實是比較容易記住的。

8　敢於承擔責任

推銷之神的傳世技巧

◆自己負起責任，是一項成效顯著的推銷工具。
◆在銷售促成階段，只要問客戶什麼時候送貨或開始提供服務的適當時機就可以了。

自己負起責任，是一項成效顯著的推銷工具。你也許像我一樣，在第一次聽到這項技巧時，為沒有及早將它列為自己的推銷常規而感到奇怪。

首先，你必須深信自己可以針對客戶的問題提供可行的最佳解決方法。如果你沒有這種信心，以下敘述的這項技巧將無從發揮作用。如果客戶(或其他人)要求你介紹自己的公司，必須能夠誠心誠意地回答：你服務於一家數一數二的公司，而且以自己的公司為榮。

在銷售促成階段，只要問客戶什麼時候送貨或開始提供服務的適當時機就可以了。這時候，會有兩種情形發生。不是潛在客戶詳細地回答你的問題，成為你的客戶，就是潛在客戶退縮，給你否定的答案。假設你所面對的是後者，就要負起個人的責任。

此時，運用這一技巧的推銷員會流露出大吃一驚的表情，這可不是演戲。他們對自己公司和產品信心十足，而且到了這個推銷循環階段，對客戶已有了十足的瞭解，很自然地會擔心：客戶對自己的建議會有任何的負面反應，於是，以肯定的口氣來敘述他們的憂慮。你也可以如法炮製一番。

不妨說：「約翰先生，我實在不知道該如何說，我們無疑有最完善的服務、最合理的價錢，在同業間擁有最佳的口碑，又能對貴公司的需求做最合宜的產品調整，實在想不出有什麼理由讓貴公司不願意簽合約。這一定是因爲我在產品示範過程中犯了一些嚴重錯誤。想請您幫我一個忙，告訴我，我到底犯了那些錯誤。因爲老實說，我認爲我們的服務正是貴公司所不可或缺的，實在不願意因爲自己犯了某些錯誤，而讓貴公司錯失了最合適的服務。」

猜猜看，你會得到什麼樣的答案？我們可以肯定的一點是，此時，客戶一定很難再擺出斷然拒絕的姿態：「這的確不是我們所需求的產品。」如果你是客戶，一定會對鼓起勇氣向你提出這番說詞的推銷員產生一股敬意：他對你所需求的服務是那麼的信心十足，你一定會樂於向他提供情報——你們公司不簽約的真正原因。

當你對客戶所發出的第一個拒絕信號負起責任時，一般會得到如下的反應：「不，不，這和你一點關係都沒有，這是我們這邊的問題。」然後，他會進一步和你詳談仍然存在的一些障礙。如此，你就可以輕而易舉地取得跨入另一個推銷階段所需要的完整資訊。

在此，我想重述的是：這是項效果顯著的技巧，但是務必要對自己的產品或服務有十足的信心，有十足的把握可以履行承諾。另外一個重點是，必須擺脫一般人多少都有的追求完善的心態。

9 保持幽默感

推銷之神的傳世技巧

◆推銷員必須把眼光放遠，而且今天的大問題，大都會在明天變得微不足道。

◆別讓浩瀚的宇宙使你覺得無法主控自己的每一天、每一個月、自己的事業生涯。放鬆心情吧！它會讓你握有更大的勝算。

據我對周圍推銷員朋友的觀察，微笑對他們似乎有很大的助益，比起我所瞭解的其他專業人員，推銷員更有賴於以良好形象來開展工作。如果把一切都看得很嚴肅，無法偶爾退一步想，並且對所發生的事情一笑置之，就很難塑造一個良好的自我形象。

在此，我想追溯一段往事。就我所知，反對推銷工作最具殺傷力的一個論點，就叫做「推銷員」。這是一部有關三位旅行推銷員的黑白記錄片，它把推銷工作投影成一份處心積慮、貪求無厭、欺騙不實的工作，一份沒有思考、感覺的人所願意從事的工作。

基於好幾個理由，我對這部電影持很大的質疑態度。其中一個理由是，這部電影的大部分觀眾都不是推銷員，看了這部電影后，會對推銷這個行業存有不合實際的刻板印象。另一個理由是，大部分的推銷員沒有去看這部電影，無法看到不上道的推銷手法帶給他們的不幸後果，這部電影活生生地證明：沒有保持正確工作心態的推銷員，會對客戶及其本身帶來何種危險。如果你是位推銷員——

尤其是位工作態度認真的推銷員——若有機會看這部電影，它一定會為你帶來一些深遠的影響。

電影中的推銷員犯盡了我所提到的每一個錯誤，其中包括未能發掘客戶需求，對客戶扯謊，沒有傾聽客戶的談話，抱持負面的心態，疏於自我成長。

此外，他們還犯了一個錯誤，這項錯誤一旦矯正過來，其他問題也就可以迎刃而解了。他們的工作態度太嚴肅了，從不設法緩解自己的壓力。如果其他問題(明顯的嚴重問題)已經成為你推銷工作環境的一部分，就很難加以解決。但我在此時此刻可以向讀者保證，如果你無法退一步想，偶爾自我解嘲一番(尤其是在工作時)，則這個世界上將不存在適用的推銷手法，只有你才會把自己搞得精疲力竭，坦然接受「偶爾溜一下班，無可厚非」的事實。切記，推銷員必須把眼光放遠，而且今天的大問題，大都會在明天變得微不足道。這些道理是電影中的推銷員所無法看透的，他們也為此付出了代價。

別讓浩瀚的宇宙使你覺得無法主控自己的每一天、每一個月、自己的事業生涯。畢竟，你是答案的掌握者，你是問題的專業解決者，是你冷靜面對客戶，提出合適的問題，正確地掌握提出中肯建議的時機，而取得了主控權。

放鬆心情吧！它會讓你握有更大的勝算。

第七篇

推銷致勝的秘訣

齊格· 齊格勒

齊格· 齊格勒　美國著名演講家與人際關係訓練大師，曾獲得美國國內和國際上的演說大獎。他還是一位暢銷書作家，完成了 20 多本關於個人成長、領導力、銷售、家庭與成功方面的著作。《相約巔峰》是他寫給推銷員的激勵之作。

1 要激發顧客購買的心理

推銷之神的傳世技巧

- ◆推銷心理戰術運用得是否得當，是交易能否成功的關鍵。這種戰術是達成交易的基本方法。
- ◆心理戰術是推銷員面對顧客時所產生的一種敏銳反應，但其先決條件是你必須先控制自己的情感。
- ◆激發出顧客的購買慾望，對你的商品甚至你本人產生興趣時，應在交易過程中更好地把握住客戶。否則，你會前功盡棄。

推銷心理戰術運用得是否得當，是交易能否成功的關鍵。這種戰術是達成交易的基本方法。買賣雙方在進行交易時，所有有關銷售的事項都是影響交易的因素。

舉例來說，當你正進行商品說明時，如果這時有汽車聲等噪音的干擾，雙方就會偶爾出現煩膩的表情或言語，這些都將導致交易的失敗。

心理戰術是推銷員面對顧客時所產生的一種敏銳反應，但其先決條件是你必須先控制自己的情感。應用心理戰術，判斷出顧客的類型及其個性、喜好等個人因素，然後再選擇最適當的推銷戰術，不過，推銷員對商品的特性應有詳細的瞭解，如此才能讓顧客滿意地接受。

下面列舉的這些方法，只要你細心研讀，並善加應用，就一定

能順利把握顧客，完成交易。

1. **先談談自己的事**。在與顧客交談時，你不妨先談談自己，讓顧客首先瞭解你的背景和生活情形，以減輕其防衛心理，使彼此的交談氣氛更爲融洽。

當顧客認爲你不過是一個與其不相干的人，或者只是一個推銷員時，他心裏一定持有很強的排斥感。其實，顧客也希望彼此間能做個朋友。因此，在雙方開始接觸時，你必須讓顧客對你產生信任，隨便聊聊自己的私事，這也是最好的方法之一。一旦對方也談及他個人的私事時，表示他對你已有相當的好感。接下來的推銷工作就更爲順利了。

2. **讓顧客自願地談論個人私事**。在交談中，你可以問及顧客的職業、家人及寵物，只要顧客認爲你是有誠意的，他必然樂於答覆。但如果你的態度表現出「我們隨便聊聊吧！」那麼交易一定失敗，因爲你的態度讓他覺得你是個不太可靠的人。

此外，當顧客身邊還有其他人時，你也必須與之寒暄，千萬不能忽略他們的存在，否則他們可能會破壞整個交易計畫。

3. **尋找共同話題**。與顧客初次會面時，你應該找出一些共同的話題，如有關孩子、運動、個人愛好等，先閒聊一會，再進入正題，這樣便能完全瓦解顧客的戒備心理。

4. **顧客若為夫婦，說明商品時必須適度掌握**。與夫婦二人洽談時，話語要簡明扼要，尤其對女性要多下工夫，因爲每個丈夫最後都不會忽略太太的意見，買下太太心裏想要的東西。

另外，只跟太太一人攀談而忽略其丈夫這也是不可取的，因爲丈夫不可能聽任自己的太大跟其他男人交談，好像與他無關一樣，他們表面上雖然裝著不在乎，實際上卻非常專注地傾聽著。

5. **不要給顧客「考慮考慮」的機會**。當你爲顧客進行商品說明時，有一個方法可以阻止顧客存有再作考慮的打算。

「您好，史密斯先生，我是山姆・約翰遜，您叫我山姆好了，千萬別叫我先生。」

這樣的態度讓顧客覺得你並不是在跟他推銷，而是在跟他交朋友，你不必告訴他你所推銷的商品有多好多值，只要告訴他其他顧客爲什麼會買你的東西，經他仔細盤算後，這筆生意一定能夠成交。

這種促銷方式，便是以「初步說明」來分散顧客對商品所懷有的抗拒與排斥感。

在顧客的印象中，他只認爲聽到別人購買的理由，而聽不見任何一句促銷之語，這樣可以緩解他的緊張與壓力，如果這時你說：「如果你想買，當然很好，相反的，如果你不想買……」這種帶有詢問語氣的話，正可刺激他採取購買行動。

在這關鍵時刻，你千萬不能留有讓他發言的餘地，否則就功敗垂成了，你必須一氣呵成地說完整句話，讓對方感受到你的堅定態度。

一般而言，這種以接近顧客心理爲重點的推銷方法非常有效，如果你是使用「請你買下這東西，好嗎？」這樣的字句，只有更加強顧客的抗拒心理。

總之，在整個洽談過程中，你的誠懇態度至關重要。

6. 讓顧客對商品介紹說明產生興趣。與顧客交談時，一定要使其對你所介紹的東西產生興趣，否則會導致顧客產生厭煩之感。當你試探他的購買意願時，他一定會說：「讓我考慮考慮吧！」

如果你能以明確而直接的言詞說出自己的主張，那麼顧客的情緒便會隨著你的引導進入亢奮狀態。而如果你是一副溫吞吞懶洋洋的模樣，便會大大地降低顧客對商品的關心程度。因此，你必須通過自己的說話方式去吸引顧客的心，這才是最重要的。

7. 對顧客的情感善加利用。如果你能控制交談的氣氛，你便能控制顧客的情感，之後，你還應善加運用這種情感，以達到成交的

目的。

情感經常是顧客行動的助力，不論是購物的判斷，還是決定應對的態度，皆由情感出發。

當你訴說過去的悲傷，顧客將會陪著你沉酒於回憶之中，你的坦誠令他感動，使他樂於與你爲友，這種利用感情的談話是促銷的最好方法。

大多數推銷書籍中都會提到儘量避免虛假的情感，雖然情感是說服他人的一大利器，但虛假、僞裝的情感一旦被人識破，後果將不言而喻。

此外，情感必須適當運用，否則，反而會使顧客心裏感到煩亂，這樣一來，交易勢必失敗。如果你所訴諸的情感具有正當理由，讓人感覺真實，他便會因對你產生好感而產生購買行爲。隨著你的喜悅、悲傷，顧客也會表達出他們內心真正的感受。

把握顧客的 21 條原則

當你激發出顧客的購買慾望，對你所簡介的商品甚至你本人產生興趣時，應在交易過程中更好地把握住客戶，否則，你會前功盡棄。下面把這 21 條原則供你參考。

1. 要碰觸顧客。不經意地碰觸顧客，可以吸引顧客的注意，同時使用手指做種種說明的指示，這種動作對顧客具有催眠效果。

此外，肢體的接觸也象徵著意見的交流，這樣能使交談的氣氛更爲融洽，但在進行促銷時，則必須穩重而不失禮地運用你的肢體語言。

2. 儘量避免使用紅色的說明資料。紅色容易讓人聯想到危險，因此，在進行商品說明時，不要使用帶有紅色的資料，甚至是一支紅筆。其次，與顧客會面時，也儘量不要穿紅色的衣服，可能的話，

還是以藍色或綠色爲宜，這種方式可令顧客感到輕鬆自在。

3. **經常擺動頭部**。進行商品說明時，最重要的一點是頭部必須適時地上下擺動，這是一種表示肯定的姿態，讓顧客也受你影響，能夠肯定你所說的話，不過這種暗示作用可別讓顧客察覺，否則，反而讓他認爲你是個不誠實的人，影響交易。

4. **惡劣的天氣也是推銷的良機**。任何人在天氣惡劣時，內心總是感到特別憂煩，而這正是你的大好時機，看到窗外的風雨，他可能寧願坐在室內，這樣一來，便能延長你們交談的時間，雖然此時你可能也會感到意興闌珊，但他熱切的詢問，更有助你推銷商品，所以，千萬要把握「惡劣的天氣」。

5. **做一個讓顧客感到愉快的講故事高手**。你可以根據顧客的職業、興趣等，講些富有想像力的小故事，讓彼此能感受到那種愉悅的氣氛，讓他有尋得知音的驚喜，這樣一來，成交便輕而易舉。

6. **提供最新的情報與資訊**。每個人都喜歡探知他人的隱私，因此，如果你向顧客說些不爲人知的秘密，或是最新的資訊，可使你們更爲接近。

7. **避免與夫妻雙方吵架**。當顧客是夫婦二人時，購買決定必須經由雙方共同商定認可，如夫妻雙方出現分歧，推銷員則處於這個夾縫中，那你首先必須先說服其中一人，再經過勸說協調；而達到交易目的。

8. **顧客為幾個人時，必須予以逐個擊破**。當顧客爲兩人以上時，他們的意見很難一下子就達到統一，而且即使他們都想買下，表面上也會各說不一，與你對立。這種情況下，你必須各個擊破，方法與上述原則相似。

9. **讓顧客有發問的空間**。顧客對商品及推銷員本身都會存有或多或少的疑問，諸如「他的定價爲何較低？」、「這個商品是否值得信賴？」等，因此，你必須運用說明，澄清這些疑問，以免形成交

易障礙。

10. **滿足顧客的刺激**。你不妨對顧客這麼說：「你是我最重視的顧客！」或「看得出來，你是公司裏的重要人物！」、「我可以隨時爲你優先服務！」、「我們都是好朋友！」，這些說詞可以滿足顧客心理上的某種幻想，因此千萬不可忽視。

11. **描述顧客的夢想**。你可以爲顧客心中的目標，描述出具體的形象，祝福他的未來，這樣一來，成交是必然的結果了。

12. **讓顧客自己下判斷**。當你進行商品說明時，若要取得顧客的同意，必須儘快準備下一個步驟。

如果顧客不同意你的說法，你必須讓他具體地說「好」或「不好」。

當然，此時你可以禮貌性地試探「不知您的決定如何？」或「您同意我的說法吧！」，

13. **你必須具有自信，認為自己是最好的推銷員**。當你向顧客說：「我是這個地區最優秀的推銷員」，這種充滿自信的態度，能令他人察覺出你的魅力，但切忌傲慢。

就顧客的心理而言，他當然希望能買到一流的推銷員所推薦的商品。

14. **切忌與顧客辯駁**。當你與顧客發生辯駁時，不論輸贏，都可能使交易失敗，不過，有時輸了辯駁，可能贏得交易。

15. **讓顧客自認為握有主導權**。一個推銷員不應與顧客爭權，否則會讓顧客覺得自尊心受損，而導致交易失敗。

16. **一旦得罪顧客，必須立即致歉**。顧客來到會面地點，卻發生許多不快事件時，如有人言語不遜，冒犯了顧客，而你當時也聽到了這些話。你千萬不能假裝不知，對這件事，你必須有所表示，或者大方地向他致歉，如此可使你與顧客的距離縮短。

17. **保持樂觀的態度**。不論是誰詢問你，如「最近身體可好？」、

「事業還好吧！」，你都必須給與正確而肯定的答覆，使自己看起來精神奕奕，同時也能傳達給他人一種良好的刺激，製造成交的氣氛。

18. **施壓於顧客的方法**。首先，你必須確認，向顧客施壓是交易的一種武器，但這種武器一定要慎用。

舉例來說，向你詢問價錢時，如果你說：「哦，這件很貴，櫥窗還有別的，你要不要看看？」你想，顧客聽到這樣的說法，心中會有怎樣的感受，也許他會因識破弱點而惱羞成怒，拂袖而去，但也可能因此而買下。這種方法正是給顧客施壓的例子。

19. **談談第三者**。和顧客談有關第三者的事，也是間接施壓的方法。所謂第三者，你可以舉出真人真事，也可以憑自己杜撰，但基本上，他必須跟眼前的人、事、物有所關聯，用以提供解決問題的途徑與方向。這種推銷方式非常有效，不過萬一穿梆了，則可能會有反效果。

20. **利用眼睛的錯覺**。當交易接近完成階段時，可以利用眼睛的錯覺，如換坐較高的位置，使自己的視線高於顧客。因此，顧客必須抬頭看你，這樣一來，在不知不覺中，你已能控制他的心理，也能肯定你所說的話。

21. **以幽默化解顧客的不滿**。當顧客生氣時，你與其躲避它，不如以幽默的言語來緩和他的情緒，這樣反而具有較好的效果。

當你將自己的坐位調高時，便能促使交易成功，但萬一被拒絕時，你應當克制自己，不必將情緒完全洩露在臉上。

此時，你必須收斂自己的舉動，回覆與顧客平行的位置，讓顧客自覺他的拒絕已傷害你的自尊，引導他採取購買行動以作爲對你的補償。

上述原則只是推銷過程中的常見情形，實際情況會更加複雜，運用起來也得靈活多變。只要你善於把握這些原則，就離成交的目標不遠了。

2 辨別顧客類型並採取相應

推銷之神的傳世技巧

◆必須能探測顧客的心理，然後將之歸納為各種類型，再針對各種類型的特性，選擇適當的商品說明方法。

◆家庭是消費市場的領先者，如果你拙於言詞，那麼還是儘量避免浮誇不實的說法，認真而誠懇地與顧客交談，這才是最好的辦法。要想讓顧客購買商品，你必須積極而熱忱地介紹商品，激發對方的購買衝動，以最終成交。

要想成爲一個優秀的推銷員，必須不斷的觀察、學習與探討。你必須能探測顧客的心理，然後將之歸納爲各種類型，再針對各種類型的特性，選擇適當的商品說明方法。

下面列舉的是根據不同標準而劃分的不同的顧客類型，以及各種類型的顧客的心理狀態，同時向你提出了對不同顧客實施的推銷戰略。

按性格區分的顧客類型

1. 忠厚老實型。行動模式：這是一種毫無主見的顧客，無論推銷員說什麼，他都點頭說好。因此，即使推銷員對商品的說明含糊帶過，他還是會購買。

心理狀態：在推銷員尚未開口前，這類型的顧客會在心中設定

「拒絕」的界限，但當推銷員進行商品說明時，他又認爲言之有物而不停地點頭，甚至還會加以附和。雖然他仍然無法鬆懈自己，不過最後他還是會購買。

戰略方法：對付這種顧客，最要緊的是讓他點頭說好，你可以這麼問他「怎麼樣，你不想買嗎？」這種突然的問話可鬆懈他的防禦心理，顧客在不自覺中便完成了交易。

2. **自以為是型**。行動模式：這種類型的顧客，總是自認爲自己比推銷員懂得多，他經常這麼說：「我和你們老闆是好朋友」、「你們公司的業務，我非常清楚」，而這種說法常令推銷員甚感不悅。

這類型的顧客總是在自己所知道的範圍內，毫不保留地訴說，當你進行商品說明時，他也喜歡打斷你的話，說：「這些我早就知道了。」

心理狀態：這種類型的顧客不但喜歡誇大自己，而且表現食慾極強，可是他心裏也明白，僅憑自己粗淺的知識，是絕對不及一個專業的推銷員，因此爲了保護自己，他會自下臺階，說：「嗯，你說得不錯哦！」

所以，在面對這種顧客時，你必須表現自己卓越的專業知識，讓他知道你是有備而來的。

戰略方法：對付這種顧客，你不妨布個小小的陷阱，在商品說明之後，告訴他：「我不想打擾您了，您可以自行斟酌，再與我聯繫」。不過，只是如此仍嫌不足，你可以在交談時，模仿他的語氣，或者附和他的看法，讓他覺得受重視。之後，在他正沾沾自喜的時候進行商品說明，不過，千萬別說得太詳細，稍作保留，讓他產生困惑，然後告訴他：「先生，我想你對這件商品的優點已經有所瞭解，你需要多少數量呢？」

爲了向周圍的人表現自己的能幹，他會毫不考慮地與推銷員商談成交的細節。

3. 誇耀財富型。行動模式：這種類型的顧客喜歡在他人面前誇耀自己的財富，如「我擁有很多事業」或「我曾經與許多政要交往」，同時他還喜歡在手上戴個金表或鑽戒，以示自己的身價不凡。

心理狀態：喜歡誇耀財富的人並不代表他真的有錢，實際上，他還可能是個窮光蛋。雖然他也知道有錢並不是什麼了不起的事，不過在面對推銷員時，他唯有如此來增加自己的信心。

戰略方法：在他炫耀自己的財富時，你必須恭維他，表示想跟他交朋友，然後，在接近成交階段時，你可以這麼問他：「你可以先付個訂金，餘款改天再付！」這種說法一方面可顧全他的面子，另一方面也可以讓他有周轉的時間。

你絕對不能直接地問他：「聽說你現在手頭很緊，真有這回事嗎？」這樣會有損他的自尊。即使你知道他目前沒錢，你也必須裝作不知道，他便很自然地會答應與你達成交易。

4. 冷靜思考型。行動模式：這種類型的顧客，喜歡靠在椅背上思索，口中銜著煙，一句話也不說，有時則以懷疑的眼光觀察對方，有時甚至還表現出一副厭惡的表情。

初見面時，他仍然會與你寒暄、握手。不過，他的熱情僅止於此，他總是把推銷員當成是木偶，自己則是觀看舞臺戲的觀眾。也許是由於他的沉默不語，這類型的顧客總給人一種壓迫感。

心理狀態：這種思想家型的顧客在推銷員介紹商品時，雖然並不專心，但他仍然非常仔細地分析推銷員的爲人，想探知推銷員的態度是否出於真誠。

同時，一般而言，這種類型的顧客大都具有相當的學識，且對商品也有基本的認識，這一點可千萬不能忽視。

戰略方法：應付這種顧客，最好的方法是你必須很注意地聽他所說的每一句話，而且銘記在心，然後再從他的言詞中推斷他心中的想法。

此外，你必須誠懇而有禮貌地與他交談，最好帶點消極的意味，也就是說，你的態度必須謙和而有分寸，千萬別露出一副迫不及待的樣子，不過，在解說商品特性或公司策略時，必須熱心地予以說明。

同時，你還可以和顧客聊聊自己的個人背景，讓顧客更瞭解你，這樣便能鬆懈對方的戒備之心。

因此，推銷員平時便應多準備一些有關打破商談僵局的資料。而在對這類型的顧客洽談時，你絕不可觸及他的缺點，同時自信地表現出自已是一個專業而優秀的推銷員。

5. **內向含蓄型**。行動模式：這種類型的人很神經質，很怕與推銷員有所接觸。一旦接觸時，則喜歡東張西望，絕不專注於同一方向。在桌上，他喜歡在紙上亂寫亂畫，喜歡與推銷員正式面對。

心理狀態：這種類型的顧客只要遇到推銷員，便顯得困擾不已，坐立不安，心中老是嘀咕著：「他會不會問一些尷尬的事呢？」

另一方面，由於他深知自己極易被推銷員說服，因此總是很怕推銷員在面前出現。

戰略方法：應付這種類型的顧客，你必須謹慎而穩重，細心地觀察他，坦率地稱讚他的優點，與他建立值得信賴的友誼。

在交談中，你只能稍微提一下有關他工作上的事，其他私事一概不提，你可以談談自己的私事，來鬆懈他的戒備之心。

此外，尋找彼此間的相似點，也是一個好方法，不妨向他透露你想與他交朋友的心意，他在感動之余，自然也就容易與你成交了。

6. **冷淡嚴肅型**。行動模式：這種類型的顧客總是顯現出一副冷淡而不在乎的態度，他不認爲這種商品對他有何重要性，而且也根本不重視推銷員，簡直令人難以親近。

心理狀態：應付這種類型的顧客，你絕對不能施以壓力，或是向他強迫推銷。他對推銷負天花亂墜式的介紹說明，根本不予置信。

只要牽涉到有關自身利益的事，他自有主張，絕不受他人左右，他非常注重細節，對每件事都會慎重地加以考慮。

戰略方法：對這種類型的顧客進行商品說明時，必須謹慎，絕不可以草率，你必須誘導出他購買商品的衝動，才有可能成交。

因此，你必須適時予以稱讚，使他對商品產生興趣，建立彼此友善的關係，這樣一來，便有助於達成交易。

7. **先入為主型**。行動模式：這種類型的顧客在剛與推銷員見面時，便先發制人地說道：「我只是看看，不想買。」

這種類型的人作風乾脆，在你與他接觸之前，他已經準備好要問些什麼，回答什麼。因此，在這種心理準備下，他能與推銷員自在地交談。

心理狀態：事實上，這種類型的顧客是最容易成交的典型。雖然他一開始就持有否定的態度，但對交易而言，這種心理抗拒卻是最微弱的，精彩的商品說明通常可以擊垮他的防禦。

戰略方法：對於他先前抵抗的話語，你可以不予理會，因爲他並非真心說那些話，只要你以熱誠的態度親近他，便很容易成交。

此外，你可以告訴他一個優惠價格，他一定會接受。開始時的否定態度正表示，只要條件允許，他一定有購買的意思。

8. **好奇心強烈型**。行動模式：事實上，這種類型的顧客對購買根本不存有抗拒，不過，他想詳細瞭解商品的特性及其他一切有關情報。

只要時間許可，他很願意聽推銷員的商品說明。他的態度認真有禮，同時會在商品說明進行中，積極地提出問題。

心理狀態：他會是個好買主，不過必須看商品是否合他的心意。這是一種屬於衝動購買的典型，只要你能夠引發他的購買動機，便很容易成交。

戰略方法：你必須主動而熱誠地爲他解說商品的性質，使他樂於接受，同時，你還可以告訴他，目前正在打折中，所有商品皆以特價銷售，這樣一來，他便會高高興興地付款購買了。

9. **溫和木訥型**。行動模式：這種類型的顧客，個性拘謹而有禮貌，對推銷員非但沒有偏見，而且充滿敬意，他會告訴你說：「推銷實在是一件了不起的工作。」能遇到這種顧客，實在非常幸運。

心理狀態：這種類型的人絕不撒謊騙人，而且對推銷員所說的話，也非常專注地傾聽。倘若你的態度過於強硬，他也會不加以理睬你的推銷。他也不喜歡別人拍馬屁，因此還是以誠心相待爲上策。

戰略方法：對付這種顧客時，你必須有「他一定會購買我的商品」的自信。你應該詳細地向他說明商品的優點，而且舉止彬彬有禮，顯示出自己的專業能力，最重要的是，切勿給他施加壓力，或是強行推銷。

10. **生性多疑型**。行動模式：這種類型的顧客對推銷員所說的話，皆持懷疑態度，甚至對商品本身也是如此認爲。

心理狀態：這種類型人的心中，多少存有些個人的煩惱，如家庭、工作、金錢方面等，因此，他經常將一股怨氣出在推銷員頭上。

戰略方法：你應該以親切的態度，與他交談，千萬不要和他爭辯，同時也應儘量避免對他施加壓力，否則只會使情況變得更糟。

進行商品推銷說明時，態度要沉著，言詞要懇切，而且必須觀察顧客的困擾處，以一種明友般的關懷詢問他：「我能夠幫助你嗎？」等到他已完全心平氣和時，再按一般的方法與他商洽。

這種類型的顧客經常一言不合即拂袖而去，而是否能使他樂意地聽你介紹商品，決定於你是否具有專業的知識與才能。

按對象劃分的顧客類型

1. **年老的顧客**。行動模式：這種類型的顧客包括老年人、寡婦、獨夫等，他們共同的特點便是孤獨。

他們往往會尋求朋友及家人的意見，來決定是否購買商品，對於推銷員，他們的態度是疑信參半，因此，在作購買的決定時，他們比一般人還要謹慎。

戰略方法：進行商品說明時，你的言詞必須清晰、確實，態度誠懇而親切，同時要表現出消除他的孤獨。

商品說明結束之後，必須切記，絕對不可以強施壓力，或是強迫推銷，你不妨多花點時間與他談話，總之，對這種類型的顧客，你必須具有相當的耐心。

向這種類型的顧客推銷商品，最重要的關鍵在於你必須讓他相信你的爲人，這樣一來，不但容易成交，而且你們還能做個好朋友。

2. 年輕夫婦與單身貴族。行動模式：對於這類顧客，你可以使用與上述相同的方式與之交談，一樣可以博取他們的好感。

年輕夫婦雖然在經濟上稍感拮据，不過他們總是會在外人面前儘量隱瞞。他們思想樂觀，想要改變現狀，如果推銷員能表現出誠心交往的態度，他們是不會拒絕交易的。

戰略方法：對於這類顧客，你必須表現出自己的熱誠，進行商品說明時，可刺激他們的購買慾望。同時在交談中不妨談談彼此的生活背景、未來、情感等問題，這種親切的交談方式很容易促使他們的衝動購買。然而，你必須考慮這類顧客的經濟能力，因此，在進行商品說明時，以儘量不增加顧客的心理負擔爲原則。

總之，只要對商品具有自信心，再稍受刺激，他們自然會購買。

3. 中年顧客。行動模式：這種類型的顧客既擁有家庭，也有安定的職業，他們希望能擁有更好的生活，注重自己的未來，努力想使自己活得更加自由自在。

他們希望家庭生活美滿幸福，因此他們極願意爲家人奮鬥，他們自有主張，遇事有決定的能力，因此，只要商品確實實用優質，

他們便會毫不考慮地買下。

戰略方法：最重要的是和他們做朋友，讓他能信賴你。你必須對其家人表示關懷之意，而對其本身，則予以推崇與肯定，同時說明商品與其美好的未來有著密不可分的關聯。這樣一來，他在高興之余，生意自然成交了。

中年家庭是消費市場的領先者，如果你拙於言詞，那麼還是儘量避免浮誇不實的說法，認真而誠懇地與顧客交談，這才是最好的辦法。

按職業劃分的顧客類型

1. 企業家。他們心胸開闊，思想積極，因此，通常當場就決定是否購買，且其對交易的實際情形亦瞭若指掌。

你不妨誇讚他在事業上的成就，激起他的自負心理，然後再熱誠地爲他介紹商品，馬上就可以完成交易。

2. 企業董事。在他的觀念裏，認爲推銷員必須具有專業能力，因此，你必須先做到這一點。同時，雖然他能決定是否購買，但往往需要他人的建議，因此在交談時，你不應點破他的這種顧慮，這樣一來，成交的機會便大大提高了。

3. 勞工。這種類型的人，他希望自己和家人都能平平安安地過日子，而且不輕易相信他人，也不會浪費無謂的金錢，他希望能存起每一分以汗水換來的金錢。但他仍有自己的思想，只有確實瞭解商品的好處，他才會產生購買的動機。

4. 公務員。這種類型人通常無法下決定，大都得依賴推銷員的誘導能力，對推銷員存有非常的戒備之心，如果你不詳細地說明商品的優點，並使之信服，他是絕對不會購買的。

進行商品說明時，你不妨向他們稍加壓力，以時間和熱誠爭取

他的購買。

5. 醫師。這類顧客是經濟情況良好而思想保守的知識份子，他們也經常以此自我炫耀。

對這種類型的顧客，在進行商品說明時，應強調商品的實際價值，同時你必須顯示出自己的專業知識和獨特風格，這樣一來，就很容易達成交易。

6. 護士。大多數護士都爲自己的職業感到驕傲，爲了改善生活，他們會努力地工作賺錢，對任何事，他們都保持著一種樂觀的想法，且對推銷員毫無偏見，甚至願意與你爲友。

因此，只要你熱誠地爲他們作商品介紹，多半能達到成交的目的。此外，你必須表示自己對護士這一職業的興趣和尊敬，以博取其好感。

7. 銀行職員。這種類型的顧客生性保守而疑心重，且頭腦精明，面對推銷員，他們的態度傲慢，拒人於千里之外，完全以其時的心情來決定選擇商品，不喜歡承受外來的壓力，只希望能安分地做自己分內的事。

雖然他表現出一種自信而專業的態度，但只要你能謙虛地進行商品說明，多半還是能成交。

8. 普通建築工人。他們對推銷員毫無偏見，喜歡工作與玩樂，只要推銷員能給他們一點購買的動機，就會有購買的衝動。他們思想極富攻擊性，甚至有點自私自利。

進行商品說明時，你必須將重點放在其家人將來的幸福上，同時可以告訴他們商品的優惠折扣，這樣更有效果。

9. 高級建築師。這種類型的顧客與上述情形相似，不過他們較爲富有，而且也喜歡購買，對推銷員的說明非常感興趣，而且很容易接受。

進行商品說明時，你只須擇要介紹即可，最重要的是你必須接

近他們，與其爲友，倘若無法做到這一點，則必須具體而詳細地說明商品的優點和價值。

10. **牙科醫生**。牙醫雖然不像一般醫生那麼自私自利，但他們頭腦精明，絕對不會有購買的衝動。他們想瞭解有關推銷員和商品的一切情形，只要你能順著他們的個性，熱誠地與之交談，他們便很容易接受，而且能馬上決定購買，此外，別忘了你的禮貌才對。

11. **電子工程師**。這類顧客只要讓他感受到商品的魅力，就會有購買的衝動，對推銷員也無偏見，不在乎細節，只問些基本的問題，同時當他自覺買到物美價廉的東西時，更是沾沾自喜。

如果你以積極的方式爲他作商品說明，那麼一定能夠達成交易。

12. **工程師**。工程師腦中所想的大都是理論，他不會用感情來支配自己，對任何事都想追根究底，頭腦清晰，因此，絕不可能衝動購買，推銷員實在很難引起他的購買動機。

此時，你唯有憑自己的一番赤誠去介紹商品的優點，同時尊重他的權利，這才是最有效的作法。

13. **農業技師**。他們思想保守、自信心強、獨立、心胸寬大、樂意與人交往，對任何事都能接受，如果你能積極而熱誠地作商品推銷說明，就很容易成交。同時，只要你能與他建立友誼，那麼日後他必然是你最忠實的顧客。

14. **警官**。善於懷疑他人，對於購買或商品皆百般挑剔，但當他發現與你有相似之處時，他的情感便很自然地與你接近。一般來說，警官大都爲自己的職業感到驕傲，經常喜歡誇耀。彼此交談時，你應該推崇他的人品和職業，同時對於他的自誇，你也必須專心傾聽，並對其表示敬意，這樣一來便大大提高了成交的可能性。

15. **大學教授**。他們個性保守，是一種典型的思想家，對任何事都先予以思考，再作決定，穩重而守成，對於商品的興趣並不大，

不過並不會拒絕購買。

在交談中，如果你能顧全他的自尊心，便能成交，同時，你還可以推崇他的淵博學識，並表示出願意向他學習的態度。

16. 退休人員。這種類型的人對將來非常擔心，他只能以有限的收入來維持生活，因此對於購買採取保守態度，決定和行動都相當緩慢，因此進行商品說明時，你必須恭敬而穩重。

在剛開始時，如果你以刺激性的情感爲訴求，他一定會購買，你必須引起他的購買動機。但在介紹商品時，則必須著重理論性，詳細地說明，逐漸施壓，以激發他的慾望。

最重要的是，你的態度必須誠懇，顯示出朋友一般的關懷之意。

17. 推銷員。一般來說，從事推銷工作者都會購買。他的個性積極，經過充分考慮後，再做衝動性的決定。

在推銷商品時，如果能讓他自認爲瞭解商品行情，會很容易成交，並以言詞佩服他的知識和專業能力。

18. 教師。由於職業關係，他很習慣談話，思想保守，對任何事他都必須有所瞭解，才肯付諸實行。

在交談中，你必須對教師的職業表示敬意，同時當教師在提及他的得意門生時，你也必須專心傾聽。而在進行商品說明時，則必須謹守清晰而不誇張的原則。

19. 卡車司機。這種類型的顧客大都富於常識，因此，別與之發生辯駁，他喜歡朋友，也喜歡說笑話。

介紹商品時，應詳細說明商品的實用價值，那麼就很容易成交，但同時你還必須以言語來激勵他，尤其當他談及自己的工作，你更必須用心傾聽。

20. 商業企劃人員。這類人頭腦精明，而且非常現實。在購買前，他會仔細地觀察商品，否則，他絕不輕易作決定。

他們對未來大都持樂觀態度，在思考的過程中又極易動搖，且

對社會現象的瞭解並不深入。因此，在進行商品說明時，只要你能強調商品的優點，那麼成交是必然的事。

21. 室內設計師。這種類型的顧客只要告訴他商品的優點，他就一定會購買，他從不研究商品的細節問題，只關心商品的價值和實用與否。

進行商品說明時，你必須一再強調商品的優點和魅力，然後再讓給他一個思考的機會，就可成交。

上述是根據普通原則劃分的顧客類型，我們還可以做出很多分類。面對顧客時，你必須瞭解顧客到底屬於那種類型。而且，你的應對方法也應各有不同。雖然商品是一樣的，但銷售要領是絕對不同的。

3 讓顧客樂於購買的技巧

推銷之神的傳世技巧

◆要想讓顧客購買商品，你必須積極而熱忱地介紹商品，激發對方的購買衝動，以最終成交。

◆熟練運用 11 個技巧包括從商品說明到最後成交的全過程，不管你推銷何種商品，其交易都有共性。

1. 為商品形象設置一個舞臺。爲了增加顧客對商品的想像力和興趣，在爲顧客進行商品說明時，可稍作保留，讓顧客去探索。

譬如當你想出售一塊未開發的土地時，你必須先瞭解其特徵，它是靠近湖泊、山川或大海；擁有豐富的綠色，或是碧藍；這些都是你的介紹語，這樣就可引起顧客的興趣。在他的腦中出現一幅舞臺，於是，他就會開始想像自己的夢想和未來的計畫。此外，有些人還會考慮它的附加價値，甚至想到一旦這塊土地經過開發，價値立刻倍增等。

只要你能提供這一個想像的舞臺空間，便有可能成交。

之後，顧客的情緒便進入興奮狀態，此時再進行商品說明，他便準備購買了。

在你所設置的舞臺上，讓顧客能自由揮灑地扮演他想像中的角色。換句話說，你必須讓顧客參與你的商品說明，你可以帶他到預售的土地上散步。又例如，當你銷售汽車時，最好能讓顧客試開，當你銷售電子遊戲機或個人電腦時，讓他們親自操作。如此交易便容易完成了。

2. 要向顧客學習。在交談中，表示想向顧客學習某些方面的知識，這樣彼此的關係會更爲親近。這些知識若與你所出售的商品有關的話，則對你的工作多少有所助益。不過最好還是與商品無關，以免讓對方起疑，同時要是讓他認爲「連自己出售的商品都弄不清楚」，這樣一來，交易就失敗了。

當顧客告訴你一些非常有用的資訊和知識時，你不但要同意他的觀點，同時還要加以附和。

「這些事正是我想瞭解的，你的話真令我茅塞頓開，獲益良多，謝謝你。」

這一番肺腑之言，讓顧客對你刮目相看。此時，他並不認爲你只是在推銷商品，而及是在進行一種真誠的交往。因此，對於你的商品說明，他會顯得格外用心傾聽。而這種狀態，對你的推銷大有助益。

3. 先觀察由誰付賬。當你與一對夫婦或一群人進行洽談時，你必須儘快觀察誰是購買的決定者，這非常重要。如果你看錯目標，

不但浪費時間，而且會讓人輕視你，這樣一來，你的交易勢必失敗。

此處有幾項要領可幫助你觀察「誰是購買決定者」。首先是對商品詢問最多，同時表示出極大興趣的人一定不是。舉例來說，有些顧客會帶領著家人一起來，這時，顧客的長子可能會源源不斷地提出問題，這表示他想讓父母和推銷員知道，他在這方面也頗有見解。

這時候，也許你會錯認爲這個長子具有購買決定權，這樣一來，交易就失敗了。實際情形是隱藏在背後聽眾人說話的才是。

在一大群人中，有許多人在談話前會看著某一個人，此人便是他們的領導者。發言的人有的想徵求他的意見，有的是請求他的同意，有的則只是無意識地習慣性動作。

具備以上兩種基本觀察方法，你便可立即得知誰是領導者了，如果你還是看不出來時，則可採取以下的方法。

你可以向這一群人當中的某一人詢問一些重要的問題，如果此人是領導者，他會準確地回答你的問題，但若不是時，他就會轉向領導者請求援助。

這種簡單的觀察法，可以避免浪費時間及交易失敗，確認出誰是領導者後，你就可以進行最有效的商品推銷說明了。

4. 對於顧客想購買的商品必須表明有存貨。有一種方法可使顧客對你所出售的商品留下深刻的印象，讓他將你的商品列爲購買的參考。

「根據我兩年來的研究，我認爲這塊土地非常值得購買。我曾經希望我的弟弟能買下它，可是他家負擔太重，無法購買。若您覺得合意，我願意以與舍弟相同的價格及支付條件賣給你。不過請你爲我保守這個秘密，否則咱們這樁交易恐怕無法成交了。」

只要顧客能相信這番話，就一定可以發揮驚人的效果。因此，在交談中，你一定要表現出你的懇切態度來博取他的信任。

5. 取悅顧客的示範作用。即使你所出售的商品只是一顆毫不起眼的石頭，但你仍須以天鵝絨將它包裝起來後展現在顧客眼前，以強調出它的特質和價值，這是非常重要的。

這種方法的意義在於讓顧客相信，即使是外表普通的商品，也蘊含著豐富的價值。

當你向顧客推銷汽車或家電用品時，絕對不可以用手去敲打，而只能謹慎而細心地觸摸，使顧客在無形中感受到商品的尊貴與價值。

同時，爲了加深顧客對商品的印象，在進行商品說明時，必須將它的特徵放在最後說明。

6. 讓顧客覺得自己有購買的義務。只要用點銷售技巧，就可以讓顧客被你的商品說明所吸引，覺得有購買的義務。

譬如將襯衫袖子劃破了，或是把腳踩進泥巴裏，或是在衣服上沾點油漆，這些小技巧都可以讓顧客對你留下深刻的印象，這種方法非常簡單，且有驚人的效果。

在顧客心中，他會認爲你是因爲他而變得如此狼狽，對你的遭遇，他深表同情和感動。當你們之間已存在如此微妙的關係時，便已接近成交階段了。當然，你不能表現得過於露骨，讓顧客一看便是一種故意和僞裝。

7. 在顧客心中播下想像的種子。在進行商品推銷說明時，最重要的是，必須在顧客心中播下積極表達意見和購買可能性的種子。

舉例來說，若待售的土地上尚未有建築物時，你可以告訴顧客:「在這一塊土地上，你可以蓋棟別墅，在屋頂上做日光浴。」

這句話已引起顧客的想像力，在他心中已描繪出一幅色彩斑斕的夢境，而這塊不毛之地也留給他更深刻的印象。

而如果你是銷售汽車，你可以讓顧客坐在駕駛座上，試著轉動方向盤，然後再告訴他:「你開車的樣子真是瀟灑極了。」或當你銷

售股票、債券時，則必須強調將來的獲利率及更多的投資機會。

最重要的是，你必須讓顧客看清楚購買的具體藍圖，同時，你應從旁激起顧客的購買食慾。

8. **利用競爭心理快速成交**。利用人類的競爭心和敵對意識，作爲商品說明的技巧。也即是讓顧客自行走入你所設定的圈套中。

當你向一位年老的顧客推銷時，你便可以利用「說明與詢問的技巧」，例如「我曾經向許多年輕人展示這個商品，但由於他們缺乏人生經驗，根本不知道如何創造人生，因此，他們無法瞭解這個商品的價值所在。我只能說他們尙未成長到懂得掌握自己利益，你明白我的意思嗎？」

話說到此，你就可以等待顧客的回答，他會說：「是啊，我當然能瞭解你話中的含意。」

由回答中可以看出：這是出自其真誠而說的。

對老年人來說，他們年輕時一樣幼稚而無知，而此刻他們卻擁有尊敬與責任心，這可以說是老年人所共有的情感。

聽了他的回答，你必須立即說：「既然如此，以你的經驗和知識，我想你一定懂得商品的優點。不過，我想您可能還不太瞭解商品的品質，或是你對它並沒興趣，您可以坦白告訴我：我不想太打擾您。」

運用「說明與詢問的技巧」，最重要的是時機要愈早愈好。

當顧客對你的意見表示肯定的答覆之後，你就必須乘勝追擊，你必須思考顧客的回答所代表的意義。

這種技巧對年輕的顧客一樣有效，你只要告訴他，老年人是多麼不瞭解年輕人的心理，也跟不上時代潮流，這種說法會讓他覺得自己是走在時代潮流前面的人，這時你必須再強調他具有的知識和機會。除此之外，這種談話技巧的應用範圍極廣，只要依對象的不同，變化談話內容即可。

同時，在進行商品說明時，你應觀察顧客的談話是否出於真誠，以及如何利用它，只要你能掌握得法，將對你的推銷技巧有莫大的助益。

9.「標準裝備車」技巧。在與顧客洽談時，最重要的是你必須強調「購買的最佳時機」。

「你現在所看到的這塊尙未開發的土地，就好像是『標準裝備車』一樣，價格實在非常便宜。你只要配個高速胎，改裝皮座椅，換個方向盤，它便立即身價倍增。這塊土地只要裝上自來水管和排水道，建好道路，到時可能你還捨不得賣給他人呢！想想看，到時候這塊土地的價值多麼驚人啊！因此現在正是你的大好良機！」

利用這種方法，對任何商品皆可成交，因此，切記並且隨時演練是非常重要的。

10. 有效運用第三者所說的話。巧妙地運用第三者所說的話，可使顧客無形中感受到壓力，產生一種非買不可的心理。

「這塊土地的價格很便宜，原因是半年前買下它的人因爲調職而不得不放棄，目前只以當初的價格出售，你實在很幸運能買到它。」

爲了更刺激顧客採取購買行動，你不妨告訴他另一個競爭對手：「前不久有個顧客也來此地看過，他覺得非常滿意，表示想在此蓋棟別墅。可惜後來他因資金周轉不靈而無法購買，我也爲他感到遺憾。我體會到對於好的東西，一定要立即下決定購買，否則一定會後悔。」

這種方法的效果非常好，但是如果你是說謊，而且又被識破的話，那可是非常難堪。因此沒有自信的人還是不要嘗試。

11. 對他說：「你是最好的顧客」。在商品推銷說明結束前，如果想要讓顧客購買你的商品，別忘了說一句：「你是我所遇見的顧客中最好的一個」，這是非常重要的。

不過，什麼時候才是說這句話的最好時機呢？事實上，只要不

在推銷說明結束後皆可，否則極易被顧客認爲你並不是真心的，而只是在奉承他而已。

因此，進行商品推銷說明時，你應該說以下這些話：「也許你會認爲我是爲求推銷而說，但我仍然要告訴你，不論你是否購買我的商品，對我來說，你是我所遇見的顧客中最好的一個。因此，我很樂意爲你效勞，你使得我的工作變得輕鬆有趣。」

這番話會使他認爲你是一個誠實的人。

而在說完這番話後，不必等顧客回答，可以直接繼續進行商品說明。這樣一來，你聽說的話將永遠留在顧客心中，久久不能忘懷。如果使話題突然中斷，反而使效果大打折扣。

當交易快完成時，顧客會再重新評估你的話是否誠實可靠，然後，他再做一個肯定的答覆。

4 使顧客同意購買的有效方法

推銷之神的傳世技巧

- ◆剛開始談生意時，就要向顧客做有意的商品暗示或肯定暗示。
- ◆如果你的言詞能深得人心的話，就一定能夠成為能幹的推銷員。

使同意購買的有效方法，有暗示成交法、緊逼成交法、宣傳成交法、佛蘭克林式成交法、親子方式成交法、不斷追問成交法等。

暗示成交法

當你還處於討價還價的階段時，即可運用本法。在顧客心中，你必須先散播些「想像和暗示的種子」。這種子就可使商談順利進行。

這種「想像和暗示的種子」，可使顧客本身更爲積極，是讓顧客也想早些達成交易的一種催化劑。雖然這是你所安排的手段，但顧客一直到達成交易時，仍錯認爲是自己所設計的呢。

剛開始談生意時，就要向顧客做有意的商品暗示或肯定暗示。例如：

「先生，如果府上裝飾時用上敝公司的產品，那必然成爲這附近最漂亮的房子了！」

「本公司目前成立了一項新的投資計畫，這筆金額正好可以支付令郎的大學費用了！」

「在這個經濟不景氣的時期，購買本公司的商品一定可以讓您賺大錢。」

當你做出「暗示」之後，要給顧客一些充分的時間，讓這些暗示逐漸滲透到顧客的思想裏，進入到顧客的潛意識中。

當你認爲這是探詢顧客購買意願的最佳機會時，你可以說：

「先生，你曾經參觀過這一帶的住宅吧，府上的確是其中最高級的。怎麼樣，買我們的商品，讓您的生活空間更增添情趣吧！每個爲人父母者，都想要自己的子女接受良好的教育，你是否曾經想過如何避免沉重的經濟負擔呢？建議您向本公司投資如何？」

「你有權利用自己的資金購買最好的商品。現在請您把握機會，購買我們的商品吧！」

只要在交易一開始時，利用這種方式，提供一些暗示，顧客的

心理就會變得更加積極。一旦進入交易中期階段時，顧客雖會考慮你所提供的暗示，卻不會太過認真。但當你試探顧客的購買意願時，他可能會再度想起那個暗示，而且還會認爲是自己所發現的呢！

顧客不斷地討價還價，也許會使得商談的時間延長，辦理「成交」，又須一些瑣碎的手續。這些疲憊使得顧客在不知不覺中將這種暗示當作自己所獨創的想法，而忽略了這是他人所提供的巧妙暗示。因此顧客一定會很熱心地進行商談，直到成交爲止。

緊逼成交法

本方法是套牢顧客所說的話，來達成商談。如果顧客曾經這樣說過：「我最欣賞擁有湖光山色的地方，而此地似乎不是如此？」

你可以馬上這樣回答：「先生，如果以相同的價格，我介紹一處擁有湖光山色的地方，您買不買呢？」

如果能記住下列的談話模式，對做生意非常有用。

「這部車子顏色搭配得並不出色，我個人喜歡紫藤色的車子。」

「如果我爲您準備一輛紫藤色同樣品牌的車子，您要不要？」

「今天沒有帶足夠的錢，要付頭期款嗎？」

「如果您同意付頭期款的條件，由我經手，您能付款嗎？」

「你的商品價格太貴，我不想花這麼多錢。」

「我去找老闆談談看，如果價格可以降到您認爲合適的程度，您會買吧！」

宣傳成交法

本方法應用在顧客做商品示範。只要運用本法必然可以順利達成交易。

例如先向顧客說：「先生，如果您看到心中所希望的風景優美的地方，而且價格也相當合理，您要不要？」

顧客也許會說「要」，或「可以考慮」。這時你就可以帶顧客到能夠看得見美景的地方參觀。價格以能夠合乎顧客的要求價碼爲準則，然後你就可以宣佈：「『達成協定』，我們成交了。」並當即開具買賣同意書。

此時如果顧客阻止你辦手續，一定會說出不能購買的真正理由。這時你可以向顧客說：

「先生，您不是說過，土地如果真如我所說的那樣，您就能夠購買的嗎？」

然後，彼此可再作商談。談妥後仍然保持相信的態度，再開列買賣同意書。

再舉一個例子說明上述方法。

「我們的商品，倘使能夠使您賺更多的錢，您是否能再給敝公司一次機會？」

「如果這輛車坐起來舒服，價錢又便宜，您若滿意我的商品說明，您要不要？」

佛蘭克林式成交法

本方法是把理論的重點介紹給顧客。有些顧客在購買時太過小心，用本方法最爲有效。現在介紹如下：

「在美國，大家都知道，佛蘭克林是位名人，每當他要決定一件事時總會拿出一張紙來，在中央畫一條線，寫在紙張左邊的表示肯定，寫在紙張右邊的則表示否定。亦即是應該進行的事項，以及一切有利的決定因素都寫在左邊。而在右邊，則寫上爲什麼拒絕，爲什麼不購買的理由。佛蘭克林寫完後，再做最後決定。換句話說

就是看肯定和否定的理由，做法非常簡單。先生，您要不要也試試看？這點事情，不會耽擱您太多時間？」

你可以先給顧客一張紙，劃出肯定欄和否定欄，然後給他一些暗示。在肯定欄中多建議一些，在否定欄則保持沉默。如此，肯定事項當然就多了。

寫完之後，再讓顧客看看，同時試探他：「您認爲如何呢？」

親子方式成交法

本方法與其說明著眼在顧客本身，不如說明是利用他的子女的興奮和無知，效果非常好。不過有時也會使商談失敗，如果運用得法，可以使顧客回心轉意，毫不遲疑地把商品買下。

當你初次訪問有子女的家庭時，應該帶些能和小朋友玩在一起的小寵物。例如，你可以帶些昆蟲、天竺鼠，或小狗之類的動物。總之，只要是小朋友看了喜歡，能夠玩得很盡興的小寵物即可。

第二次帶著商品再去訪問時，看到小朋友時，不妨提到上次帶去的小寵物，同時問小朋友說：

「上次和小狗玩得開不開心，你喜歡不喜歡？」

小朋友說：「嗯！」你可以接下去說：

「我問你，如果這只小狗給你的話，你要幫她取什麼名字？」

小朋友會這樣回答：「我要叫她寶貝。」

然後在顧客面前說：

「好吧！如果你爸爸買下這個，那麼寶貝就是你的了。」

然後再向顧客或其家人說：「至於商品，過幾天我們再商量吧！」一面說，一邊很快地離開現場。

這樣一來，便大功告成了。小朋友會開始纏著爸爸，吵著要他買。而你只需花些時間在小朋友身上，讓小朋友去說服他父親。你

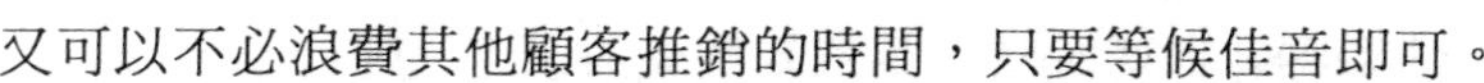

又可以不必浪費其他顧客推銷的時間，只要等候佳音即可。

顧客大概不會喜歡這種方式吧！但這卻是讓他購買商品的最好方法。你只要在幾天以後，再去訪問這位顧客，以充滿誠意的眼神凝視他問：「契約書上的姓名該怎麼寫？」就可以了。

不斷追問成交法

本方法是對付那些購買商品時考慮再三、無法決定購買的顧客的最有效辦法。有些顧客會說：「我正在考慮是否購買。」這表示他目前根本不想購買。面對這種顧客，你必須要比平時多付出一些熱誠，同時要專心傾聽顧客所說的話，更不能妄加批評。

「如果不仔細考慮的話……」像這樣的說法，接下去的話，一定不是明確的拒絕，而是句毫無意義的話。把這些模棱兩可的話，要變爲明確的決斷，便是推銷員的責任。假如能夠做到的話，那麼你就可以說服顧客了。

當顧客說：「如果不加以考慮的話……」你可以用充滿誠意和樂觀的語氣說：「我正洗耳恭聽，您認爲對商品還要加以考慮，不知是什麼原因呢？(接著說下去)是有關敝公司的批評嗎？」

如果顧客說「不是」的話，你要趕緊接下去：

「那麼，是這片土地的面積嗎？」

顧客又說「不是」時，你再緊接著問：「是因爲頭期款的條件嗎？」

最後，顧客只有說實話了：

「是呀！我所考慮的就是頭期款的支付方法呀！」

你必須要不斷地連續發問，直到問出眉目來才能甘休。

此時，問話中絕不能停頓，否則給對方說話機會就不好了。如果你只是機械式地說「是呀！凡事總得多考慮一下。」那就糟了，

如果你真的和顧客這樣說時，生意就快失敗了！

威脅成交法

本方法是在進行商品推銷說明時，讓顧客慌張失措，然後再推銷商品的方法。如果你的言詞能深得人心的話，就一定能夠成爲能幹的推銷員。

運用這種成交方式，必須審慎行事，使交談能逐步變換氣氛。如果推銷員把步驟弄錯，生意就會失敗。

利用本方法時，要這麼說：「記得在您結婚時，爲了新夫人，曾買過兩件我們的商品，而且聽說您的太太已經不喜歡了，是不是啊？」

「像這樣高貴的襯衫，我看是不適合你的，再看看便宜一點的吧！」

「我認爲您可以再作考慮，不必再去麻煩我的上司了。您還年輕，想買這種商品，經濟能力恐怕不夠。請您認真考慮後再來訂貨好不好！」

「先生，這件商品的價格，每日只要付二三美元就可以了。是呀！讓您的孩子去打點小工也付得起！」

「如果您認爲進購本公司的貨物可以賺更多的錢的話，請您先拿出 3000 美元的支票，借給我投資吧。」

運用本方法應注意的事項，即用這種口氣，不斷地發問，直到顧客有反應爲止。然後再針對特殊的說辭，或是問題的焦點，予以解決即可。

保守方式成交法

愈能操縱本方法，愈能發揮其力量，成效也最大。如果能適當地加以運用，可使最頑固的顧客也聽從你的指示，交易甚至會出乎你所預料的順利，使那些頑固的顧客在不知不覺間點頭答應成交。

有些顧客，自以爲無所不知、無所不能。認爲不必與推銷員打交道就可以買到最好的商品。遇到這種顧客，最好的應付方法便是運用本法，讓他乖乖地合作。

和這種類型的顧客交談時，你可以表現出一種毫不關心的客氣態度，對出售商品毫不在乎的樣子。

比方說以冷淡的態度讓顧客覺得你並不是那麼在乎與他成交。而當你表現出這種態度時，一定會引起顧客的好奇心和興趣。

道理很簡單，如果推銷員被認爲不認真推銷，或是沒有能力推銷，或是在行動上顯示推銷與否並無關緊要時，顧客一定很想證明推銷員的失職情況。亦即是想表示自己是個重要人物，應該多受他人注意，於是就會購買他們的商品了。

應付這種顧客，你可以這樣講：「先生，我們的商品並不是隨便向什麼人都推銷的，您知道嗎？」

此時，不論你向顧客說什麼，顧客都會開始對你發生興趣的。

「敝公司是一家高度專業化的不動產公司，專門爲特殊的顧客服務。本公司對顧客和服務項目都經過精細的選擇，這點相信您也有所聞吧！首先，請你諒解，顧客必須要有適當的條件。當然能符合這個條件的人並不多。但是，偶爾總有例外情形，您瞭解我所說的話嗎？」

然後，再稍微向顧客談談生意上的事。

「如果你想知道我們的服務事項，我可以找些資料來。在討論

資料之前，您要不要先申請簡易的分期付款手續呢？這非但可以節省您的時間，同時可以方便我們的作業。」

顧客同意了，開始表示出想購買的態度來，而你呢？還是裝出毫不關心的樣子。一旦時機成熟，要穩健而熱誠地爲顧客服務，改用經常使用的方法來應付，就可以了。

選擇方式成交法

本方法是提供顧客的三種選擇方案，任其自選一種處理。這種方法是用來幫助那些沒有決定力的顧客進行交易。顧客只要回答詢問，不管他的選擇爲何，總能達成交易。換句話說，不論他如何選擇，購買已成定局。

應對沒有決定力的顧客，採取選擇法最恰當。採用本方法時，推銷員可以這樣詢問顧客：

- 「先生，您是用自備款購買呢，還是要本公司貨款呢？您已具備這兩項條件，怎麼做都可以。」
- 「這種款式，有兩種顏色，您喜歡那一種呢？」
- 「您認爲那種環境好呢？能夠遠眺高爾夫球場的好呢？還是能夠遠眺湖光山色的好呢？」
- 「用正式簽名呢，還是用縮寫簽名呢？」
- 「您要幾個呢？兩個，還是三個都要？」

競賽方式成交法

本方法是讓顧客知道：「這是爲您特別設計的。」或是「現在正是個好機會哦！」

應用本方法時，要讓顧客覺得有「總是在運氣順利的時候出

現，總是在適當的場所碰到」的感覺。

當你估計交易商談快結束時，可以向顧客說：「我想告訴您的事，也許您不會相信，這可不是在做生意，我完全爲您的利益著想才告訴您的。當然我們初次見面時，這些事並無關緊要，但是現在情況有所變化，還是要向您報告一下。」

不至於因此而不搭飛機吧！現在的情形也是一樣，雖然會遭遇些困難，其實您大可不必擔心。如果它真幫助您，您會感謝我的，您就買了吧！」

訂單方式成交法

等到顧客表示某種程度的承諾時，可以向他這樣說：「先生，讓我來說明書面的內容吧！」

並一邊說，一邊拿出訂貨單來。

「請問大名怎麼寫？」

如果顧客並未阻止你開訂單的話，那就表示成交了。

但如果顧客阻止你開訂單時，表示他一定存有無法購買的理由。你不妨先依他，等到問題解決後，你可以做出已達成商談，要辦正式手續的姿態，再一次開訂貨單，等一切手續辦妥，你必須先行簽字。然後慢慢地交給顧客，再說一句：

「先生，您也必須在此處簽字，簽好以後，表示已經承認成交了。」

顧客看著你充滿自信的態度，也會安心地簽字了。

採用這種方式，在提示契約內容時，必須將空白訂單放在顧客面前。顧客既已看過訂貨單後，簽字時就不會感到不安，同時訂單也不會對他產生壓迫感了。

約定方式成交法

對顧客的種種說辭仔細地加以研判，試探他的購買意願，以便作爲推銷計畫的指南。瞭解顧客的購買意念時，可用一種充滿自信的語氣向他說：

「對這些貨物，您要不要買些試試看。」

同時，爲了表示你的感謝之意，你必須伸手作握手狀，一般來說，顧客都會由於條件反射作用而和你握手的。

這就是承諾購買的默認方式。顧客可能會因爲這種突然的反應而覺得自己被推銷員所擺佈。此時你不必再多費唇舌，只要立刻開訂單即可。

介紹方式成交法

本方法對於已付過頭期款或分期付款，或是想買而資金不寬裕的顧客是很有效的。當你知道顧客很想買，卻苦於缺乏足夠的資金時，你應該這樣告訴他：

「近年來，敝公司相信最好的宣傳方式，就是單純的口口相傳方式。換句話說，就是讓那些對商品滿意的顧客，向其他有購買可能的顧客推薦。本公司正想積極的利用這種宣傳方法，爲顧客作更好的服務。只要老顧客能將潛在顧客帶到門市部來的話，公司每月都會支付報酬的。在一個月內，如果能帶一位顧客上門來購買商品的話，則以免除老顧客這個月分期付款的利息部分。頭期也是一樣，只要能把新顧客帶來的話，頭期款也將考慮優待。這樣一來，公司固然可以獲得新顧客，而你呢，也能得到相對的利益。」

「我想有許多人大概都知道這回事吧！」

一邊說，一邊取出介紹書和筆，拿給顧客，又說：

「先生，您想介紹誰呢？」

當顧客開始寫下姓名時，表示他已經同意用這種方式購買商品了。假如顧客不同意時，你不妨一再宣傳這種方法的優點，這點非常重要。然後問他要不要也買些試試看。這樣一來，顧客經常在介紹別人購買以前，自己會先行購買的。

改變氣氛方式成交法

爲了達成交易，你已試用過各種方法，發現根本無法對顧客施加壓力時，則可應用本方法。這種方法較爲緩和，絕不會使顧客感到不愉快。

當顧客無意購買，而你又不想破壞維持多年的良好關係時，你可以充滿誠意的語氣向他說：

「打擾您一下，請您給我一點時間好嗎？」

「如果您有精美的商品，價錢也合理，而想介紹給親朋好友時，可是他們毫無興趣，卻又說不出拒絕購買的理由。」

「如果您是這個人的話，您作何感想呢？」

這樣一來，顧客一定會說出正隱藏著的理由。

之後，你們可以再行商談。這種方法是探詢顧客秘密最適當的方法。

如果顧客支吾其詞，或說「不知道」的話，那麼你可以推測他一定是因爲經濟上的問題了。「是因爲錢吧？」如果不幸言中，除了設法解決問題外，可以再度商談一下，直到成交爲止。

預先佈陣方式成交法

本方法是一面使顧客受窘，一面促使他購買商品的一種方法。

商談到快成交的最後階段，如果想採用本方法，那麼在開始交談時，就要預先佈陣一番。

在進行商品推銷說明時，必須讓顧客知道，這種商品是成套的，或是必須同時幾個一起購買。

如果推銷的是不動產，你必須讓顧客知道，這塊土地必須連同其他一起購買，不能只買其中之一。

當進入訂購的階段時，你可以說：

「這塊地總價×××元，你認爲如何？」

如果顧客因爲資金不足而有所顧慮時，你不妨先暫時離開一下，過一會兒，再回到座位說：

「剛剛我和上司商量過，您似乎很喜歡另外一塊土地。本公司的意思是，只要您能保密，我們願意分售這塊土地給您。對您來說，應該較合適吧！您看怎麼樣？」

採用這種方法，大都可以成交出售。甚至有些顧客還會這麼認爲：「難道我只買得起一塊地嗎？」

集中式成交法

本方法適用於應付說：「讓我考慮考慮」的顧客。這是一種刺激顧客來完成交易的作戰方式。

當爾向顧客說：「您認爲如何？」他卻回答「考慮考慮」時，你不妨表示出一種出乎意料的神情，略爲帶些興奮的語氣這樣說：

「是的，您有權利選購最優良的商品。本公司爲了服務於顧客，讓顧客都能滿意敝公司的商品；特別推出了一項計畫，內容是這樣的。」

「客戶繳納頭期款後，可以試住一年。以後每個月只要付少許金錢即可。我們很歡迎您來公司參觀一下我們所有的活動，看看是如何進展的。一年之後，如果您對這幢房子不滿意的話，本公司可以協助你出售。」

「先生，這麼做就好像儲蓄一樣，而且要比存放在銀行好多了，您還可以考慮一年的時間。」

然後，你便可以開始填寫契約書。如果顧客阻止你；

「慢點，讓我考慮考慮。」

這時你應注意著他，以驚訝的語氣說：

「要不要坐到那邊，考慮考慮本公司的計畫呢？」

然後用一種似乎不太滿意的表情，再度填寫契約書。

大多數顧客這時也就只好成交了。

錯過交易方式成交法

本方法可說是應付顧客的最後手段。應用本方法時，你必須裝成老實人受到挫折的樣子，同時佯裝出說不過顧客而敗陣的樣子。

你可以戰戰兢兢的語氣向顧客說：

「先生，您能不能告訴我怎樣才能夠成交呢？我知道您並不想買我們的商品。」

「說真的，您能不能告訴我，顧客為什麼不喜歡我們的商品呢？(立刻接下去說)。我靠這個工作賺錢養家，如果您能指示的話，以後我就不會再犯錯了，讓我知道應該怎樣和顧客應對，同時知道如何回答顧客的詢問了。」

等顧客說出真正不想買的理由後，你做出一副松了口氣的表

情，立刻說道：

「不能說服顧客購買，無法爲顧客作貼切的說明，這是我的無能啊！」

你認爲是不是這樣呢？

這時你已經快掌握住顧客了，離成交又接近一大步。

強硬手段方式成交法

本方法是應用強硬手段的一種方法。在商談進行過程中，彼此難免會因情緒欠佳而引起火爆、衝突的場面。

採用這種方式時，你最好離顧客遠一些，萬一顧客使用暴力，你可以自衛而做好逃走的準備。這種方法是當所有方法，包括錯過交易方式都失敗時才不得已使用的。

當你和顧客進行交易時，已經採用各種方法，而顧客還是一再說「不買」二字時你可以在顧客面前(如果顧客帶家人或小孩同來更好)把訂單拿出來說:「這上面寫有貨物規格、數量和今天的訂貨單，您是不是要在您家人面前簽字呢？」顧客也許會生氣地說：

「不，今天不買，不需要簽字。」

而你仍舊固執地接下去說：

「現在，請您馬上在大家面前簽字。不過我並不需要這張紙。您簽完字後，請您帶回家去吧！然後，請您放在保險箱裏，連同保險單，房屋權狀等重要文件藏在一起。」

「恕我直說，您總有一天會死，那時讓您的家人檢視您的私人文件吧，也許他們會發現這份契約文件。他們會想起，若干年前，您只付了少額的頭期款和貸款，就買到這塊上等的土地。您的太太，對於您安排的這項後事，她將多麼的感激您啊！他們也不必爲生活而奔波了，子女也都能上大學。他們一定會永遠記得您的偉大。」

「那麼，現在就讓我們一邊聊天，一邊在訂單上簽字，讓您帶回去吧！」

如果顧客還是不簽字，那麼你可以這麼說：

「請簽字吧，還有什麼問題嗎？難道您不想過得比現在更好一點嗎？」

如果顧客還是不簽字，你可以看著他的子女們說：

「爲什麼你們的父親不願意在一張無關緊要的文件上簽字呢？這是爲什麼呢？」

之後你就走開，不再理會他。到底顧客還是簽字達成交易呢？或是拒絕而說出真正的現由(多半是因爲資金不足)呢？還是會向推銷員動粗呢？無論如何，這個方法是非常刺激的。

5　應對顧客拒絕的秘訣

推銷之神的傳世技巧

- ◆顧客的說詞大多採用拒絕的口氣，因此推銷員的應對方法是非常重要的。
- ◆如果一種商品對瞭解它的人毫無用處的話，那麼這種商品，就不能說是成功的商品了。
- ◆顧客與商品的關係是相輔相成的。

下面介紹的方法是針對那些沒有購買意願的顧客的，你要與之周旋誘導，力爭改變局勢。顧客的說詞大多採用拒絕的口氣，因此推銷員的應對方法是非常重要的。

當顧客說「我要回去了」時。「好啊！我知道您明天還會來這裏的。把我的商品帶回去吧，您可以明天再還我，出去請這邊走。」

「我看您對這個商品蠻有興趣的。現在不妨談一談，填個訂單，先選定貨物吧。等您再回到此地時，手續上不是更爲簡單了嗎？」

「您可先在文件上簽字，然後再處理其他事情，不必再回這裏來。明天我有點事，要到您府上附近，到時我可以順道拜訪您，就這麼辦好嗎？」

當顧客說「要和家人商量」時。「什麼時候和令尊見面，一星期以內嗎？有關敝公司的商品，也請您代爲提起。我也有一星期的休假，到時我再去訪令尊。」

「請教您一下，您在購物前，一定要和令尊商量嗎？」

「爲什麼要和別人商量呢？先生，商品就在您眼前，所有的資訊和情報您都瞭解了。而您想要商量的人又不在此地，怎麼決定事情呢？又怎麼談事情呢？如果不是經濟問題的！」

當顧客說「迫於情勢，無法購買」時。「我並不是請您現在馬上就買下，同時我也不急於要現金。只希望您暫時先試試這個商品！只要付少許的頭期款，餘款可以辦理分期付款。希望您有空到公司來，參觀一下敝公司的情況。如果您覺得不滿意，隨時可以轉售。」

「是啊！我知道您很喜歡我們的商品，我可以給您一點時間，讓您考慮考慮。我也可以爲您多關照一聲，不讓您在價錢上吃虧。我們不妨先談談，有關契約書和必要文件，在一二天內給您寄去。您可以照今天的特價買到商品，卻可以多考慮個兩三天。」

當顧客說「現在不能馬上決定」時。「您不是說過嗎？有些人到了 55 歲，還無法在事業上做明智的決定嗎！」

「先生，您不覺得下決定和踢足球是一樣的嗎？坐在休息區當然無法衝鋒陷陣，必須下到場中才能克敵制勝！您說是嗎？有關商品，您手上已經有充分的資料爲您決定了。現在您唯一要做的事，

就是試試這個商品啊！」

當顧客說「再到別家去看看吧」時。「有些人只是走馬觀花，有些人則實際付諸行動。第一種人只有錯過機會，只是在夢想，根本無法獲得；而第二種人，既能獲得金錢，還有其他資金，請您考慮清楚哦！」

「每個人都認爲貨比三家不吃虧。只有這樣您才能發現我們的商品是多麼優良，一定可以勝過其他商品。任何人只要看到他所需要的東西，他絕對不能錯過，坐失良機！請您試試怎麼樣？」

當顧客說「如果是別家公司，我就準備購買」時。「我想和您所說的那家公司的門市部通電話，我想和他們合作，您可以告訴我電話號碼嗎？」

「這星期請您到我家來，和朋友們一起談談，我會準備一切的，同時我也想用自己的資金來投資，你願意嗎？」

當顧客說「年紀大了，不宜購買」時。「請不要這麼說，對您的人生來說，這可是一個小小的紀念呀！本公司最尊敬像您這樣的顧客了。能不能給我們的商品一個機會，您試試看吧？」

「先生，要不要給尊夫人準備一些，或者給您的孫子們準備一些，您真是好福氣哦！」

「您看來根本不老，還年輕得很，您看，現在您多健康，正是適合使用我們的商品的時候。請您多保重，也試試我們的商品吧！」

當顧客說「我還要去忙別的事呢」時。「對不起，我知道您很忙，可是，我不可能每天都來呢。這是真的，您現在所擔心的，也許是交付問題吧。如果並不妨礙您的預算的話，還是請您買些試試吧！」

「明天又將會有什麼問題呢？昨天您又在忙些什麼呢？您經常忙忙碌碌的，也許每個人都如此吧！爲了家人的將來，您整天都忙於工作，現在正是您宏圖大展的好時機呀！您正把握著一個好機

會呢！」

「先生，每個人都會遭遇問題，並不只有您是如此，有些人做事有計劃，因此而能圓滿解決問題。這些人雖然遭遇到問題，卻樂於去處理，他們認爲凡事都應該全力以赴才能夠賺大錢。而那些賺不到錢的人就太懦弱了。我認爲此刻您應該做的是要有計劃，然後再全力以赴！我想您所考慮的問題並不困難吧！」

「在您開始實行計畫時，先買下這個商品吧！」

當顧客說「在別處已經買了」時。「您不妨再買一些我們的商品，好嗎？您應該知道，每個商品都有其獨特的優點，您何不買些我們的商品看看？」

「請您寫信給您所購買的商店，告訴他們商品品質不好，您要求退款。這樣一來，您就可以購買我們的商品了。我知道您用錢節省，當然知道要用一樣的錢，買更好的商品吧！」

「如果您瞭解這種商品，一定會喜歡它的。爲了讓你的家人都能享用，您就再買一些吧！」

當顧客說「還沒想到要購買」時。「您所顧慮的大概是資金問題吧！好吧，我想您自己的經濟狀況，您自己最清楚了。請坐下來，喝杯咖啡吧！慢慢再想吧！等一下我再回來！」

「記得商品剛上市時，我曾經打過電話給您。可是您爲什麼一點都不考慮呢？不過現在您所提出的問題，我都將一一答覆！」

當顧客說「價錢稍嫌太貴」時。「不會吧！您是否曾經和其他商品作過比較？同時也比較過價格了嗎？」

「不論您認爲敝公司的商品是上等品或是低級品，都由您自己決定。但是您是否知道，我們的商品還曾得過金獎呢！如果您認爲我們的商品不適合您未來的計畫的話，我想我們不必再談了。」

「請您相信我，這是必然的趨勢。您難道不希望在漲價以前再買一些嗎？如果您現在不買我們的商品的話，以後您就無法用這個

價格買到這麼好的商品了。」

當顧客說「你憑什麼認為我非買不可呢？」時。「每個人都認爲金錢應該儲存起來。由此可見，購買我們的商品正是您賺錢的大好時機。如果您想在將來能宏圖大展的話，您就應該購買。」

「如果您不以爲然，那我也不便勉強。當然我想您也不至於這麼想！因爲我對我們的商品很有信心。」

「爲什麼您認爲這種商品對顧客毫無用處呢？您是否可以告訴我。」

「就是因爲這種商品對顧客有幫助，顧客才會喜歡。在目前經濟環境下，顧客不會把自己辛苦賺來的錢浪費在無用的商品上。如果一種商品對瞭解它的人毫無用處的話，那麼這種商品，就不能說是成功的商品了。」

「而實際上，顧客與商品的關係是相輔相成的。」

當顧客說「我沒有能力辦到」時。「我懂您的意思。如果我向他人借錢的話，也表示我很無能。老實說，不久之前，我也和現在的您一樣，茫然無措，您想不想知道我是怎樣脫離困境的？」

「什麼叫沒有能力？您會沒有購買能力嗎？現在一切物價都在持續上漲中，您知道嗎？如果您現在已經真的沒有購買能力，那您就應該「每天不停地工作，卻只賺取微薄的工資，難道你要窮一輩子嗎？怎麼做才能使經濟情況好轉呢，要不要我來教您嗎？」

當顧客說「我才剛結婚」時。「您們這對新婚夫婦，難道不想互相送些更漂亮的禮物嗎？」

「看來你們好像是第一次一起購買吧？您想讓將來的日子過得更幸福嗎？這次購買，可以說是您們新的開始！」

「購買這些商品，可以使您們的感情更爲親近。有多少人知道結婚是投資的開始？因此他們根本無法做投資的打算！您一定知道，有了家庭，費用會更大。當第一個孩子出世時，因龐大的育兒費用，使您無法去投資。等到小孩上學了，您想再去投資時，孩子的學費，再度使您無法投資了。到了小孩學業結束時，您又要為退休而準備，非儲蓄不可了。實際上，這些經濟情況都是您所能掌握的。」

「總之，貧窮是因為沒有將來而投資。等年紀大了，又要退休，這真是件令人感傷的事，但這卻都是事實。先生，現在正有個使您致富的機會，您要不要試試投資敝公司呢？」

當顧客說：「我要問問我的律師或經理」時。「好主意！趕快打電話，跟他們研究研究這件事，應該具備那些條件才能投資，去聽聽他們的意見吧。您認為他們會怎麼答覆您呢？能讓我代替他們答覆嗎？他們也許會這麼說：「是好是壞，我怎麼會知道，我又沒有看見具體的資料，這件事情又有什麼打算呢？」

「雖然您是他的老客戶，但他買東西時，他也會打電話問您嗎？」

「老實說，律師能說的話，不過是『不要隨便簽字』而已。他們都是很保守的。即使明知這是一樁好投資，他們也不會勸您答應的。他們的保守態度，只能讓您沒有損失，而不能讓您賺大錢。」

圖書出版目錄

郵局劃撥號碼：18410591　　郵局劃撥戶名：憲業企管顧問公司

經營顧問叢書

4	目標管理實務	320 元
5	行銷診斷與改善	360 元
6	促銷高手	360 元
7	行銷高手	360 元
8	海爾的經營策略	320 元
9	行銷顧問師精華輯	360 元
10	推銷技巧實務	360 元
11	企業收款高手	360 元
12	營業經理行動手冊	360 元
13	營業管理高手（上）	一套
14	營業管理高手（下）	500 元
16	中國企業大勝敗	360 元
18	聯想電腦風雲錄	360 元
19	中國企業大競爭	360 元
21	搶灘中國	360 元
22	營業管理的疑難雜症	360 元
23	高績效主管行動手冊	360 元
25	王永慶的經營管理	360 元
26	松下幸之助經營技巧	360 元
30	決戰終端促銷管理實務	360 元

31	銷售通路管理實務	360 元
32	企業併購技巧	360 元
33	新產品上市行銷案例	360 元
37	如何解決銷售管道衝突	360 元
46	營業部門管理手冊	360 元
47	營業部門推銷技巧	390 元
49	細節才能決定成敗	360 元
50	經銷商手冊	360 元
52	堅持一定成功	360 元
55	開店創業手冊	360 元
56	對準目標	360 元
57	客戶管理實務	360 元
58	大客戶行銷戰略	360 元
59	業務部門培訓遊戲	380 元
60	寶潔品牌操作手冊	360 元
61	傳銷成功技巧	360 元
62	如何快速建立傳銷團隊	360 元
63	如何開設網路商店	360 元
66	部門主管手冊	360 元
67	傳銷分享會	360 元

68	部門主管培訓遊戲	360 元
69	如何提高主管執行力	360 元
70	賣場管理	360 元
71	促銷管理（第四版）	360 元
72	傳銷致富	360 元
73	領導人才培訓遊戲	360 元
75	團隊合作培訓遊戲	360 元
76	如何打造企業贏利模式	360 元
77	財務查帳技巧	360 元
78	財務經理手冊	360 元
79	財務診斷技巧	360 元
80	內部控制實務	360 元
81	行銷管理制度化	360 元
82	財務管理制度化	360 元
83	人事管理制度化	360 元
84	總務管理制度化	360 元
85	生產管理制度化	360 元
86	企劃管理制度化	360 元
87	電話行銷倍增財富	360 元
88	電話推銷培訓教材	360 元
90	授權技巧	360 元
91	汽車販賣技巧大公開	360 元
92	督促員工注重細節	360 元
93	企業培訓遊戲大全	360 元

94	人事經理操作手冊	360 元
95	如何架設連鎖總部	360 元
96	商品如何舖貨	360 元
97	企業收款管理	360 元
98	主管的會議管理手冊	360 元
100	幹部決定執行力	360 元
104	如何成爲專業培訓師	360 元
105	培訓經理操作手冊	360 元
106	提升領導力培訓遊戲	360 元
107	業務員經營轄區市場	360 元
109	傳銷培訓課程	360 元
110	〈新版〉傳銷成功技巧	360 元
111	快速建立傳銷團隊	360 元
112	員工招聘技巧	360 元
113	員工績效考核技巧	360 元
114	職位分析與工作設計	360 元
116	新產品開發與銷售	400 元
117	如何成爲傳銷領袖	360 元
118	如何運作傳銷分享會	360 元
122	熱愛工作	360 元
124	客戶無法拒絕的成交技巧	360 元
125	部門經營計畫工作	360 元
126	經銷商管理手冊	360 元

127	如何建立企業識別系統	360 元
128	企業如何辭退員工	360 元
129	邁克爾・波特的戰略智慧	360 元
130	如何制定企業經營戰略	360 元
131	會員制行銷技巧	360 元
132	有效解決問題的溝通技巧	360 元
133	總務部門重點工作	360 元
134	企業薪酬管理設計	
135	成敗關鍵的談判技巧	360 元
137	生產部門、行銷部門績效考核手冊	360 元
138	管理部門績效考核手冊	360 元
139	行銷機能診斷	360 元
140	企業如何節流	360 元
141	責任	360 元
142	企業接棒人	360 元
143	總經理工作重點	360 元
144	企業的外包操作管理	360 元
145	主管的時間管理	360 元
146	主管階層績效考核手冊	360 元
147	六步打造績效考核體系	360 元
148	六步打造培訓體系	360 元

149	展覽會行銷技巧	360 元
150	企業流程管理技巧	360 元
151	客戶抱怨處理手冊	360 元
152	向西點軍校學管理	360 元
153	全面降低企業成本	360 元
154	領導你的成功團隊	360 元
155	頂尖傳銷術	360 元
156	傳銷話術的奧妙	360 元
158	企業經營計畫	360 元
159	各部門年度計畫工作	360 元
160	各部門編制預算工作	360 元
161	不景氣時期，如何開發客戶	360 元
162	售後服務處理手冊	360 元
163	只爲成功找方法，不爲失敗找藉口	360 元
166	網路商店創業手冊	360 元
167	網路商店管理手冊	360 元
168	生氣不如爭氣	360 元
169	不景氣時期，如何鞏固老客戶	360 元
170	模仿就能成功	350 元
171	行銷部流程規範化管理	360 元
172	生產部流程規範化管理	360 元

173	財務部流程規範化管理	360 元
174	行政部流程規範化管理	360 元
175	人力資源部流程規範化管理	360 元
176	每天進步一點點	350 元
177	易經如何運用在經營管理	350 元
178	如何提高市場佔有率	360 元
179	推銷員訓練教材	360 元
180	業務員疑難雜症與對策	360 元
181	速度是贏利關鍵	360 元
182	如何改善企業組織績效	
183	如何識別人才	360 元
184	找方法解決問題	360 元
185	不景氣時期，如何降低成本	360 元
186	營業管理疑難雜症與對策	360 元
187	廠商掌握零售賣場的竅門	360 元
188	推銷之神傳世技巧	360 元
189	企業經營案例解析	360 元
191	豐田汽車管理模式	360 元

《商店叢書》

1	速食店操作手冊	360 元
4	餐飲業操作手冊	390 元
5	店員販賣技巧	360 元
6	開店創業手冊	360 元
8	如何開設網路商店	360 元
9	店長如何提升業績	360 元
10	賣場管理	360 元
11	連鎖業物流中心實務	360 元
12	餐飲業標準化手冊	360 元
13	服飾店經營技巧	360 元
14	如何架設連鎖總部	360 元
18	店員推銷技巧	360 元
19	小本開店術	360 元
20	365 天賣場節慶促銷	360 元
21	連鎖業特許手冊	360 元
22	店長操作手冊(增訂版)	360 元
23	店員操作手冊(增訂版)	360 元
24	連鎖店操作手冊(增訂版)	360 元
25	如何撰寫連鎖業營運手冊	360 元
26	向肯德基學習連鎖經營	350 元

《工廠叢書》

1	生產作業標準流程	380 元
2	生產主管操作手冊	380 元
3	目視管理操作技巧	380 元
4	物料管理操作實務	380 元
5	品質管理標準流程	380 元
6	企業管理標準化教材	380 元
8	庫存管理實務	380 元
9	ISO 9000 管理實戰案例	380 元
10	生產管理制度化	360 元
11	ISO 認證必備手冊	380 元
12	生產設備管理	380 元
13	品管員操作手冊	380 元
14	生產現場主管實務	380 元
15	工廠設備維護手冊	380 元
16	品管圈活動指南	380 元
17	品管圈推動實務	380 元
18	工廠流程管理	380 元
20	如何推動提案制度	380 元
21	採購管理實務	380 元
22	品質管制手法	380 元
23	如何推動 5S 管理（修訂版）	380 元
24	六西格瑪管理手冊	380 元
25	商品管理流程控制	380 元
27	如何管理倉庫	380 元
28	如何改善生產績效	380 元
29	如何控制不良品	380 元
30	生產績效診斷與評估	380 元
31	生產訂單管理步驟	380 元
32	如何藉助 IE 提升業績	380 元
33	部門績效評估的量化管理	380 元

《醫學保健叢書》

1	9 週加強免疫能力	320 元
2	維生素如何保護身體	320 元
3	如何克服失眠	320 元
4	美麗肌膚有妙方	320 元
5	減肥瘦身一定成功	360 元
6	輕鬆懷孕手冊	360 元
7	育兒保健手冊	360 元
8	輕鬆坐月子	360 元
9	生男生女有技巧	360 元
10	如何排除體內毒素	360 元
11	排毒養生方法	360 元
12	淨化血液　強化血管	360 元
13	排除體內毒素	360 元
14	排除便秘困擾	360 元

15	維生素保健全書	360 元
16	腎臟病患者的治療與保健	360 元
17	肝病患者的治療與保健	360 元
18	糖尿病患者的治療與保健	360 元
19	高血壓患者的治療與保健	360 元
21	拒絕三高	360 元
22	給老爸老媽的保健全書	360 元
23	如何降低高血壓	360 元
24	如何治療糖尿病	360 元
25	如何降低膽固醇	360 元
26	人體器官使用說明書	360 元
27	這樣喝水最健康	360 元
28	輕鬆排毒方法	360 元
29	中醫養生手冊	360 元
30	孕婦手冊	360 元
31	育兒手冊	360 元
32	幾千年的中醫養生方法	360 元
33	免疫力提升全書	360 元
34	糖尿病治療全書	360 元
35	活到 120 歲的飲食方法	360 元
36	7 天克服便秘	360 元

《幼兒培育叢書》

1	如何培育傑出子女	360 元
2	培育財富子女	360 元
3	如何激發孩子的學習潛能	360 元
4	鼓勵孩子	360 元
5	別溺愛孩子	360 元
6	孩子考第一名	360 元
7	父母要如何與孩子溝通	360 元
8	父母要如何培養孩子的好習慣	360 元
9	父母要如何激發孩子學習潛能	360 元
10	如何讓孩子變得堅強自信	360 元

《成功叢書》

1	猶太富翁經商智慧	360 元
2	致富鑽石法則	360 元
3	發現財富密碼	360 元

《企業傳記叢書》

1	零售巨人沃爾瑪	360 元
2	大型企業失敗啓示錄	360 元
3	企業併購始祖洛克菲勒	360 元
4	透視戴爾經營技巧	360 元

5	亞馬遜網路書店傳奇	360 元
6	動物智慧的企業競爭啓示	320 元
7	CEO 拯救企業	360 元
8	世界首富　宜家王國	360 元
9	航空巨人波音傳奇	360 元
10	傳媒併購大亨	360 元

《智慧叢書》

1	禪的智慧	360 元
2	生活禪	360 元
3	易經的智慧	360 元
4	禪的管理大智慧	360 元
5	改變命運的人生智慧	360 元
6	如何吸取中庸智慧	360 元
7	如何吸取老子智慧	360 元
8	如何吸取易經智慧	360 元

《DIY 叢書》

1	居家節約竅門 DIY	360 元
2	愛護汽車 DIY	360 元
3	現代居家風水 DIY	360 元
4	居家收納整理 DIY	360 元
5	廚房竅門 DIY	360 元
6	家庭裝修 DIY	360 元

《傳銷叢書》

4	傳銷致富	360 元
5	傳銷培訓課程	360 元
6	〈新版〉傳銷成功技巧	360 元
7	快速建立傳銷團隊	360 元
8	如何成爲傳銷領袖	360 元
9	如何運作傳銷分享會	360 元
10	頂尖傳銷術	360 元
11	傳銷話術的奧妙	360 元
12	現在輪到你成功	350 元
13	鑽石傳銷商培訓手冊	350 元
14	傳銷皇帝的激勵技巧	360 元
15	傳銷皇帝的溝通技巧	360 元

《財務管理叢書》

1	如何編制部門年度預算	360 元
2	財務查帳技巧	360 元
3	財務經理手冊	360 元
4	財務診斷技巧	360 元
5	內部控制實務	360 元
6	財務管理制度化	360 元

為方便讀者選購，本公司將一部分上述圖書又加以專門分類如下：

《培訓叢書》

1	業務部門培訓遊戲	380 元
2	部門主管培訓遊戲	360 元
3	團隊合作培訓遊戲	360 元
4	領導人才培訓遊戲	360 元
5	企業培訓遊戲大全	360 元
8	提升領導力培訓遊戲	360 元
9	培訓部門經理操作手冊	360 元
10	專業培訓師操作手冊	360 元
11	培訓師的現場培訓技巧	360 元
12	培訓師的演講技巧	360 元

《企業制度叢書》

1	行銷管理制度化	360 元
2	財務管理制度化	360 元
3	人事管理制度化	360 元
4	總務管理制度化	360 元
5	生產管理制度化	360 元
6	企劃管理制度化	360 元

《主管叢書》

1	部門主管手冊	360 元
2	總經理行動手冊	360 元
3	營業經理行動手冊	360 元
4	生產主管操作手冊	380 元
5	店長操作手冊(增訂版)	360 元
6	財務經理手冊	360 元
7	人事經理操作手冊	360 元

《人事管理叢書》

1	人事管理制度化	360 元
2	人事經理操作手冊	360 元
3	員工招聘技巧	360 元
4	員工績效考核技巧	360 元
5	職位分析與工作設計	360 元
6	企業如何辭退員工	360 元

《理財叢書》

1	巴菲特股票投資忠告	360 元
2	受益一生的投資理財	360 元
3	終身理財計畫	360 元
4	如何投資黃金	360 元
5	巴菲特投資必贏技巧	360 元

回饋讀者，免費贈送**《環球企業內幕報導》**電子報，請將你的 e-mail、姓名，告訴我們 huang2838@yahoo.com.tw 即可。

經營顧問叢書 188　售價：360 元

推銷之神傳世技巧

西元二〇〇八年七月　初版一刷

編著：李明海

策劃：麥可國際出版有限公司（新加坡）

校對：洪飛娟

打字：張美嫻

編輯：劉卿珠

發行人：黃憲仁

發行所：憲業企管顧問有限公司

電話：(02) 2762-2241　0930872873

臺北聯絡處：臺北郵政信箱第 36 之 1100 號

郵政劃撥：**18410591 憲業企管顧問有限公司**

常年法律顧問：江祖平律師（代理版權維護工作）

大陸地區訂書，請撥打大陸手機：13243710873

本公司徵求海外銷售代理商（0930872873）

出版社登記：局版台業字第 6380 號

ISBN：978-986-6704-62-8